나고야

NAGOYA

가나자와
다카야마
시라카와고

RHK 여행콘텐츠팀 지음

알에이치코리아

일러두기

이 책에 실린 정보는 2018년 8월까지 이루어진 정보 수집을 바탕으로 합니다. 정확한 정보를 싣기 위해 노력했지만 끊임없이 변하는 현지의 물가와 여행 정보에 변동 사항이 있을 수 있습니다. RHK 여행콘텐츠팀에서는 현지의 최신 정보를 빠르게 업데이트하도록 노력하겠습니다. 잘못된 정보나 그에 따른 의견은 아래 연락처로 제보해 주십시오.

RHK 여행콘텐츠팀 02-6443-8930

본문 보는 방법

01 테마별로 미리 즐기는 인사이드 나고야

나고야 여행에서 놓치지 말아야 할 핵심 명소와 먹거리, 쇼핑몰 등을 한눈에 보기 쉽게 구성했습니다.

02 손쉬운 여행을 위한 나고야 추천 여행 코스

나고야를 제대로 즐길 수 있는 알찬 여행 코스를 추천합니다. 이동 방법과 필요한 교통편, 소요 시간 등을 꼼꼼하게 기재하여 초심자도 쉽게 따라할 수 있습니다.

03 한눈에 파악할 수 있는 지역별 이렇게 여행하자

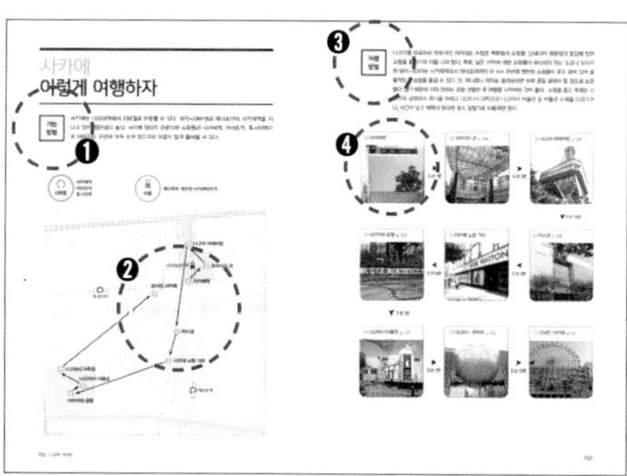

❶ 가는 방법 해당 지역의 중심이 되는 역과 가는 방법을 알려줍니다.

❷ 개념도 추천 코스의 여행 동선을 지도를 통해 파악할 수 있습니다.

❸ 여행 방법 효율적으로 여행을 즐길 수 있는 방법을 간추려 설명했습니다.

❹ 추천 코스 추천 명소를 사진과 함께 정리하고 구간별 소요 시간과 교통편을 소개했습니다.

04 핵심만 정확히 간추려 소개하는 스폿 정보

지역별로 구역을 세분화하고, 스폿을 명소 · 쇼핑 · 카페 · 디저트 · 카페로 구분하여 소개했습니다. 스폿 이름 옆에 아이콘을 붙여 어떤 성격의 스폿인지 이해하기 쉽도록 만들었습니다.

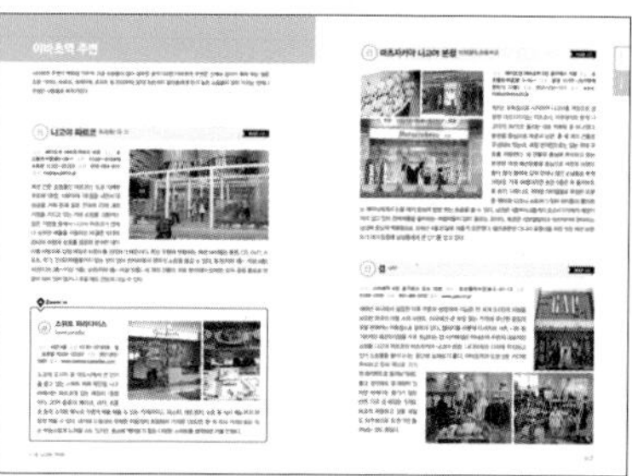

05 상세하고 꼼꼼하게 정리한 여행 준비

나고야를 처음 방문하는 사람도 쉽게 여행할 수 있도록 여행 준비 과정을 상세하게 다루었습니다.

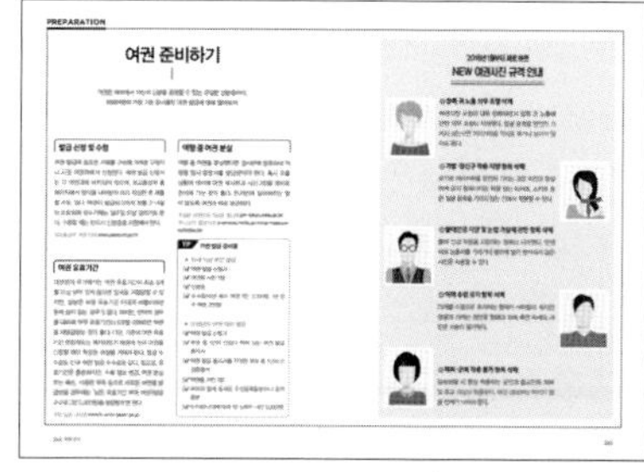

CONTENTS

인사이드 나고야

나고야 가이드

주변 도시 가이드

여행 준비

Image

大悲殿
開山記念祭
十月二十五日
當山
奉納
南無不動明王

南無聖観世音菩薩
南無聖観世音菩薩
南無聖観世音菩薩
アスター関東

とこなめ

핵심만 쏙쏙 뽑아 정리한

일본 기본 정보

이미 알고 있는 기초적인 내용이라도 여행에 앞서 미리 복습해두면 익숙하고도 낯선 여행지 나고야를 더욱 알차고 깊게 여행할 수 있다.

국명 일본

아시아 대륙 동쪽에 홋카이도, 혼슈, 시코쿠, 규슈 4개의 큰 섬을 중심으로 북동에서 남서 방향으로 이어지는 섬나라. 일본어로 닛폰 にっぽん 혹은 니혼 にほん이라 읽는다.

언어 일본어

한자, 히라가나, 가타카나를 병용한다. 일반적으로 한자와 히라가나를 사용하며 외래어는 가타카나로 표기한다.

국기 일장기

명칭은 닛쇼키 日章旗지만 일반적으로 히노마루노하타 日の丸の旗, 줄여서 히노마루 日の丸라고 부른다. 흰 바탕에 해를 상징하는 붉은 동그라미가 있다.

면적 326.45km^2

일본 전체 면적은 37만7915㎢으로 대한민국보다 4배가량 넓다. 일본 아이치현에 위치한 나고야의 면적은 326.45km^{2}으로 서울 면적의 절반 정도다.

도시명 나고야

아이치현 현청 소재지이자 일본 중부 지역의 대표 도시 나고야는 도쿄와 오사카에 이어 일본 3대 도시로 일컬어진다. 또, 도쿄와 오사카로 상징되는 일본 혼슈 동부와 서부를 잇는 교통의 요충지이기도 하다.

통화 엔(¥)

지폐는 1만 엔, 5000엔, 1000엔 세 종류가 통용되며 동전은 500엔, 100엔, 50엔, 10엔, 5엔, 1엔까지 여섯 종류가 있다.

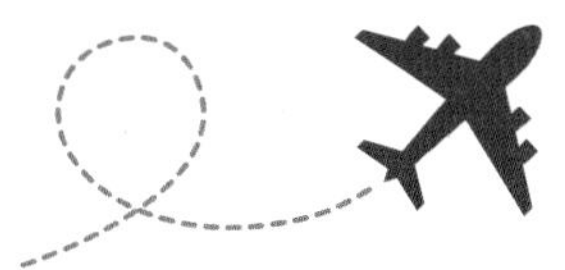

비행 1시간 50분

인천 · 김포공항 출발 기준 약 1시간 50분 정도 소요된다. 한국과 같은 동경 135도 표준시를 사용해 시차가 없지만, 한국에 비해 해는 비교적 빨리 뜨고 진다.

비자 90일 이내 무비자

한국 여권 소지자는 단순 여행 목적의 경우 비자가 필요하지 않으며 최대 90일까지 무비자로 체류할 수 있다.

와이파이 보통

와이파이 보급은 잘 되어 있는 편이나 다소 느리고 인증 절차가 필요해 여행 중에는 포켓 와이파이를 대여하는 방법이 일반적이다.

전압 110V

한국과 달리 110V를 사용하기 때문에 11자 형 어댑터, 일명 '돼지코'가 필요하다. 멀티탭을 따로 준비하면 어댑터는 한 개만 챙겨도 된다.

종교 신도

토착 신앙인 신도 神道가 가장 넓고 깊게 자리 잡고 있다. 일본 사람들은 생활 관습으로서 신도와 불교를 받아들일 뿐 종교로 여기지 않는다.

교통 전철 중심

JR을 중심으로 각종 전철(사철)과 지하철 노선이 도심을 거미줄처럼 연결한다. 도시 간 이동 시 전철을 이용하고, 도시 내에서는 지하철이나 버스를 탄다.

가고 싶은 여행지는 어디?

일본 중부 지역 한눈에 보기

천 리 길은 한 걸음부터, 여행은 한눈에 보기부터.
주요 도시의 위치를 확인하고 여행 동선을 구상해보자.

시라카와고

마을 전체가 통째로 유네스코 세계문화유산에 등재되어 있는 시라카와고는 신비로운 마을 전망을 자랑한다. 시라카와고의 핵심 볼거리는 이곳에서만 볼 수 있는 독특한 가옥 구조 갓쇼즈쿠리 合掌造り다. 지붕 위로 두텁게 쌓이는 눈의 무게를 지탱할 수 있게 만들어진 세모 모양의 지붕은 합장한 손을 연상케 하여 단박에 눈길을 끈다.

다카야마

일본 3대 소고기로 유명한 히다규를 제대로 맛볼 수 있는 일본 기후현의 도시. 에도문화와 교토문화가 적절하게 조화를 이루고 산악지대의 빼어난 자연환경이 도시를 수놓아 '리틀 교토' 또는 '일본의 알프스'라는 애칭으로 불리기도 한다. 복잡한 도시 여행보다는 여유롭고 편안한 소도시 여행을 즐기고 싶다면 제격이다.

나고야

일본 혼슈의 동과 서를 잇는 교통의 중심지이자 도쿄와 오사카에 이은 일본 3대 도시로 일컬어지는 대도시. 중부국제공항에서 메이테츠 열차를 타면 한 시간도 채 걸리지 않아 나고야 도심에 도착할 수 있고, 각종 교통패스를 활용하면 효율적으로 여행할 수 있다. 나고야성으로 대표되는 명소와 사카에를 중심으로 하는 쇼핑 거리가 있어 다양한 취향의 여행자를 모두 만족시키는 매력 만점의 여행지.

가나자와
일본 중부 지역의 북쪽에 위
치한 도시로 동해를 면하고 있다. 자
연재해와 전쟁으로 인한 피해가 적어 과
거 문화유산이 비교적 잘 보존되어 있는 편
으로 '제2의 교토'라는 별칭을 가지고 있다.
일본 3대 정원으로 꼽히는 겐로쿠엔이나 독
특한 경관과 볼거리가 가득한 가나자와
21세기 미술관 등이 대표적인 가나
자와의 명소로 알려져 있다.
KANAZAWA
SHIRAKAWAGO
TAKAYAMA
NAGOYA

여행 전에 미리 체크!

나고야 사계절 날씨

여행을 떠나기 전, 가장 많이 걱정하는 날씨.
계절별 날씨를 확인하고 알맞은 옷을 준비하자.

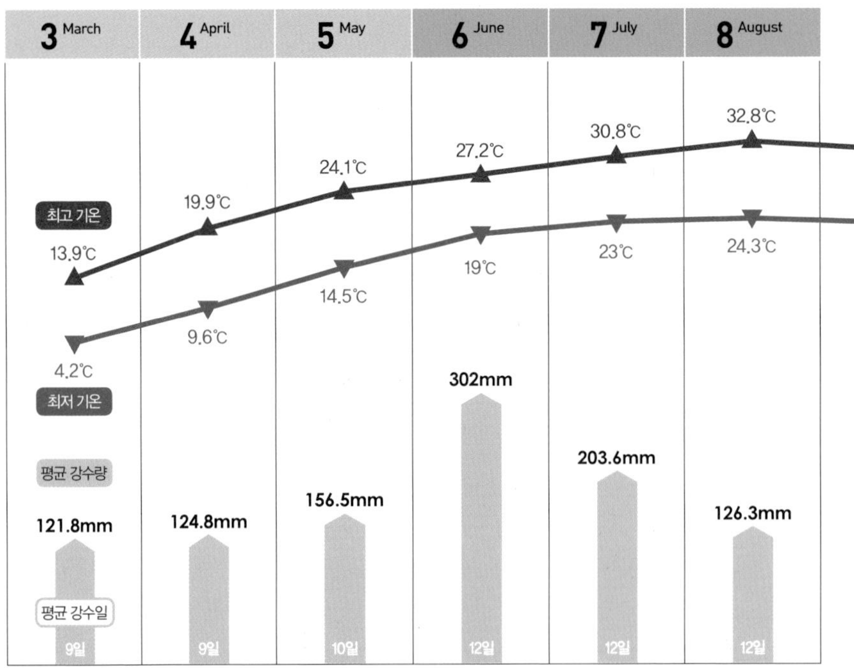

SPRING

나고야의 봄은 최고 기온이 섭씨 25도를 넘지 않은 포근한 날씨가 주를 이룬다. 다만, 큰 일교차에 주의할 필요가 있다. 아침저녁으로 쌀쌀한 날씨를 고려하여 가벼운 외투나 머플러 등을 챙겨 보온에 신경 쓰도록 하자.

SUMMER

초여름이 시작한다고 말할 수 있는 6월부터는 평균 기온이 높아지고 강수량이 크게 증가한다. 이 시기에 나고야 여행을 계획한다면 높은 온도와 자외선에 대비해 모자를 챙기거나 자외선 차단제를 준비하자.

9 September	10 October	11 November	12 December	1 January	2 February
28.6℃	22.8℃	17℃	11.6℃	9℃	10.1℃
20.7℃	14.1℃	8.1℃	3.1℃	1℃	1.1℃
234.4mm	128.3mm	79.7mm	45mm	48.4mm	65.6mm
11일	9일	6일	6일	5일	6일

가을 AUTUMN

9월에는 태풍이 오는 경우가 많아 우산이 있더라도 옷이 비에 젖을 수 있다. 갈아입을 옷과 양말을 미리 준비해두는 편이 현명하다. 태풍이 지나면 더위가 가고 선선한 가을 날씨가 찾아와 여행하기 더없이 좋다.

겨울 WINTER

나고야에서 가장 기온이 낮은 1월에도 최저 기온이 영하로 떨어지는 경우는 흔치 않을 만큼 한국에 비해 겨울이 따듯한 편이다. 너무 두터운 점퍼나 패딩 보다는 적당한 두께의 외투를 준비해도 무방하다.

알아두면 쓸 데 있는

나고야 여행 잡학사전

모른다고 큰일 나는 건 아닌데 알아두면 뿌듯하게 쓰일 데가 있다.
지역의 문화, 시설, 특징 등을 미리 알려주어 헤매지 않도록 도와주는 여행 잡학사전.

화장실 급하다면 편의점으로

뚜벅이 여행 중에 화장실이 급하다면? 눈에 띄는 편의점으로 가보자. 일본의 편의점은 화장실을 자유롭게 사용할 수 있도록 개방해놓아 눈치 보지 않고 사용하기 좋다. 청결 상태도 좋은 편이라 여행자에게 더할 나위 없이 유용하다.

TAXI

택시는 자동문, 닫지 마세요!

일본의 택시 문은 운전기사가 자동으로 열고 닫는 시스템이다. 승 · 하차 시 따로 문을 여닫을 필요가 없으니 은근히 대접받는 느낌이 들기도 하지만, 무의식적으로 자꾸만 문에 손이 가는 건 한국에서 이미 몸에 밴 습관 때문일 터.

보편화된 자판기 문화

일본은 신기할 만큼 자판기 문화가 발달해 있다. 음식점에서 식권을 발매기에서 뽑아 점원에게 건네는 방식은 매우 흔하다. 음료나 담배 자판기의 수가 많은 것은 물론이고 심지어 채소나 빵, 아이스크림까지 자판기로 뽑을 수 있다.

통행 방향, 우리와 달라요!

일본의 도로가 어쩐지 낯설고 어색하게 느껴진다면? 바로 우리나라와 주행 방향이 완전히 반대이기 때문이다. 우리나라 자동차 주행 방향은 우측, 일본은 좌측이고, 운전석 위치도 완전히 다르다. 보행 방향 또한 우리나라에서는 우측통행을 장려하는 한편, 일본은 지역에 따라 다르다. 나고야의 거리는 대부분 좌측통행이다. 에도막부 시절, 왼쪽 허리에 칼을 차고 다니다 사무라이들이 서로 부딪혀 큰 싸움이 벌어지는 것을 막기 위해 좌측통행을 장려했다는 설이 있다.

조금은 관대한 흡연 문화

금연석과 흡연석이 구분되어 있지 않은 작은 선술집이나 카페 등에서 옆자리 흡연 때문에 간혹 불편을 호소하는 여행자들이 있다. 요사이 외국인이 많은 관광지나 음식점에서는 따로 흡연석을 지정하는 등 많이 바뀌고는 있지만, 여전히 우리나라와 비교한다면 일본은 흡연에 관대한 편임을 염두에 두자.

스타벅스 커피, 리필 가능해요!

일본의 스타벅스 커피는 리필이 가능하다. 단, 무료는 아니고 일정 금액을 내야 한다. 당일 스타벅스 구매 영수증을 제시한 후 150엔을 내면 같은 사이즈의 커피를 한 잔 더 마실 수 있다. 이는 서로 다른 매장 간에도 가능한 서비스이니 '스벅 마니아'라면 챙겨보도록! 하루 두 잔의 커피를 생각보다 저렴한 가격에 마실 수 있다.

※ 스타벅스 서비스 정책이나 매장 사정에 따라 다소 변동될 수 있으니 방문한 매장에 문의해 보자.

사진 촬영, 불편해 하는 곳도 있어요!

특이한 기념품, 혹은 맛있는 음식 앞에서 인증샷은 필수! 하지만 사진 찍는 것을 유독 불편해하는 곳들이 있다. 일단, 창작물에 대한 보호를 중시하는 특성으로 이해할 수도 있지만, 양해를 구하는 것만으로 분위기가 부드러워지기도 하니 긴가민가하다면 먼저 물어보자. 샤신 톳테모 이이데스카 写真撮ってもいいですか(사진 좀 찍어도 되겠습니까)?

이젠 선택이 아닌 필수!

스마트폰 체크포인트

스마트폰은 일본 여행 시에도 유용하다.
일본에서 스마트폰을 십분 활용하기 위해 미리 준비할 포인트를 소개한다.

포켓 와이파이 vs 심카드 vs 데이터 로밍

	포켓 와이파이	심카드	데이터 로밍
신청	인터넷 예약	인터넷/현지 구매	공항 부스/전화
수령	공항	택배/공항	-
데이터 구성	와이파이 무제한	LTE 데이터 LTE 무제한 LTE+저속 무제한	LTE 데이터 LTE+저속 무제한 저속 무제한
공유	최대 5명 권장	개인용 핫스팟	개인용 핫스팟
비용	1일 5500원~	5일 1만 원~	1일 9900원~

☑ 포켓 와이파이

스마트폰과 함께 휴대용 와이파이 기기를 가지고 다니면서 데이터를 사용한다. 와이파이 발신기를 가지고 다닌다고 생각하면 이해가 쉽다. 여러 명이 함께 공유하며 사용할 수 있어 편리하고, 비용도 합리적이라 일본 여행 시 가장 대중적으로 사용한다. 요금은 1일 5,500~6,000원 정도이며, 적정 속도를 유지하려면 최대 5명까지의 동시 사용을 권한다. 다만, 기기를 가지고 다녀야 하는 데다가 매일 충전해야 하는 약간의 번거로움이 있다. 배터리 소모를 최소화하려면 사용할 때만 와이파이 기기를 켜두는 것도 방법이다.

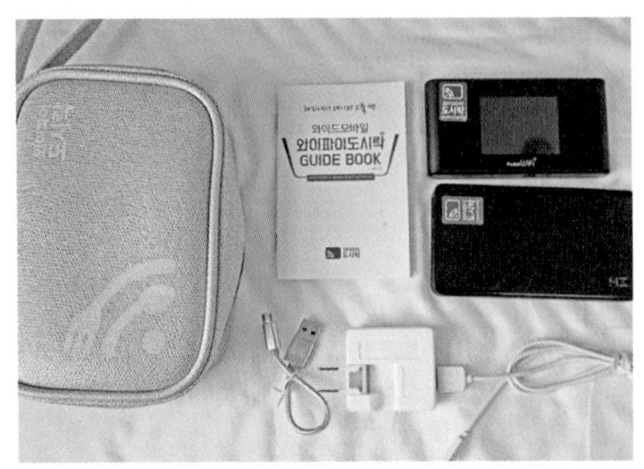

무료 와이파이

유명 관광지를 비롯해 공항, 버스정류장, 지하철역, 편의점 등 도심 어디서나 무료 와이파이를 쉽게 만나볼 수 있다. 수신되는 와이파이 목록 중 프리 와이파이가 있다면 간단한 동의와 이메일 인증 후 30분~한 시간 정도씩 이용할 수 있다. 시간이 초과되면 다시 인증하거나, 한 번 인증해두면 계속 사용할 수 있는 경우도 있다.

☑ 심카드

스마트폰에 끼워져 있는 심카드를 현지 심카드로 교체해 사용하는 방식으로, 기간과 데이터 구성이 다양하다. 기간은 4일에서 길게는 30일까지, 데이터는 LTE 500MB부터 무제한까지 다양하다. LTE+저속 무제한 데이터의 구성도 있다. 현지 공항이나 편의점에서도 판매하지만, 한국에서 미리 구매하면 한국어 설명서를 볼 수 있고, 가격 면에서도 더 유리하다. 현지 심카드로 교체하면 현지 번호가 부여되므로 별도의 방법을 사용하지 않을 경우, 한국에서 사용하던 전화번호로 전화를 착신하거나 문자를 수신할 수 없다.

☑ 데이터 로밍

귀차니스트에게는 최적의 상품으로, 통신사를 통해 어디서나 간편하게 신청할 수 있다. 다만, 요금이 비싼 데다가 데이터 무제한 상품으로 광고하는 것도 알고 보면 일정량의 LTE 사용 후 속도가 현저히 떨어져 불편이 따른다. 한국에서 오는 전화가 수신되는 것은 장점이지만 국제전화를 사용하게 되므로 통화료 또한 비싼 편이다. 중요한 연락을 받아야 할 일이 있거나 급하게 떠나는 짧은 여행이라면 고려해볼 만하다.

유용한 애플리케이션

☑ 구글맵 Google Maps

필수 지도 앱. 기본적인 지도와 더불어 현재 위치를 확인할 수 있고, 목적지까지의 거리, 교통편, 요금 등을 상세하게 안내해준다.

☑ 나고야메트로 Metro Nagoya Subway

나고야 시내를 종횡무진 누비는 여섯 개 노선의 정보를 제공한다. 전체 노선도, 역의 위치, 출발 및 도착 시간을 빠짐없이 볼 수 있다.

☑ 파파고 Papago

일본어에 특화되었다고 할 수 있을 정도로 비교적 자연스러운 번역 기능을 자랑하는 앱. 여행에 필요한 기본적인 의사소통은 대부분 가능하다.

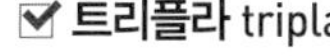

☑ 트리플라 tripla

일본의 레스토랑, 액티비티, 투어 등 다양한 예약 서비스를 대행해준다. 한국어 · 영어 채팅으로 날짜와 인원 등을 말하면 예약해주는 방식이다.

충전 준비물

☑ 어댑터

일본은 110V 전압을 사용하므로 어댑터가 꼭 필요하다. 멀티 어댑터를 가져가거나 부피가 작은 돼지코를 미리 준비하자.

☑ 멀티탭

사용할 전자 제품이 많은 경우, 어댑터와 멀티탭을 가져가면 콘센트에 연결해 여러 전자 제품을 한번에 사용할 수 있어 편리하다.

☑ USB 멀티 포트

최근 USB 포트로 충전할 수 있는 전자제품이 많아지면서, USB 포트가 구비된 숙소가 많아졌다. USB 멀티 포트를 준비하면 충전선만 연결하면 되므로 짐을 줄일 수 있다.

INSIDE NAGOYA

인사이드 나고야

나고야 핵심 명소 베스트 10

나고야 박물관 · 미술관 산책

나고야 명물 먹거리

나고야 모닝 서비스

나고야 베스트 쇼핑몰

출 · 입국 수속 절차

중부국제공항 안내

나고야 꿀패스 총정리

나고야 추천 여행 코스

전통문화와 과학기술의 다채로운 조화

나고야 핵심 명소 베스트 10

일본 전통문화를 간직하면서 현대 과학기술의 발전을 제대로 보여주는 나고야.
나고야 여행에서 꼭 방문해야 할 핵심 명소만 쏙쏙 골라 소개한다.

1 나고야성 名古屋城

오사카성과 구마모토성에 이어 일본 3대 성으로 손꼽는 나고야 역사의 상징. 일본 전국시대의 대표적인 인물 오다 노부나가 · 도요토미 히데요시 · 도쿠가와 이에야스 세 사람과 깊은 인연을 맺고 있어 역사적 의미 또한 뛰어나다.

P.146

2 오아시스 21 オアシス21

나고야를 상징하는 건축물 중 하나. 공중에 떠 있는 우주선 모양의 전망대와 중앙 분수대 주변 강화유리로 바닥을 꾸민 산책로가 유명하다. 낮에도 멋스럽지만, 해 질 무렵 조명이 켜지면 환상적인 야경을 보여준다.

P.104

나고야 테레비탑 名古屋テレビ塔

시내가 한눈에 들어오는 멋진 전망대로 잘 알려진 나고야의 명소. 맑은 날이면 나고야 시내뿐만 아니라 외곽의 아름다운 산자락까지 눈에 담을 수 있다. 저녁노을이 최고조에 이를 때 풍경은 이루 말할 수 없이 아름답다. P.106

오스 상점가 大須商店街

나고야를 대표하는 전통시장. 총 아홉 개의 아케이드 상점가가 동서남북으로 뻗어 있다. 명물 과자, 구제 의류, 독특한 먹거리와 개성 넘치는 가게가 무려 1,200여 개 넘게 들어서 있다. P.132

5

JR 센트럴타워즈
JRセントラルタワーズ

한때 나고야 여행의 중심이 사카에에서 나고야역으로 바뀌었다는 얘기가 나오게 만들었던 철도 역사 빌딩. 세계에서 가장 높은 철도역사 빌딩으로 기네스북에 등록되었을 정도로 어마어마한 규모를 자랑한다. **P.74**

6

노리타케노모리 ノリタケの森

세계적으로 유명한 도자기 브랜드 노리타케가 창업 100주년을 맞아 기존의 공장 부지를 철거하고 새롭게 만든 복합 문화시설. 제품을 전시하는 노리타케 뮤지엄, 상품을 판매하는 숍 노리타케 스퀘어 나고야 등 다양한 공간이 마련되어 있다. **P.94**

시로토리 정원 白鳥庭園

한가운데에 큰 연못을 배치한 아름다운 일본 정원. 일본 중부 지역의 지형을 모티브로 삼아 장인이 나무 하나, 돌 하나의 배치까지 고려하며 만들었다고 전해진다. 규모가 크지는 않지만 은은하게 풍기는 정갈한 분위기가 인상적이다. **P.172**

8

가쿠오잔 覚王山

개성 있는 상점들과 역사적인 건축물이 혼재된 가쿠오잔. 일본에서 유일하게 석가모니의 유골을 안치한 닛타이지와 시로야마하치만구, 요키소 등은 도시 여행과는 다른 묘미를 선사한다. **P.154**

도코나메 常滑

멋스러운 굴뚝이 있는 가마, 옛 도자기 공장과 도자기로 단아하게 꾸민 언덕길까지. 독특한 분위기를 느낄 수 있는 도코나메 도자기 산책로는 아름다운 일본의 역사적 풍토 100선에 선정되었을 만큼 인정받는 명소다. **P.202**

9

10

도쿠가와엔 徳川園

나고야를 대표하는 일본식 정원. 정원 내에는 류몬노타키 龍門の瀧를 비롯한 작은 폭포와 연못 사이를 가로지르는 다리 등 다양한 풍경의 산책로를 잘 꾸며두었다. 아기자기한 풍경을 좋아한다면 단연 추천. **P.148**

도심 속에서 만나는 나고야의 역사와 예술

나고야 박물관 · 미술관 산책

화려한 쇼핑몰과 재미있는 볼거리, 독특하고 맛있는 명물 먹거리가 많기로 유명한 나고야. 하지만 조금만 눈을 돌려보면 도심 곳곳에 의외로 멋진 박물관과 미술관이 숨어 있다.

아이치현 미술관 愛知県美術館

아이치현 미술관 컬렉션의 중심을 이루는 것은 일본 국내외의 20세기 미술이다. 국외 작품으로는 키르히너를 시작으로 하는 독일 표현주의 회화와 조각, 미로와 에른스트 등 초현실주의 회화, 전후 미국 미술 등 뛰어난 작품을 보유하고 있다. 한편, 일본 미술은 근대 서양화의 선구자인 다카하시 유이치 高橋由一를 비롯해서, 우메하라 류자부로 梅原龍三郎, 야스이 소타로 安井曾太郎 등 유명 작가의 작품을 전시하고 있다.

위치 히가시야마센 · 메이조센 사카에역 4번 출구에서 도보 3분 주소 名古屋市東区東桜1-13-2 오픈 10:00~18:00 휴무 월요일, 연말연시 요금 어른 500엔, 대학 · 고등학생 300엔, 중학생 이하 무료 전화 052-971-5511 홈피 www-art.aac.pref.aichi.jp 지도 MAP 4Ⓓ

나고야시 박물관 名古屋市博物館

1977년에 개관한 역사박물관. 미하라시다이 見晴台 유적을 비롯하여 조몬 縄文, 야요이 弥生, 고분시대 등 고대 유적이 풍부하여 웬만한 국립박물관만큼의 자료를 갖추고 있는 것이 특징이다. 상설 전시장에서는 약 1,000점의 고대 유물을 전시하고 있으며, 원시시대부터 현대까지 폭넓게 다룬다. 근대적인 외관의 박물관 앞에는 멋스럽게 꾸민 정원도 있어 가볍게 산책하기에 좋다.

위치 사쿠라도리센 사쿠라야마역 4번 출구에서 도보 5분 주소 名古屋市瑞穂区瑞穂通1-27-1 오픈 09:30~17:00 휴무 월요일, 넷째 화요일, 연말연시 요금 어른 300엔, 대학 · 고등학생 200엔, 중학생 이하 무료 전화 052-853-2655 홈피 www.museum.city.nagoya.jp 지도 MAP 1Ⓚ

나고야 보스턴 미술관 名古屋ボストン美術館

미국의 보스턴 미술관과 자매 결연을 맺은 미술관. 모든 작품을 보스턴 미술관에서 대여하여 전시하는 방식으로 운영하여 보스턴 미술관의 뛰어난 콜렉션을 곧바로 소개한다. 같은 건물 11층에는 나고야 도시 건설의 역사와 발자취를 한눈에 보기 쉽도록 소개하는 전시장 마치즈쿠리히로바 名古屋まちづくり広場를 무료로 입장하도록 개방했다. 전시장 바닥은 엄청난 면적의 항공사진으로 꾸며져 있어, 상공에서 나고야 시내를 보는 듯한 기분을 받는다.

위치 메이조센 가나야마역 4번 출구에서 도보 2분 **주소** 名古屋市中区金山町1-1-1 **오픈** 평일 10:00~19:00(토·일·공휴일 10:00~17:00) **휴무** 월요일, 연말연시 **요금** 어른 1,300엔, 대학·고등학생 900엔, 중학생 이하 무료 **전화** 052-684-0101 **홈피** www.nagoya-boston.or.jp **지도** MAP 1Ⓔ

다이이치 미술관 大一ミュージアム

아름다운 아르누보 양식의 유리공예품을 전시하는 미술관. 근대와 현대의 두 거장 낭시파의 창시자로 불리는 프랑스의 에밀 갈레 Émile Gallé와 미국 최고의 유리공예 장인 데일 치훌리 Dale Chihuly의 작품을 중심으로 모은 유리공예품을 전시하고 있다. 입구로 들어가면 우선 600여 개의 붉은 유리가 얽혀 있는 거대한 샹들리에게 가장 먼저 눈에 들어온다. 이것은 '치훌리의 샹들리에 시리즈'로 불리는 작품으로 다이이치 미술관을 위해 특별히 제작한 작품이라고 한다. 미술관 내부는 고급스러운 인테리어로 미술관이라기보다는 외국의 고급스런 대저택에 있는 듯한 분위기다.

위치 사카에 오아시스 21에서 시버스 24계통 이나니시샤코 稲西車庫 방면 승차. 가모츠케초 鴨付町 정류장에서 하차 후 남쪽으로 도보 1분 **주소** 名古屋市中村区鴨付町1-22 **오픈** 10:00~17:00 **휴무** 월요일, 연말연시 **요금** 어른 800엔, 대학·고등학생 600엔, 초·중학생 400엔 **전화** 052-413-6777 **홈피** www.daiichi-museum.co.jp

군침이 꼴깍! 입맛을 자극하는

나고야 명물 먹거리

나고야에는 일본 어디에서도 맛보기 힘든 독특한 음식들이 있다.
나고야를 대표하는 명물 향토음식을 일컬어 '나고야메시 名古屋めし'라 부르기도 한다.

히츠마부시 ひつまぶし

히츠마부시는 잘게 자른 장어구이를 히츠 櫃라고 하는 나무 그릇에 밥과 함께 내오는 푸짐한 장어덮밥이다. 히츠마부시라는 이름은 나무그릇 히츠 櫃에 묻히다라는 뜻의 마부스 塗す를 합친 조어로, 잘게 자른 장어구이를 밥 위에 푸짐하게 올려 낸 것이 특징이다. 일반적인 장어덮밥과는 차원이 다른 양과 맛으로 많은 사람들의 사랑을 받는 음식이기에 나고야 여행에서 반드시 먹어 봐야 한다.

추천 맛집 호라이켄 본점 蓬莱軒 P.173 , 우나기키야 鰻 木屋 P.147

히츠마부시 맛있게 먹는 방법

일단, 히츠에 담긴 장어를 밥과 함께 사등분한다. 양은 넉넉하므로 걱정하지 말자.
첫 번째 방법, 그냥 먹는다.
두 번째 방법, 김, 파, 와사비 등의 야쿠미를 넣고 잘 비벼먹는다.
세 번째 방법, 오차즈케의 다시를 원하는 양만큼 넣고 말아 먹는다.
네 번째 방법, 세 가지 방법 중 가장 맛있게 먹은 방법으로 먹는다.

미소 카츠 味噌カツ

된장과 돈카츠? 생각해보면 정말 어울리지 않는 조합일 것 같지만, 이것이 또 입맛을 자극하는 나고야의 명물 요리다. 처음 접해보는 사람에게는 다소 강렬할 수 있는 맛이지만, 두고두고 생각이 나는 독특함을 자랑한다. 정통 미소 카츠를 맛보고 싶다면 단연 야바통을 빼놓고 말할 수 없다. 야바통 본점은 나고야의 최대 번화가 사카에 상점 거리에 있으므로 어렵지 않게 방문할 수 있다.

추천 맛집

야바통 矢場とん P.42, 85, 120

미소니코미 우동 味噌煮込みうどん

모양새는 생경하지만, 한 번 빠지면 헤어 나오기 힘든 중독성 강한 된장 우동. 나고야 특산품인 아카미소와 소금을 첨가하지 않고 물만으로 반죽한 생면을 뚝배기에 함께 넣어 걸쭉해질 때까지 끓여내기 때문에 맛이 농후하면서도 깊이가 있다. 가게마다 독자적인 방법으로 개발한 된장을 쓰기 때문에 같은 이름의 미소니코미 우동이라도, 서로 다른 맛을 낸다.

추천 맛집

야마모토야소혼케 山本屋総本家 P.85, 121 , 야마모토야 본점 山本屋本店 P.125

텐무스 天むす

쌀밥에 새우튀김을 넣고 김으로 싼 것뿐인데, 기존에 먹었던 주먹밥과는 차원이 다른 맛의 신세계를 보여주는 텐무스. 왜 사람들이 나고야 명물이라고 하는지 알 수 있는 맛이다. 일단 좋은 쌀로 만들어 밥이 맛있고, 보리새우를 사용해서 그런지 바삭한 새우튀김에서는 살짝 단맛이 난다. 신기한 점은 소금 간을 하지 않았는데도 맛있게 먹을 수 있을 정도로 간이 되어 있다는 것. 식어도 맛있어서 도시락으로도 인기다.

추천 맛집 텐무스 센주 天むす千寿 P.41, 139

테바사키 手羽先

테바사키는 나고야의 대표 음식으로 출발해 이제는 전국적으로 이름을 떨치고 있다. 겉보기엔 흔하디 흔한 닭날개 튀김에 불과하지만, 나고야코친 名古屋コーチン이라는 이름이 붙는다면 이야기는 달라진다. 나고야코친은 나고야 일대에서 사육하는 토종닭으로 일본 3대 토종닭이라 불리는 명성에 걸맞은 뛰어난 육질과 맛을 자랑한다. 닭날개에 가볍게 간을 하고 매콤한 양념으로 마무리하는 점이 특징이다.

추천 맛집

도리카이소 본점 鳥開総本店 P.86, 세카이노야마짱 世界の山ちゃん P.114, 후라이보 風来坊 P.89

키시멘 きしめん

평평하고 넓적하게 뽑은 면발과 가쓰오부시로 우려낸 간장 베이스 국물이 잘 어울리는 나고야 명물. 사누키 우동과 비슷한 맛이지만, 면발의 차이 때문인지 국물과의 조화는 키시멘이 탁월하다. 키시멘이라는 이름의 기원에 대해서는 여러 가지 설이 있지만, 기슈 紀州 지역 사람이 만들었다고 해서 지역 이름을 따라 키슈멘이라 불렸는데, 그 이름이 전이되면서 키시멘이 되었다는 설이 비교적 유력하다.

추천 맛집

요시다 키시멘 吉田きしめん P.89, 에키카마 키시멘 駅釜きしめん P.78

안카케 스파게티 あんかけスパゲティ

미트 소스 스파게티에서 착안하여 일본인 입맛에 맞는 독창적인 소스를 개발하여 대중화에 성공한 것이 시초다. 토마토 소스에 여러 소스를 뒤섞어놓은 듯한 짭짤한 맛으로 소스만 따로 먹으면 이게 왜 나고야 명물인지 의아해할 수도 있다. 하지만 소스에 소시지와 베이컨, 살짝 볶아 특유의 단맛을 내는 채소와 도톰한 스파게티면이 한데 어우러지면 색다른 음식으로 변신한다.

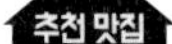

요코이 ヨコイ P.114

카레 우동 カレーうどん

비교적 최근에서야 나고야메시로 거론되기 시작했으나, 마니아가 급속도로 늘어나면서 지금은 폭발적인 인기를 구가하고 있다. 카레 우동 자체는 일본 어느 지역에서도 맛볼 수 있는 비교적 평범한 음식이다. 하지만 매콤달콤 걸쭉한 국물에 쫄깃한 면발이 어우러진 나고야 카레 우동은 다른 지역에서 맛보기 힘든 독특한 매력을 지닌다. 나고야 카레 우동으로 특히 유명한 가게는 미디어에서 극찬한 우동 니시키와 전국의 카레 우동 마니아로부터 열렬한 지지를 받는 와카샤치야 두 곳이 대표적이다.

추천 맛집

우동 니시키 うどん錦 P.115, 와카샤치야 若鯱家 P.41, 89

미소 오뎅 味噌おでん

미소 오뎅은 미소 味噌를 활용해 맛을 낸 육수에 어묵, 무, 곤약, 소 힘줄 등을 잔뜩 넣어 푹 삶아낸, 나고야 사람들이 사랑하는 음식이다. 된장의 깊은 맛과 여러 재료에서 나오는 자연의 맛이 어우러져 달콤하면서도 짭짤하다. 나고야의 미소 오뎅은 아이치현 특산품인 핫쵸미소 八丁味噌를 사용하는 것이 특징이다. 핫쵸미소는 오로지 대두만으로 만든 아카미소 赤味噌로 염분이 적고 맛이 담백하기 때문에 조림 요리와 잘 어울린다.

추천 맛집 시마쇼 島正 P.124

타이완 라멘 台湾ラーメン

타이완의 단자면 担仔麵을 일본 사람 입맛에 맞게 바꾸어 메뉴로 내놨는데, 강렬한 맛을 좋아하는 나고야 사람들의 입맛을 제대로 저격하여 나고야 명물 음식 리스트에 당당히 이름을 올렸다. 매운맛을 즐기는 우리나라 사람에게도 안성맞춤인 칼칼한 중화풍 라멘과 불향이 살아있는 볶음밥의 조화는 즐거운 한 끼 식사로 부족함이 없다. 매콤하고 거친 국물이 당긴다면 타이완 라멘집을 찾아가자.

추천 맛집 미센 味仙 P.121

아침 햇살을 맞으며 누리는 나고야 여행의 특권

나고야 모닝 서비스

술보다 커피를 더 많이 마신다는 나고야에서 경험할 수 있는 아침 문화.
모닝 서비스 메뉴는 통상 오전 7시부터 11시 사이에 한시적으로 판매한다.

가토코히텐 加藤珈琲店

나고야에서 가장 맛있는 커피와 나고야 명물 오구라 토스트를 맛볼 수 있는 커피 전문점. 다른 카페와 달리 모닝 서비스 시간에만 판매하는 세트 메뉴가 따로 있다. 대표 메뉴는 커피와 나고야 명물 오구라 토스트, 삶은 달걀이 함께 나오는 나고야 세트 名古屋セット(540엔). 신선한 채소와 파스트라미 햄이 매력적인 샌드위치 C세트(540엔)도 인기이다. P.111

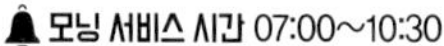

모닝 서비스 시간 07:00~10:30

코메다코히텐 コメダ珈琲店

1968년 나고야에서 처음 문을 연 인기 커피 전문점. 50년 가까이 지난 지금까지 변함없는 맛으로 현지인의 입맛을 꾸준히 사로잡으며 호시노커피 · 우에시마커피와 함께 일본 3대 커피 체인점으로 굳건히 자리를 지키고 있다. 대략 400엔 대의 커피나 홍차 등 음료를 주문하면 오구라 토스트와 삶은 달걀을 제공한다. P.112

모닝 서비스 시간 07:00~11:00

호시노커피 HOSHINO COFFEE

핸드드립 커피 맛이 좋기로 유명한 나고야의 커피 전문점. 향이 진하면서도 쓰지 않고 고소한 맛이 난다. 커피 맛을 잘 모르는 사람이라도 기분 좋게 마실 수 있다. 420엔에 판매하는 브랜드커피, 티, 오렌지주스 등 기본 음료를 주문하면 버터 토스트와 삶은 달걀을 내온다. 비용을 추가하면 좀 더 고급진 세트 메뉴를 주문할 수도 있다. P.91

모닝 서비스 시간 07:30~11:00

샤포블랑 シャポーブラン

푸짐한 아침을 즐길 수 있는 뷔페식 모닝 서비스가 유명한 카페. 모닝 서비스 시간 동안 490엔으로 커피와 갓 구은 맛있는 빵, 샌드위치, 삶은 달걀 등 푸짐한 디저트를 무한정 먹을 수 있어 인기다. 특히, 샌드위치가 맛있는데, 금방 없어지므로 먹을 만큼만 확보해둘 것. 나고야 명물 오구라 토스트를 먹고 싶다면 100엔을 추가하면 된다. P.90

🔔 **모닝 서비스 시간** 07:30~11:30

카페 드 크리에 Cafe de Crie

비 드 프랑스와 함께 나고야 시내에서 가장 많이 보이는 대중적인 카페 체인점. 커피는 평균 수준이지만 모닝 서비스 메뉴가 다양해서 많은 여행자들이 찾는다. 대표 메뉴는 모닝 플레이트 モーニングプレート(400엔~). 커피와 토스트가 기본으로 들어가고 소시지, 샐러드, 스크램블에그 등을 종류별로 선택하여 주문할 수 있다. P.87

🔔 **모닝 서비스 시간** 07:30~11:00

비 드 프랑스 VIE DE FRANCE

우리나라의 파리바게트를 연상시키는 베이커리 체인점. 워낙 지점이 많아 일본 어디를 가든 자주 볼 수 있지만, 나고야에는 다른 지역과는 다른 특별함이 있다. 단돈 390엔으로 커피와 토스트 샌드위치, 그리고 삶은 달걀을 함께 먹을 수 있는 모닝 세트를 판매한다. P.126

🔔 **모닝 서비스 시간** 07:00~11:00

콘파루 コンパル

샌드위치가 맛있기로 유명한 카페. 원하는 음료수를 주문하고 130엔을 추가하면 햄에그 샌드위치가 함께 나오는 방식이다. 아삭한 양배추와 달걀, 그리고 소스의 어우러짐이 기가 막힌다. 메뉴판에 한글이 병기되어 있어 주문하기가 편하다는 장점이 있지만, 흡연석이 분리되어 있지 않아 공기가 좋지 않다는 단점도 있다. P.92

🔔 **모닝 서비스 시간** 08:00~11:00

대형 백화점부터 아기자기한 상점까지

나고야 베스트 쇼핑몰

각양각색의 상점가가 빼곡히 밀집해 있는 화려한 쇼핑의 도시 나고야.
어마어마한 규모의 백화점과 단숨에 시선을 사로잡는 이색 상점가가 즐비하다.

사카에역
P.108

라시크

ラシック

사카에에 자리한 나고야 넘버원 쇼핑몰. 젊은 세대가 좋아하는 브랜드가 빼곡히 입점해 있다.

나고야역
P.82

미들랜드 스퀘어

ミッドランドスクエア

나고야 최고의 고급 쇼핑몰로 꼽힌다. 일반 매장보다 명품숍이 더 많아 럭셔리한 백화점이다.

미츠코시

三越

마루에이, 마츠자카야와 함께 나고야 백화점계를 이끌어온 전통의 강자.

사카에역
P.110

JR 나고야 다카시마야

JR名古屋タカシマヤ

화려하고 세련된 매장 인테리어가 눈길을 끄는 고급 백화점. 도큐핸즈가 입점하고 있다.

나고야역
P.80

스카이루

スカイル

우리나라 여행자들에게 인기 높은 중저가 브랜드가 많은 실속 만점의 쇼핑몰.

사카에역
P.111

마츠자카야
松坂屋

야바초역
P.117

무려 400년의 역사를 가지고 있는 나고야의 대표적인 백화점. 나고야에서 둘째가라면 서러울 만큼 상당한 규모를 자랑한다.

나고야 프랑프랑
名古屋 フランフラン

우리나라에서도 인기 있는 생활 인테리어 전문점. 멋진 매장 분위기가 시선을 사로잡는다.

사카에역
P.110

고메효
コメ兵

신상품에서 중고품 할 것 없이 거의 모든 상품을 판매하는 일본 최대 규모의 리사이클 백화점.

오스칸논역
P.137

가쿠오잔 아파트
覚王山アパート

젊은 아티스트들이 운영하는 개성 넘치는 소품 전문점. 작품 같은 상품도 심심치 않게 볼 수 있다.

가쿠오잔역
P.160

호시가오카 테라스
星が丘テラス

조용한 분위기에서 여유 있게 쇼핑을 즐기기에 안성맞춤. 서양 쇼핑몰 분위기가 물씬 풍긴다.

호시
가오카역
P.165

초심자도 단박에 이해하는

출 · 입국 수속 절차

공항에 가면 무엇부터 해야 할지 늘 고민스럽다.
아래 내용을 통해 공항 출 · 입국 수속 과정을 미리 한번 훑어보자.

출국

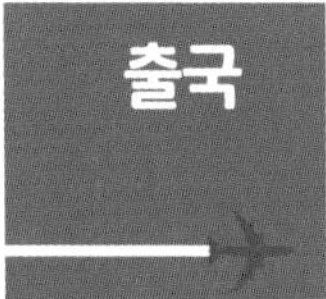

TIP

포켓 와이파이 수령하기

온라인에서 포켓 와이파이를 예약했다면, 출국장에 입장하기 전 반드시 단말기를 수령해야 한다. 예약 업체에서 보내주는 문자를 확인하여 공항 내 지정된 장소에서 단말기를 수령한 후 출국장으로 향하자.

1 항공사 카운터 찾기
인천국제공항에 도착해 가장 먼저 할 일.

2 탑승 수속
셀프 체크인 카운터를 이용하면 편리하다.

3 수하물 부치기
기내 반입 금지 물품은 수하물로 부치고 귀중품은 휴대하자.

4 출국장 입장
여권과 항공권을 제시한다.

5 세관 신고
귀중품이나 고가 반출품이 있을 때 신고하자.

6 보안 검색
겉옷을 벗고 소지품을 엑스레이에 통과시킨다.

7 출국 심사
여권과 항공권을 제시한다.

8 면세 구역 쇼핑
시내 면세점을 이용했다면 구매한 물품을 인도받는다.

9 비행기 탑승
항공권에 기재된 게이트와 탑승 시간을 확인 후 비행기에 탑승한다.

입국

1 중부국제공항 도착
비행기에서 내려 도착 표시를 따라간다.

2 입국 심사
기내에서 작성한 입국 기드와 여권을 제시한다.

3 수하물 찾기
해당 클레임 벨트에서 수하물을 찾는다.

4 세관 검사
휴대품 신고서를 제출하고 안내에 따른다.

5 관광안내소 방문
지도와 노선도 등 필요한 정보를 묻고 수령한다.

6 나고야 시내로 이동
선택한 교통편을 이용해 시내로 이동한다.

TIP
중부국제공항의 관광안내소는 2층 액세스 플라자에 위치한다. 특히 메이테츠 트래블 플라자에서는 한국에서 구매한 쇼류도 교통패스를 발권하거나 일부 교통패스를 현장에서 구매할 수도 있으므로 방문해 보자.

입국카드, 비행기에서 작성하자!

입국카드

❶ 영문 성
❷ 영문 이름
❸ 생년월일 ❹ 국적
❺ 도시
❻ 항공편명
❼ 체류 기간
❽ 일본 내 숙소 이름
❾ 일본 내 숙소 전화번호
❿ 여권에 기재한 것과 동일한 사인

外国人入国記録 DISEMBARKATION CARD FOR FOREIGNER 외국인 입국기록 【ARRIVAL】
英語又は日本語で記載して下さい。Enter information in either English or Japanese. 영어 또는 일본어로 기재해 주십시오.

氏名 Name 이름	Family Name 영문 성 ❶ HONG		Given Names 영문 이름 ❷ GILDONG	
生年月日 Date of Birth 생년월일 ❸	Day 日 일 Month 月 월 Year 年 년 2 5 1 2 1 9 9 0	現住所 Home Address 현주소	国名 Country name 나라명 ❹ KOREA	都市名 City name 도시명 ❺ SEOUL
渡航目的 Purpose of visit 도항 목적	☑ 観光 Tourism 관광 ☐ 商用 Business 상용 ☐ 親族訪問 Visiting relatives 친척 방문 ☐ その他 Others 기타 ( )		❻ 航空機便名・船名 Last flight No./Vessel 도착 항공기 편명·선명	7C 327
			日本滞在予定期間 Intended length of stay in Japan 일본 체재 예정 기간	❼ 3days
日本の連絡先 Intended address in Japan 일본의 연락처	❽ Nagoya Hotel		TEL 전화번호 ❾ 052-123-4567	

裏面の質問事項について、該当するものに☑を記入して下さい。 Check the boxes for the applicable answers to the questions on the back side.

1. 日本での退去強制歴・上陸拒否歴の有無 Any history of receiving a deportation order or refusal of entry into Japan 일본에서의 강제퇴거 이력·상륙거부 이력 유무	☐ はい Yes 예	☑ いいえ No 아니오
2. 有罪判決の有無（日本での判決に限らない）Any history of being convicted of a crime (not only in Japan) 유죄판결의 유무 (일본 내외의 모든 판결)	☐ はい Yes 예	☑ いいえ No 아니오
3. 規制薬物・銃砲・刀剣類・火薬類の所持 Possession of controlled substances, guns, bladed weapons, or gunpowder 규제약물·총포·도검류·화약류의 소지	☐ はい Yes 예	☑ いいえ No 아니오

以上の記載内容は事実と相違ありません。I hereby declare that the statement given above is true and accurate. 이상의 기재 내용은 사실과 틀림 없습니다.

署名 Signature 서명 ❿ HONG GILDONG

일본 입국 시 입국카드를 반드시 제출해야 하므로 비행기에서 미리 작성하면 편리하다. 입국카드는 보통 기내에서 승무원에게 받을 수 있고, 위와 같이 빈칸을 채우면 된다. 숙소 이름과 전화번호를 중요하게 생각하므로 반드시 정확히 기재해야 한다. 입국카드와 함께 휴대품 신고서도 반드시 작성해야 한다. 반입 금지 물품이나 고가의 현금 등을 가지고 있지 않은 보통의 경우 '없음'에 체크하고, 역시 숙소 이름과 전화번호를 정확히 기재하면 된다.

청결한 시설과 편리한 시스템을 자랑하는 나고야의 정문

중부국제공항 안내

2005년 일본 최초로 민간 자본을 들여와 설립한 중부국제공항 센트레아는 여느 공항처럼 딱딱한 분위기가 아니라 엔터테인먼트 공간으로 주목받는다.

눈앞에 펼쳐지는 공항 전경과 비행기 이착륙 장면, 스카이덱

중부국제공항 센트레아 4층 스카이타운에서 이어지는 스카이덱 スカイデッキ은 비행기의 이착륙 장면을 코앞에서 볼 수 있는 옥외 전망대다. 활주로까지 불과 300m밖에 떨어지지 않는 곳에 위치하고 있어 박진감이 넘친다. 맑은 날이면 미에현 해안은 물론 나고야항을 오가는 선박까지 보인다. 무엇보다 해 질 녘 스카이덱에서 바라본, 활주로에 하나둘씩 불이 들어오는 장면은 가히 환상적이다. 공항을 단순히 비행기를 타고내리는 공간이 아니라 여행의 흥분과 설렘을 주는 관광 명소로 새롭게 재조명한 스카이덱은 단언컨대 센트레아 최고의 명소라 할 수 있다.

위치 중부국제공항 센트레아 4층 스카이타운에서 연결 오픈 07:00~22:30

대신 수하물을 호텔로 옮겨주어 편리한, 당일 수하물 배달 서비스

중부국제공항 센트레아에서는 무거운 짐을 옮겨야하는 여행자를 위한 특별한 서비스를 제공한다. 수하물을 대신 호텔까지 배달해 여행자가 공항에서 호텔에 들려 짐을 두고 여행지로 이동하는 번거로움을 덜어주어, 공항에서 홀가분하게 여행지로 이동할 수 있는 '당일 수하물 배달 서비스 Same-day baggage delivery service'가 바로 그것.

오전 11시 이전 접수처에 수하물을 맡기고 숙소가 나고야가 소재한 아이치현에 있을 경우, 당일 오후 6시에서 9시 사이 수하물을 숙소로 배달한다. 오전 11시 이후 접수할 경우 익일까지 배달한다. 요금은 크기를 기준으로 책정한다. 길이 160cm 수하물의 경우, 운송료 1,930엔에 공항 수수료 648엔을 더해 2,578엔이다. 수하물의 크기와 무게에 따라 요금 변동이 있으니 문의하는 편이 확실하며, 한국어가 가능한 직원이 상주하고 있으니 안심해도 좋다. 단, 수하물의 크기와 무게는 최대 160cm, 25kg으로 제한되며, 최대 책임 한도액은 30만 원이다.

위치 중부국제공항 센트레아 2층 도착 로비 전화 0569-38-8562

나고야 명물 음식의 거리, 초칭요코초

센트레아의 맛집 거리 초칭요코초 ちょうちん横丁는 일반적인 공항 레스토랑 거리와는 차원이 다르다. 일본의 옛 전통 거리를 그대로 옮겨놓은 듯한 좁은 골목길 사이사이에 음식점들이 빼곡하게 들어서 있어 가볍게 산책만 하더라도 정겨운 분위기를 느낄 수 있다. 게다가 나고야에서 가장 인기 있는 명물 음식점들의 분점이 들어와 있어 어느 가게에 들어가든 기본 이상의 맛을 즐길 수 있다는 것도 다른 공항 음식점과는 차별화된 초칭요코초의 장점이다. 맛있는 간식거리와 선물용품을 판매하는 상점도 있으므로, 공항에 도착했을 때 시간이 애매하게 남는다면 한번 둘러보아도 좋다.

❶ 마루하 식당 まるは食堂

나고야 명물 새우튀김을 비롯하여 신선한 회와 정갈한 밑반찬이 함께 나오는 일본식 정찬을 판매한다. 인기 메뉴는 센트레아 정식 セントレア定食(1,350엔). 독특하지는 않지만 음식이 깔끔하고 호불호가 갈리지 않는 맛이 장점이다.

오픈〉 10:00~21:00 전화〉 0569-38-7508

❷ 가키야스 가키지로 柿安柿次郎

가벼운 간식거리로 안성맞춤인 찹쌀떡과 소고기덮밥 전문점. 뭔가 어울리지 않는 조합이지만, 양쪽 모두 뛰어난 맛을 자랑한다. 특히, 바나나 향이 살아있는 찹쌀떡 바나나다이후쿠 バナナ大福(1개 162엔)는 꼭 먹어봐야 하는 메뉴.

오픈〉 08:00~21:00 전화〉 0569-38-7026

❸ 와카샤치야 若鯱家

나고야 명물 음식 카레 우동 전문점. 누구나 좋아하는 카레와 우동의 만남은 맛있을 수밖에 없는 조합이다. 풍미가 살아있는 일식 다시에 비법의 카레 분말로 만든 걸쭉한 국물은 남녀노소 모두의 입맛을 자극한다. 명물 카레 우동 名物カレーうどん의 가격은 920엔이다.

오픈〉 06:30~22:00 전화〉 0569-38-1157

❹ 텐무스 센주 天むす千寿

쌀 품종으로 유명한 고시히카리 コシヒカリ 산지인 호쿠리쿠 北陸에서 공수한 쌀로 지은 맛있는 밥과 보리새우로 만든 튀김의 조화가 일품인 주먹밥 판매점. 메뉴는 텐무스 하나로 5개에 756엔이다. 본점은 나고야 시내에 있고 이곳에서는 테이크아웃만 가능하다.

오픈〉 09:00~21:00 전화〉 0569-38-7688

인기 쇼핑몰 중심의 유럽 거리, 렌가도리

일본의 전통 거리를 표방한 초칭요코초와 달리 렌가도리 レンガ通り는 유럽의 작은 마을을 떠올리게 만드는 이국적인 분위기의 거리이다. 음식점은 물론 쇼핑을 즐길 수 있는 아기자기한 숍들도 곳곳에 사리하고 있어, 잠깐 시간을 투자해서 둘러볼 만하다. 식사는 물론 쇼핑과 선물까지 한방에 해결할 수 있는 곳이라 언제나 많은 여행자들로 북적거린다.

❶ 헬로 키티 재팬 Hello Kitty Japan

세계적으로 많은 마니아들을 거느리고 있는 헬로 키티를 비롯, 구데타마 ぐでたま, 마이멜로디 マイメロディ, 폼폼 푸린 ポムポムプリン 등 다양한 산리오의 캐릭터들을 만나볼 수 있는 공간. 귀여운 지갑과 가방, 타월 등 구매욕을 자극하는 오리지널 상품들이 많다.

오픈 09:00~21:00 전화 0569-38-7021

❷ 야바통 矢場とん

나고야 명물 요리인 된장 돈카츠의 명가로 알려진 맛집. 맛있기로 유명한 남규슈 南九州의 돼지고기와 비법 된장 소스의 조화는 다른 도시에서는 맛볼 수 없는 독특함이 있다. 인기 메뉴는 철판 돈카츠 정식 鉄板とんかつ定食으로 가격은 1,836엔이다.

오픈 10:00~21:00 전화 0569-84-8810

❸ 무지 투 고 MUJI to GO

모던하우스 라이프스타일숍으로 국내에도 널리 알려진 무인양품의 다양한 상품 중 여행과 문구 관련 아이템을 집중적으로 배치한 매장이다. 디자인은 심플하지만, 편리한 기능을 가진 가방과 쿠션, 필기도구 등이 많아 재미있게 둘러볼 수 있다.

오픈 08:00~21:00 전화 0569-38-7791

❹ 유니클로 ユニクロ

국내 유니클로에는 들어오지 않는 다양한 제품을 만날 수 있어 인기 있다. 여행을 할 때 꼭 필요한 물품과 의류 등이 많으므로 필요하거나 관심이 있다면 한 번 둘러보는 것도 괜찮다. 세일 품목은 국내보다 훨씬 저렴한 가격으로 구입할 수 있다.

오픈 08:00~21:00 전화 0569-38-7988

내 여행에 알맞은 교통패스 찾기

나고야 꿀패스 총정리

나고야 여행은 다양한 1일 승차권과 교통패스를 활용할 수 있다.
자신의 여행에 알맞은 교통패스가 무엇인지 가늠해보자.

효율적인 나고야 여행을 위한 필수품 나고야 1일 승차권

나고야는 여러 교통패스를 판매하고 있어 효율적으로 여행할 수 있다. 대표적인 교통패스는 지하철 1일 승차권과 버스 1일 승차권, 두 승차권을 통합한 버스 · 지하철 1일 승차권, 그리고 도니치에코 승차권까지 총 네 가지다. 나고야를 여행할 때 버스를 타는 경우는 거의 없기 때문에 지하철 1일 승차권을 구입하는 것이 효과적이다. 지하철 기본요금이 200엔이므로 하루에 4회 이상만 타도 이득이라 교통패스 구매가 아깝지 않다. 또한 나고야 1일 승차권을 구매하고 각종 관광시설과 미술관, 기념관 등에 입장할 때 승차권을 제시하면, 입장료 할인 혜택을 받을 수 있다. 나고야성이나 도쿠가와엔, 나고야 박물관과 미술관 등 총 33개 시설에서 입장료 할인 혜택을 제공하므로 놓치지 말고 이용하자. 만약, 나고야를 방문한 날이 토 · 일요일이나 공휴일 또는 매월 8일에 해당한다면 도니치에코 승차권 ドニチエコきっぷ을 구입할 것. 다른 1일 승차권보다 저렴한 비용으로 지하철과 버스를 하루 동안 자유롭게 이용할 수 있다.

구입〉 지하철역 자동판매기, 시영 버스 차내, 시영 버스 영업소, 교통국 서비스 센터 홈피〉 www.kotsu.city.nagoya.jp/jp/pc/

▶승차권 종류 및 개요

패스 종류	가격	탑승 가능 여부		
		지하철	버스	메구루버스
버스 · 지하철 1일 승차권 バス · 地下鉄全線一日乗車券	850엔	○	○	○
지하철 1일 승차권 地下鉄全線一日乗車券	740엔	○	X	X
버스 1일 승차권 バス全線一日乗車券	600엔	X	○	X
도니치에코 승차권 ドニチエコきっぷ	600엔	○	○	○

TIP

시버스 마크 구분하기

나고야 1일 승차권으로는 메이테츠 버스, 아오나미센, 리니모를 이용할 수 없다. 시영 버스 앞에는 아래 마크가 붙어 있으므로 시영 버스와 메이테츠 버스를 헷갈리지 말자.

나고야의 명소만 쏙쏙 골라 즐기는 메구루버스 1일 승차권

나고야의 인기 명소를 편하게 둘러볼 수 있는 메구루버스 メーグルバス 1일 승차권. 1일 승차권은 버스 안에서 운전기사가 직접 판매하므로 버스에 탑승하여 구매하자. 1회 승차권이 어른 기준 210엔이지만 하루 동안 무제한 이용할 수 있는 1일 승차권은 어른 기준 500엔에 판매하고 있어, 메구루버스를 활용해 나고야 주요 명소를 여행할 계획이라면 1일 승차권을 구매하는 것이 효과적이다.

메구루버스는 월요일에 운휴하고, 월요일을 제외한 평일에는 30분에서 한 시간에 한 대씩, 토요일과 일요일, 공휴일에는 약 30분에 한 대씩 운행한다. 나고야역 9번 출구로 나와 직진하면 도착하는 시티 버스터미널 City Bus Terminal 11번 승강장에서 출발한다. 도요타 산업기술기념관을 시작으로 나고야성, 도쿠가와엔, 나고야 테레비탑을 지나 히로코지 후시미를 기점으로 다시 나고야역으로 돌아온다.

구입〉 버스 안 운전기사에게 직접 구매 요금〉 어른 500엔, 어린이 250엔 홈피〉 www.nagoya-info.jp/ko/routebus/

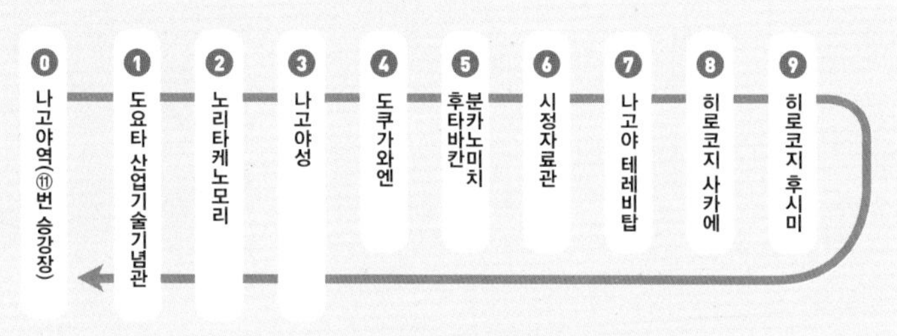

외국 여행자를 위한 맞춤형 교통패스 쇼류도 지하철 · 버스 전선 1일 승차권

버스와 지하철, 메구루버스를 하루 동안 자유롭게 이용할 수 있는 승차권이다. 요금은 600엔으로 도니치에코 승차권과 같아, 평일에 여러 곳을 둘러볼 예정이라면 구입하는 것이 유리하다. 단, 여권을 소지한 성인 외국인 단기 여행자만 구입을 할 수 있다는 조건이 아쉽다. 입소문을 타고 이용하는 사람들이 점차 많아지면서 조금 늦게 가면 매진이 되는 경우도 있으므로 가급적 일찍 구입하는 것이 좋다. 여행 기간 동안 사용하지 않았다면, 나고야역 · 가나야마역 · 사카에역에 위치한 교통국 서비스 센터에서 수수료 100엔을 공제하고 환불 받을 수 있다.

구입〉 중부국제공항 메이테츠 트래블 플라자 名トラベルプラザ, 중부국제공항 센트럴 재팬 트래블 센터 Central Japan Travel Center, 루프 가나야마 1층 가나야마 관광안내소, 오아시스 21 지하 1층 인포메이션 센터, 지하철 나고야역 교통국 서비스 센터, 지하철 가나야마역 교통국 서비스 센터, 지하철 사카에역 교통국 서비스 센터 요금〉 어른 600엔

가나자와 · 다카야마 · 시라카와고를 자유롭게 이동하는 쇼류도패스 3일권

나고야를 비롯해 일본 중부 지역 주변 도시를 함께 여행할 때 유용한 교통패스로 일명 쇼류도패스라 불리며 공식 명칭은 쇼류도 버스 주유권이다. 쇼류도패스는 코스에 따라 나고야를 중심으로 가나자와 · 다카야마 · 시라카와고 · 도야마를 둘러볼 수 있는 3일권(7,500엔), 여기에 고카야마 · 마츠모토 · 신호타카 등을 더한 5일권(13,000엔), 그리고 2018년 10월 리뉴얼한 마츠모토 · 마고메 · 고마가메 등을 둘러볼 수 있는 3일권(7,000엔)까지 총 세 종류로 나뉜다. 그중 일본 중부 지역의 핵심 여행지를 골라 갈 수 있는 가나자와 · 다카야마 · 시라카와고 · 도야마 코스의 쇼류도패스 3일권이 가장 유용하다.

요금 〉 **쇼류도패스 3일권 7,500엔** 홈피 〉 www.meitetsu.co.jp

▶구입 방법

국내 여행사 또는 온라인 판매처를 통해 구매하고, 인터넷으로 받은 바우처를 프린트로 출력하여 현지에서 교환하는 방법이 일반적이고 가장 편리하다. 나고야 중부국제공항 센트레아의 경우 2층 메이테츠 트래블 플라자 Meitetsu Travel Plaza에서 출력한 바우처를 쇼류도패스로 교환할 수 있다. 쇼류도패스 3일권을 구매했다면, 열차 또는 버스 매표소에서 쇼류도패스를 제시하고 탑승권을 발권하자. 중부국제공항역에서 메이테츠 나고야역으로 이동하는 열차 또는 중부국제공항에서 나고야 메이테츠 버스 센터로 이동하는 센트레아 리무진을 탑승할 수 있다.

▶사용 방법

고속버스는 쇼류도패스만으로 탑승할 수 없고, 각 버스회사 매표소에서 쇼류도패스를 제시하고 승차권을 발권해야 탑승할 수 있다. 만석인 경우에는 탑승할 수 없으며, 일부 노선은 필수 예약제로 운영한다. 필수 예약제가 아닌 노선도 조기 매진될 가능성이 있으므로 미리 예약해두는 편이 안전하다.

승차 시엔 쇼류도패스와 승차권을 승무원에게 제시하고, 하차 시엔 쇼류도패스만 승무원에게 보여주면 된다. 아래 표를 참고하여, 각 노선별 버스 운영회사를 확인하고 승차권을 발권하자.

▶주요 노선 및 운행 회사

노선	운행 회사
나고야 ⇄ 다카야마	메이테츠 버스, 노히 버스, JR 도카이 버스
나고야 ⇄ 시라카와고	기후 버스
기후 ⇄ 다카야마	노히 버스, 기후 버스
다카야마 ⇄ 시라카와고 ⇄ 가나자와 · 도야마	노히 버스, 호쿠리쿠테츠도 버스, 도야마 지방 철도
가나자와 ⇄ 도야마	호쿠테츠 가나자와 버스, 도야마 지방 철도

일정과 동선 짜는 고민을 덜어주는

나고야 추천 여행 코스

나고야는 대부분 명소가 옹기종기 모여 있어 효율적으로 이동하며 구경하기 좋다.
아래 추천 여행 코스는 일정을 다소 빠듯하게 제시하고 있으므로 각자의 상황에 맞게 조정하자.

주말 여행자를 위한 알짜배기 2박 3일 코스

주말 동안 가볍게 다녀올 수 있는 2박 3일 일정. 조금 짧긴 하지만, 나고야의 대표 명소와 명물 먹거리를 맛보기엔 충분하다. 숙소는 나고야역 인근으로 구하는 편이 동선을 효율적으로 계획하기 좋다.

공항 ···› 나고야역 ···› 사카에역

첫째 날은 나고야역과 사케에역을 차례로 여행하자. 중부국제공항은 여타 공항에 비해 음식점이 잘 갖추어져 있으므로 시간이 애매할 경우 공항에서 끼니를 해결해도 무방하다.

13:00
중부국제공항 ▶입국 수속 및 점심 식사
추천맛집 마루하 식당 P.41

메이테츠 공항철도 45분

15:30
나고야역

도보 5분

15:45
숙소
▶짐 정리 및 휴식

도보 5분

16:00
나고야역 쇼핑가 ▶저녁 식사
추천맛집 야바통 P.85

지하철 10분(히가시야마센 나고야역–사카에역)

18:00
오아시스 21 · 나고야 테레비탑

도보 10분

19:30
사카에 쇼핑가

- 입장료 ··· 700엔
  테레비탑 전망대 700엔
- 교통비 ··· 1,270엔
  공항철도 870엔, 지하철 왕복 400엔
- 식비 ··· 3,000엔
  점심 1,000엔, 저녁 2,000엔

합계 4,970엔

아츠타 신궁 ···› 시로토리 정원 ···› 오스 상점가 ···› 사카에 쇼핑가

나고야 여행에서 놓칠 수 없는 나고야 모닝 서비스를 아침 식사로 먹고 여행을 시작하자. 쇼핑에 큰 관심이 없다면 사카에 쇼핑가를 일정에서 빼고 동선을 계획해도 좋다.

식사 **08:30**
모닝 서비스 ▶나고야 지하상가에서 아침 식사
추천맛집 샤포블링 P.90

메이테츠 본선(나고야역–덴마초역)

구경 **10:30**
아츠타 신궁 · 시로토리 정원
▶구경 및 점심 식사
추천맛집 호라이켄 본점 P.173

지하철 25분(메이조센 진구니시역–가에마에즈역)

도착 **14:30**
가에마에즈역

도보 5분

구경 **14:40**
오스칸논 · 오스 상점가

도보 15분

야경 **18:30**
야바초 ▶밤거리 구경 및 저녁 식사
추천맛집 야마모토야소혼케 본점 P.121

- 입장료 ········ 300엔
  시로토리 정원 300엔
- 교통비 ········ 990엔
  지하철 400엔, 메이테츠 열차 590엔
- 식비 ········ 6,600엔
  아침 600엔, 점심 4,000엔, 저녁 2,000엔

합계 7,890엔

나고야성 ···› 나고야역 ···› 중부국제공항

마지막 날은 비행기 이륙 시간을 고려하여 일정을 짜야 한다. 시간이 여유롭지 않다면 나고야성과 도쿠가와엔 두 명소 중 하나만 선택해서 둘러보도록 하자.

체크아웃 **08:30**
숙소 ▶짐은 나고야역 코인로커 사용 추천

도보 5분

식사 **08:45**
모닝 서비스 ▶나고야 지하상가에서 아침 식사
추천맛집 호시노커피 P.91

지하철 25분(히가시야마센 나고야역–사카에역, 메이조센 사카에역–시야쿠쇼역)

구경 **10:15**
나고야성

택시 15분

경유 **12:10**
나고야역 ▶코인로커에서 짐 수령 후 출발

메이테츠 공항철도 45분

출국 **13:00**
중부국제공항
▶초칭요코초에서 점심 식사 이후 출국
추천맛집 와카샤치야 P.41

- 입장료 ········ 500엔
  나고야성 500엔
- 교통비 ········ 2,910엔
  지하철 240엔, 택시 1,800엔, 공항철도 870엔
- 식비 ········ 2,000엔
  아침 800엔, 점심 1,200엔

합계 5,410엔

핵심만 골라 제대로 즐기는 완벽 공략 3박 4일 코스

나고야 핵심 명소와 쇼핑 거리, 꼭 먹어봐야 할 나고야의 명물 요리 나고야메시까지. 나고야를 완벽하게 이해하며 여행했다고 자부할 만한 나고야 여행 코스를 소개한다.

공항 ··· 사카에 쇼핑가 ··· 오스 상점가 ··· 사카에

이른 시간에 나고야에 도착했다면 숙소에는 짐만 맡긴 뒤 사카에 쇼핑가와 오스 상점가를 둘러보는 것으로 첫째 날 여행을 시작하자.

11:00
중부국제공항
▶입국 수속

메이테츠 공항철도 45분

13:00
가나야마역

지하철 10분(메이조센 가나야마역–사카에역)

13:15
숙소
▶체크인하거나 짐만 보관하기

도보 5분

13:30
사카에 쇼핑가 ▶구경 및 점심 식사
추천맛집 요코이 P.114

도보 15분

16:30
오스칸논

도보 5분

17:10
오스 상점가

지하철 15분(메이조센 가미마에즈역–사카에역)

18:00
오아시스 21 · 나고야 테레비탑
▶야경 구경 및 저녁 식사
추천맛집 야바통 본점 P.120

- 입장료 ··· 700엔
  테레비탑 700엔
- 교통비 ··· 1,270엔
  공항철도 870엔, 지하철 2회 400엔
- 식비 ··· 3,000엔
  점심 1,200엔, 저녁 1,800엔

합계 4,970엔

노리타케노모리 ··· 나고야성 ··· 도쿠가와엔 ··· 분카노미치

둘째 날은 나고야를 상징하는 핵심 명소를 차례로 공략한다. 메구루버스를 이용하면 주요 명소에만 정차하여 편안하게 둘러볼 수 있다.

식사 **08:30**
모닝 서비스
▶사카에역 인근에서 아침 식사
추천맛집 가토코히텐 P.111

지하철 10분(히가시야마센 사카에역-나고야역)

경유 **09:30**
나고야역
▶11번 승강장에서 메구루버스 탑승

메구루버스 10분

구경 **09:45**
노리타케노모리

메구루버스 10분

구경 **11:00**
나고야성
▶구경 후 점심 식사
추천맛집 우나기키야 P.147

메구루버스 15분

산책 **14:10**
도쿠가와엔

메구루버스 10분

산책 **15:45**
분카노미치

메구루버스 10분

도착 **17:30**
나고야 테레비탑 정류장

도보 15분

구경 **17:45**
사카에 쇼핑가
▶쇼핑 및 저녁 식사
추천맛집 세카이노야마짱 본점 P.114

- 입장료 ········· 800엔
  나고야성 500엔, 도쿠가와엔 300엔
- 교통비 ········· 700엔
  메구루버스 1일 승차권 500엔, 지하철 200엔
- 식비 ········· 5,300엔
  아침 800엔, 점심 3,000엔, 저녁 1,500엔

합계 6,800엔

3DAY 가쿠오잔 ···› 아츠타 신궁 ···› 시로토리 정원 ···› 나고야역 쇼핑가

셋째 날엔 나고야의 숨은 명소를 찾아간다. 가쿠오잔을 방문해 역사적인 명소와 아기자기한 상점가를 둘러 본 뒤 자연과 더불어 산책할 수 있는 아츠타 신궁을 방문한다.

식사 **08:30**
모닝 서비스 ▶사카에역 인근에서 아침 식사
추천맛집 코메다코히텐 P.112

지하철 10분(히가시야마센 사카에역–가쿠오잔역)

도착 **09:30**
가쿠오잔역

도보 10분

구경 **09:40**
닛타이지 · 요키소

도보 5분

산책 **10:50**
가쿠오잔 상점가 ▶구경 및 점심 식사
추천맛집 자라메 나고야 P.161

지하철 15분
(히가시야마센 가쿠오잔역–호시가오카역)

구경 **13:15**
호시가오카 테라스

지하철 40분
(히가시야마센 호시가오카역–가쿠오잔역, 메이조센 가쿠오잔역–진구니시역)

구경 **15:00**
아츠타 신궁

도보 20분

산책 **16:30**
시로토리 정원

지하철 30분
(메이조센 진구니시역–사카에역, 히가시야마센 사카에역–나고야역)

쇼핑 **18:15**
나고야역 쇼핑가
▶나고야역 인근에서 저녁 식사

- 입장료 ···················· 600엔
  시로토리 정원 300엔, 요키소 정원 300엔
- 교통비 ···················· 740엔
  지하철 1일 승차권 740엔
- 식비 ···················· 4,300엔
  아침 800엔, 점심 1,500엔, 저녁 2,000엔

합계 5,640엔

사카에 ⋯› 도코나메 ⋯› 중부국제공항

마지막 날은 여유롭게 일정을 계획하는 편이 좋다. 일정과 시간이 넉넉하다면 간단한 먹을거리를 챙겨서 도코나메를 둘러본 뒤 중부국제공항으로 이동하는 일정을 추천한다.

식사 **09:00**

모닝 서비스

▶사카에 지하상가에서 아침 식사

추천맛집 비 드 프랑스 P.126

도보 5분

쇼핑 **10:00**

사카에 쇼핑가

▶쇼핑 및 점심 식사거리 구매

지하철 10분(메이조센 사카에역→가나야마역)

경유 **11:45**

가나야마역

메이테츠 공항철도 35분

도착 **12:30**

도코나메역

도보 10분

산책 **12:40**

도자기 마을 산책로

도보 10분

출발 **15:30**

도코나메역

메이테츠 공항철도 10분

출국 **15:45**

중부국제공항

- 교통비 ········ 1,100엔
  지하철 200엔, 공항철도 910엔
- 식비 ········ 2,100엔
  아침 600엔, 점심 1,500엔

합계 3,200엔

도심 여행에 지친 이를 위한 색다른 근교 여행 3박 4일 코스

나고야는 물론 이누야마와 세토 등 나고야 주변 도시까지 함께 둘러보는 폭넓은 일정이다. 화려한 쇼핑몰과 고층 건물 대신, 여유롭게 산책하며 옛길을 유람하는 색다른 풍경의 여행지를 소개한다.

중부국제공항 ⋯→ 도코나메 ⋯→ 사카에

나고야역으로 이동하기 전 도코나메를 먼저 들러 가볍게 산책하면서 여행을 시작한다. 나고야역에 도착한 후엔 숙소 체크인을 하고 사카에 쇼핑가를 둘러보는 것으로 일정을 마무리한다.

11:00
중부국제공항
▶입국 수속 후 간편한 점심 식사
추천맛집 텐무스 센주 P.41

메이테츠 공항철도 10분

12:30
도코나메역

도보 10분

12:40
도자기 마을 산책로

도보 10분

15:30
도코나메역

메이테츠 공항철도 35분

16:10
나고야역

도보 5분

16:15
숙소
▶짐 정리 및 휴식

지하철 10분
(히가시야마센 나고야역–사카에역)

17:00
사카에 쇼핑가
▶구경 및 저녁 식사
추천맛집 야바톤 본점 P.120

도보 15분

19:00
오아시스 21 · 나고야 테레비탑

- 입장료 ······ 700엔
  테레비탑 700엔
- 교통비 ······ 1,370엔
  지하철 400엔, 공항철도 970엔
- 식비 ······ 3,300엔
  점심 1,500엔, 저녁 1,800엔

합계 5,370엔

나고야성 ··· 아츠타 신궁 ··· 가쿠오잔 ··· 사카에

둘째 날은 역사와 전통이 깃든 나고야의 명소를 하나씩 찾아가는 일정이다. 도보로 이동하거나 걸으며 둘러보는 경우가 많으므로 편안한 신발은 선택이 아닌 필수.

식사 **08:30**

모닝 서비스

▶나고야 지하상가에서 아침 식사

추천맛집 호시노커피 P.91

지하철 20분
(히가시야마센 나고야역-사카에역,
메이조센 사카에역-시야쿠쇼역)

구경 **09:45**

나고야성

지하철 35분
(메이조센 시야쿠쇼역-진구니시역)

산책 **12:00**

시로토리 정원

도보 20분

구경 **13:15**

아츠타 신궁

▶구경 및 점심 식사

추천맛집 호라이켄 본점 P.173

지하철 40분
(메이조센 덴마초역-사카에역,
히가시야마센 사카에역-가쿠오잔역)

도착 **15:50**

가쿠오잔역

도보 10분

구경 **16:00**

닛타이지 · 요키소

도보 5분

산책 **17:00**

가쿠오잔 상점가

지하철 10분
(히가시야마센 가쿠오잔역-사카에역)

쇼핑 **18:30**

사카에 쇼핑가

▶저녁 식사 및 구경

추천맛집 세카이노야마짱 본점 P.114

- 입장료 ······ 1,100엔
  나고야성 500엔, 시로토리 정원 300엔, 요키소 정원 300엔
- 교통비 ······ 740엔
  지하철 1일 승차권 740엔
- 식비 ······ 6,300엔
  아침 800엔, 점심 4,000엔, 저녁 1,500엔

합계 8,140엔

이누야마성 ···› 우라쿠엔 ···› 도요타 산업기술기념관 ···› 노리타케노모리

에도시대의 정취가 남아있는 이누야마와 멋스러운 도자기 마을 세토는 각각 나고야의 북쪽과 동쪽에 위치한다. 일정과 취향을 고려하여 한 도시를 방문해보자.

식사 **08:30**
모닝 서비스
▶나고야 지하상가에서 아침 식사
추천맛집 샤포블랑 P.90

메이테츠 전철 35분

도착 **09:30**
이누야마역

도보 10분

산책 **09:45**
이누야마 성하마을

도보 15분

구경 **11:30**
이누야마성
▶구경 後 점심 식사
추천맛집 도후카페 우라시마 P.185

도보 10분

산책 **14:00**
우라쿠엔

도보 10분

경유 **15:15**
이누야마유엔역

메이테츠 전철 35분

도착 **16:00**
나고야역

메구루버스 15분

구경 **16:15**
도요타 산업기술기념관

도보 10분

구경 **17:10**
노리타케노모리
▶구경 후 저녁 식사
추천맛집 도리카이소 본점 P.86

- 입장료 ··· 2,050엔
  이누야마성 550엔, 우라쿠엔 1,000엔
  도요타 산업기술기념관 500엔
- 교통비 ··· 1,520엔
  메구루버스 420엔, 공항철도 1,100엔
- 식비 ··· 4,600엔
  아침 800엔, 점심 1,800엔, 저녁 2,000엔

합계 8,170엔

오스칸논 ···› 오스 상점가 ···› 사카에 쇼핑가 ···› 중부국제공항

숙소에서 체크아웃을 하더라도 짐은 맡겨두고 움직이면 여행하는 몸과 마음이 한결 가볍다. 만약 숙소에 짐을 보관하기 어렵다면 코인로커를 이용하는 것도 방법이다.

식사 08:45

모닝 서비스

▶체크아웃 후 인근에서 아침 식사

추천맛집 카페 드 크리에 P.87

도보 3분

짐 보관 09:30

나고야역

▶코인로커에 짐 보관

지하철 15분
(히가시야마센 나고야역-후시미역, 츠루마이센 후시미역-오스칸논역)

산책 10:00

오스칸논

도보 5분

구경 10:45

오스 상점가

▶구경 후 점심 식사

추천맛집 텐무스 센주 P.139

도보 15분

쇼핑 13:45

사카에 쇼핑가

지하철 10분
(히가시야마센 사카에역-나고야역)

경유 15:30

나고야역

▶코인로커에서 짐 찾기

메이테츠 공항철도 45분

출국 16:30

중부국제공항

- 교통비 ········ 1,270엔
  지하철 400엔, 공항철도 870엔
- 식비 ········ 2,500엔
  아침 1,000엔, 점심 1,500엔

합계 3,770엔

버스 타고 낭만 여행, 중부 지역 탐방 4박 5일 코스

일본 중부 지역엔 나고야뿐만 아니라 일본 금박의 요람 가나자와, '리틀 교토'라 불리는 다카야마, 마을 전체가 통째로 세계문화유산에 등재된 시라카와고까지. 색다른 볼거리와 먹거리가 가득한 여행지가 가득하다.

1DAY 중부국제공항 ⋯→ 나고야

첫날은 중부국제공항으로 입국하여 나고야로 향한다. 핵심은 오스 상점가와 사카에 쇼핑가. 취항이나 일정에 따라 아츠타 신궁 대신 다른 나고야 명소를 방문해도 괜찮다.

입국 **10:05**
중부국제공항

메이테츠 공항열차 45분

경유 **12:00**
나고야역

도보 5분

체크인 **12:30**
숙소

지하철 20분
(히가시야마센 나고야역–사카에역, 메이조센 사카에역–진구니시역)

구경 **13:15**
아츠타 신궁
▶구경 및 점심 식사
추천맛집 호라이켄 본점 P.173

지하철 10분
(메이조센 진구니시역–가미마에즈역)

구경 **15:30**
오스 상점가

도보 10분

쇼핑 **17:00**
사카에 쇼핑가
▶쇼핑 및 저녁 식사
추천맛집 야바통 본점 P.120

도보 5분

야경 **19:00**
나고야 테레비탑

- 입장료 ······ 700엔
  나고야 테레비탑 700엔
- 교통비 ······ 1,550엔
  공항철도 870엔, 지하철 680엔
- 식비 ······ 6,000엔
  점심 4,000엔, 저녁 2,000엔

합계 8,250엔

나고야성 ⋯→ 나고야 메이테츠 버스 센터 ⋯→ 시라카와고 버스터미널

나고야성을 방문한 뒤 나고야에서 다음 여행지 시라카와고로 이동한다. 시라카와고 대신 다카야마를 방문해도 좋다. 꼭 쇼류도패스 3일권을 활용하여 교통비를 줄이도록 하자.

체크아웃 **08:30**
숙소

도보 5분

식사 **08:45**
모닝 서비스
▶나고야 지하상가에서 아침 식사
추천맛집 샤포블랑 P.90

도보 5분

짐 보관 **10:15**
나고야역
▶코인로커에 짐 보관

지하철 25분
(히가시야마센 나고야역-사카에역, 메이조센 사카에역-시야쿠쇼역)

구경 **10:15**
나고야성

택시 15분

경유 **12:10**
나고야역
▶코인로커에서 짐 찾기

도보 5분

경유 **12:30**
나고야역 주변 · 나고야 지하상가
▶쇼핑 및 점심 식사
추천맛집 요시다 키시멘 P.89

도보 6분

출발 **14:30**
나고야 메이테츠 버스 센터

고속버스 약 3시간

도착 **17:30**
시라카와고 버스터미널

도보 10분

체크인 **17:45**
숙소

- 입장료 ······ 500엔
  나고야성 500엔
- 교통비 ······ 2,040엔
  지하철 240엔, 택시 1,800엔
- 식비 ······ 1,800엔
  아침 800엔, 점심 1,000엔

합계 4,340엔

시로야마 천수각 전망대 ··· 와다 하우스 ··· 칸다 하우스 ··· 묘젠지 ··· 가나자와

시로야마 천수각 전망대를 시작으로 갓쇼즈쿠리 민가원까지 시라카와고의 핵심 명소를 샅샅이 살펴본다. 가나자와로 가는 고속버스 시간표를 잘 확인하여 놓치지 않도록 주의하자.

출발 **09:00**
숙소

도보 5분

도착 **09:30**
와다 하우스 앞 정류장

천수각 전망대 셔틀버스 10분

전망 **09:45**
시로야마 천수각 전망대

도보 10분

구경 **10:30**
와다 하우스

도보 5분

구경 **11:45**
칸다 하우스
▶구경 후 인근에서 점심 식사
추천맛집 테우치소바도코로 노무라 P.261

도보 5분

구경 **14:00**
묘젠지 고리향토관

도보 10분

산책 **15:15**
갓쇼즈쿠리 민가원

도보 10분

경유 **17:30**
시라카와고 버스터미널

고속버스 1시간 15분

도착 **18:45**
가나자와역

도보 5분

체크인 **19:00**
숙소
▶휴식 후 저녁 식사
추천맛집 모리모리스시 P.219

- 입장료 ········· 1,500엔
  와다 하우스 300엔, 칸다 하우스 300엔, 묘젠지 300엔, 갓쇼즈쿠라 민가원 600엔
- 교통비 ········· 200엔
  전망대 셔틀버스 200엔
- 식비 ········· 5,000엔
  점심 1,000엔, 간식 1,000엔, 저녁 3,000엔

합계 6,700엔

히가시차야가이 ···› 겐로쿠엔 ···› 가나자와 21세기 미술관

가나자와의 대표적인 명소를 차례로 둘러보는 셋째 날 일정. 버스를 이용해 여러 명소를 둘러볼 계획이라면 호쿠테츠 버스 1일 승차권을 구매하는 것도 나쁘지 않다.

출발 09:30
숙소 ▶가나자와역 인근에서 아침 식사
추천맛집 고고 카레 P.224

가나자와 주유버스 10분

산책 11:15
히가시차야가이 ▶구경 및 점심 식사
추천맛집 지유켄 P.225

가나자와 주유버스 10분

구경 13:30
겐로쿠엔

도보 10분

산책 14:30
가나자와성 공원

도보 15분

구경 16:45
가나자와 21세기 미술관 ▶구경 후 저녁 식사
추천맛집 노도구로메시혼포 이타루 P.235

도보 10분

구경 19:00
고린보

- 입장료 ··· 670엔
  겐로쿠엔 310엔, 21세기 미술관 360엔
- 교통비 ··· 400엔
  주유버스 2회 400엔
- 식비 ··· 5,500엔
  아침 1,000엔, 점심 1,500엔, 저녁 3,000엔

합계 6,570엔

가나자와역 ···› 고마츠공항

가나자와와 가장 인접한 고마츠공항에서 우리나라로 이동하는 항공편은 많지 않다. 항공기의 출발 시간을 고려하여 숙소에서 체크아웃을 하고 공항 리무진버스를 타고 이동하자.

체크아웃 08:30
숙소

도보 5분

경유 09:00
가나자와역

공항 리무진버스 40분

출국 12:00
고마츠공항

- 교통비 ··· 1,130엔
  공항 리무진버스 1,130엔
- 식비 ··· 1,000엔
  아침 1,000엔

합계 2,130엔

NAGA

나고야 가이드

나고야역
사카에
오스
나고야성 · 도쿠가와엔
가쿠오잔
아츠타 신궁

ABOUT NAGOYA

나고야 한눈에 보기

일본 중부 지역을 대표하는 나고야는 일본 혼슈의 동부와 서부를 연결하는 교통의 중심지이자 도쿄, 오사카에 이어 일본 3내 도시로 알려져 있다. 나고야의 주요 여행지를 한눈에 보기 쉽게 구분하여 소개한다.

AREA

나고야역 名古屋駅

하루 유동 인구가 100만 명에 달하는 나고야 교통의 중심지. 역 주변으로 화려한 쇼핑몰과 거대한 지하상가가 밀집해 있다.

AREA

2 사카에 栄

나고야를 대표하는 번화가. 수많은 백화점과 쇼핑몰, 소규모 전문점들은 물론 유명한 맛집도 대거 포진하고 있다.

AREA

3 오스 大須

관음상을 모신 오스칸논을 중심으로 아홉 개의 아케이드 상가가 동서남북으로 퍼져 있는 개성 넘치는 전통시장 거리.

AREA

나고야성 名古屋城

오사카성, 구마모토성과 함께 일본의 3대 성으로 손꼽는 나고야의 대표 명소. 에도시대의 역사와 문화를 엿볼 수 있는 덴슈카쿠는 나고야성의 필수 볼거리.

AREA

도쿠가와엔 徳川園

도쿠가와 가문이 소유했던 정통 일본식 정원. 원내에는 아기자기한 산책로와 폭포, 아름다운 연못을 가로지르는 느낌 있는 다리 등 다양한 볼거리가 가득하다.

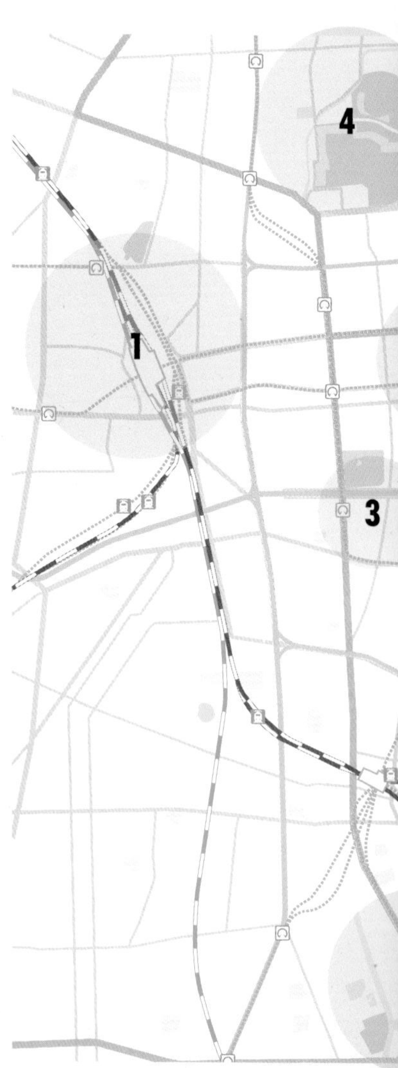

AREA 6 가쿠오잔 覚王山

깔끔하고 조용한 분위기의 작은 동네. 특별한 명소는 많지 않지만, 독특한 상점들과 유명한 디저트 카페가 숨어 있는 골목길 산책을 즐길 수 있다.

AREA 7 아츠타 신궁 熱田神宮

나고야 사람들에게는 마음의 고향으로 자리 잡고 있는 신궁. 산책하듯 편안하게 둘러보기 좋아 복잡한 도시 여행에 지쳤을 때 찾아가길 추천한다.

AREA 8 호시가오카 星ヶ丘

유럽 스타일의 세련된 쇼핑몰 호시가오카 테라스와 녹음이 우거진 산책로를 걸으며 동물을 구경할 수 있는 히가시야마 동식물원이 있는 곳.

HOW TO GO

나고야 가는 방법

나고야 인근 공항은 국제선 항공기가 취항하여 해외여행자가 이용하는 중부국제공항 센트레아와 주로 국내선 항공기가 취항하는 현영 나고야 공항 두 곳이다. 여기에선 한국에서 출국하는 여행자를 위해 중부국제공항 센트레아에서 나고야로 가는 방법을 소개한다.

메이테츠 공항철도

공항에서 나고야 시내까지 가장 빠르고 편하게 가는 방법은 메이테츠 공항철도를 이용하는 것이다. 입국 수속을 마친 후 도착 로비에서 연결통로를 따라 이동하면 메이테츠 중부국제공항역이 나온다. 나고야역까지의 요금은 870엔이며 약 45분이 소요된다. 더 빠르고 편하게 이동하고 싶다면 전석 지정좌석제로 운행하는 '뮤 스카이'를 이용하면 된다. 뮤 스카이 ミュースカイ를 이용할 경우 나고야역까지 약 30분 소요되며, 요금은 1,230엔이다. 단, 숙소가 사카에역 주변이라면 나고야역이 아니라 가나야마역에서 하차한 뒤 지하철 메이조센으로 갈아타는 것이 시간과 비용 면에서 이득이다.

TIP 티켓 자동판매기 이용법

❶ 노선도를 보고 가고자 하는 역과 요금을 확인한다.
❷ 화면 오른쪽 아래 'English' 버튼을 터치해서 영어화면으로 바꾼다.
❸ 화면 왼쪽 버튼에서 몇 명인지 선택한다.
❹ 필요한 금액을 넣으면 티켓이 발권된다.

리무진버스

센트레아에서는 나고야를 비롯해서 일본 중부 지역의 14개 주요 도시와 연결되는 공항 리무진버스, 센트레아 리무진을 운행하고 있다. 도착 로비 2층에서 연결통로를 통해서 액세스 플라자로 이동한 후, 엘리베이터나 에스컬레이터로 여객터미널 빌딩 1층으로 내려가면 버스 승강장이 보인다. 중부국제공항에서 사카에역 오아시스 21까지는 약 1시간, 나고야역 메이테츠 버스 센터까지는 약 1시간 30분이 소요되며, 요금은 1,200엔이다. 첫차는 오전 8시 15분, 막차는 오후 10시 15분에 출발하고 배차간격은 약 1시간이다. 교통상황에 따라 출·도착 시간은 변동될 수도 있으므로 염두에 두자.

TIP 교통패스 구매 장소

공항에서 미리 교통패스를 구매하면 한결 편리하다. 나고야 지하철과 시영 버스를 하루 동안 무제한 이용할 수 있는 쇼류도패스 1일 승차권은 공항 2층 액세스 플라자에 위치한 메이테츠 트래블 플라자 Meitetsu Travel Plaza에서 구매할 수 있다. 단기 외국인 여행자에게만 판매하므로 여권을 준비해야 한다. 요금은 600엔.

CITY TRAFFIC

나고야 시내교통

나고야에는 시내 구석구석을 연결하는 지하철과 시내버스가 잘 정비되어 있어 초보 여행자라도 편리하게 여행할 수 있다. 게다가 나고야에서 가장 유명한 명소를 한 번에 둘러볼 수 있는 메구루버스가 있어 짧은 일정으로 방문한 여행자들도 부담 없이 다닐 수 있다.

지하철

나고야에는 히가시야마센 東山線, 메이조센 名城線, 메이코센 名港線, 츠루마이센 鶴舞線, 사쿠라도리센 桜通線, 가미이다센 上飯田線, 총 여섯 개의 노선이 있다. 시내의 주요 관광지를 거의 대부분 연결하고 있기 때문에 나고야 여행에서는 지하철만 이용해도 충분하다. 특히, 나고야를 동서로 가르는 히가시야마센과 우리나라의 2호선처럼 주요 명소에 정차하는 메이조센 그리고 츠루마이센까지 세 개 노선을 미리 숙지하고 있으면 편하게 다닐 수 있다. 기본요금은 200엔이고 이동 거리에 따라 요금이 늘어난다.

나고야 지하철의 주요 노선

- **히가시야마센 東山線 :** 가메지마(노리타케노모리), 나고야, 후시미, 사카에, 가쿠오잔, 호시가오카
- **메이조센 名城線 :** 사카에, 시야쿠쇼(나고야성), 가나야마, 야바초, 진구니시(야츠타 신궁 · 시로토리 정원)
- **츠루마이센 鶴舞線 :** 후시미, 오스칸논(오스 상점가)

버스

메구루버스 メーグルバス

나고야 시내의 인기 관광 스폿을 한방에 둘러볼 수 있는 관광버스. 1일 승차권을 구입하면 하루 종일 몇 번이고 타고 내릴 수 있는데, 모든 명소의 입구 바로 앞에 정류장이 있어서 편하다. 특히, 지하철로 가기 힘든 도요타 산업기술기념관이나 도쿠가와엔이 일정에 있다면 구입은 필수. 1일 승차권을 보여주면 입장료 할인을 받을 수 있는 곳도 많으니 여행안내소에서 팸플릿을 구해 확인해보도록 하자.

요금 1회 승차권 어른 210엔, 어린이 100엔 / 1일 승차권 어른 500엔, 어린이 250엔

※ 도니치에코 승차권 또는 버스 · 지하철 전선 1일 승차권으로도 이용 가능(단, 지하철 1일 승차권으로는 탑승 불가)

운행 첫차 09:30, 막차 16:30(평일 30분~1시간 간격 운행, 주말 및 휴일 20~30분 간격 운행)

구입 메구루버스 차내에서 기사에게 구입

시내버스

나고야엔 나고야시 교통국에서 운영하는 시내버스와 심야버스, 그리고 메이테츠에서 운영하는 고속버스가 있다. 시내버스는 210엔 균일요금제로 다른 도시에 비해 요금 부담이 덜하지만, 지하철 노선이 도시를 거미줄처럼 뻗쳐 있어 버스를 이용할 일은 드물다. 도쿠가와엔이나 분카노미치 등 지하철역에서 떨어진 명소의 경우에도 메구루버스를 이용하면 어렵지 않게 갈 수 있고, 서너 명이 함께 이동한다면 택시를 이용하는 것도 괜찮다. 나고야 1일 승차권으로는 나고야시 교통국에서 운영하는 버스만 탑승할 수 있으므로 염두에 두자.

나고야시 교통국 www.kotsu.city.nagoya.jp

리니모 リニモ

세계 최초로 상용화에 성공한 자기부상열차 리니모는 2005년 일본 국제 박람회를 개최하면서 개통한 친환경 열차다. 지하철 히가시야마센 종점인 후지가오카역에서 출발하는데, 자동차를 좋아한다면 재미있게 볼 수 있는 도요타 박물관이나 〈이웃집 토토로〉의 사츠키와 메이의 집이 있는 모리코로파크를 갈 때 이용한다. 기본요금은 170엔이고 거리에 따라 최고 370엔까지 늘어난다. 도요타 박물관과 모리코로파크 모두 방문할 일정이라면 1일 승차권(800엔)을 구입하는 것이 이득이다.

리니모 www.linimo.jp

택시

도쿄나 오사카와 같은 대도시에서 택시를 이용하는 것은 상당히 부담스러운 일이다. 하지만 나고야는 주요 명소가 나고야역과 사카에역 주변에 모여 있기 때문에 서너 명 정도의 일행이 함께 여행한다면, 택시를 이용하는 것도 괜찮다. 예를 들어, JR 나고야역에서 나고야성이 있는 시야쿠쇼역까지 네 사람이 지하철로 이동할 경우 960엔의 비용이 필요한데, 택시를 이용해서 나고야성 입구까지 간다고 해도 1,300엔 정도밖에 들지 않는다. 지하철로 이동할 때 갈아타는 시간, 역에서 내려서 걷는 시간을 생각하면 택시가 오히려 더 합리적인 방법일 수 있다.

택시 요금은 시간거리 병산제이며, MK 택시일 경우 1.05km까지 기본요금 400엔이고 이후 164m마다 50엔씩 요금이 올라간다. 또는 시속 10km 이하일 경우에는 1분마다 50엔씩 요금이 올라간다. 택시 회사마다 요금제도가 다르기 때문에 타기 전에 미리 확인할 수 있다면 조금 더 저렴하게 이용할 수 있다.

MK 택시 www.mk-group.co.jp/nagoya/

메이타쿠 www.meitaku.co.jp

일정과 동선에 알맞은 교통패스를 사용하면 나고야를 더 편리하고 효율적으로 여행할 수 있다. 교통패스마다 요금이 천차만별이고 사용할 수 있는 교통수단은 각양각색이다. 심지어 사용 가능일이 정해진 교통패스도 있다. 어떤 교통패스가 더 효과적일지 아래 내용을 참고하여 가늠해보자.

▶ 승차권 종류 및 개요

승차권 종류	가격		탑승 가능 여부			사용 가능일
	어른	어린이	나고야 시영 지하철	나고야 시영 버스	메구루버스	
도니치에코 승차권	600	300	○	○	○	토 · 일 · 공휴일, 매월 8일
버스 · 지하철 1일권	850	430	○	○	○	매일
지하철 1일권	740	370	○	×	×	매일
버스 1일권	600	300	×	○	○	매일
메구루버스 1일권	500	250	×	×	○	매일

▶ 주의 사항

-지하철 1일 승차권을 제외한 여타 1일 승차권으로 메구루버스를 탑승할 수 있다.

-1일 승차권으로는 메이테츠 버스나 아오나미센, 리니모 등을 탑승할 수 없다.

▶ 구입 방법

나고야 1일 승차권은 나고야 사카에역 인근에 위치한 오아시스 21 i 센터와 가나야마 관광안내소, 지하철 역 매표소에서 구매할 수 있다. 이뿐만 아니라, 시내버스 차내 또는 나고야시 교통국 서비스 센터에 위치한 정기권 판매 카운터에서도 구매하는 것이 가능하다. 다양한 장소에서 1일 승차권을 판매하여 손쉽게 구매할 수 있는 만큼, 필요하다면 꼭 구매하도록 하자.

▶ 할인 혜택

일부 관광 시설에서 나고야 1일 승차권을 제시할 경우 입장료를 할인 혜택을 제공받을 수 있다. 서른 개 이상의 관광 시설에서 입장료 할인 혜택을 제공하며, 입장료 할인율은 각 시설에 따라 다르다. 또한, 승차권 한 장당 한 명만 입장료 할인 혜택을 받을 수 있고, 승차권을 사용한 날에만 유효하다. 할인 혜택을 제공하는 관광 시설 목록은 아래의 홈페이지를 참조하자.

홈피 www.nagoya-info.jp/ko/

▶ 관광안내소 정보

나고야시 관광안내소

위치 JR 나고야역 내 사쿠라도리 출구 인근 주소 愛知県名古屋市中村区名駅1-1-4 전화 052-541-4301 오픈 08:30~19:00(1월 2일 · 3일 08:30~17:00) 휴무 연말연시

가나야마 관광안내소

위치 가나야마역 북쪽 출구 인근 주소 愛知県名古屋市中区金山1-17-18 전화 052-323-0161 오픈 09:00~19:00(1월 2일 · 3일 08:30~17:00) 휴무 연말연시

오아시스21 i 센터

위치 사카에역 오아시스 21 내부 주소 愛知県名古屋市東区東桜1-11-1 전화 052-963-5252 오픈 10:00~20:00 휴무 연중무휴

나고야 지하철 노선도
NAGOYA SUBWAY MAP

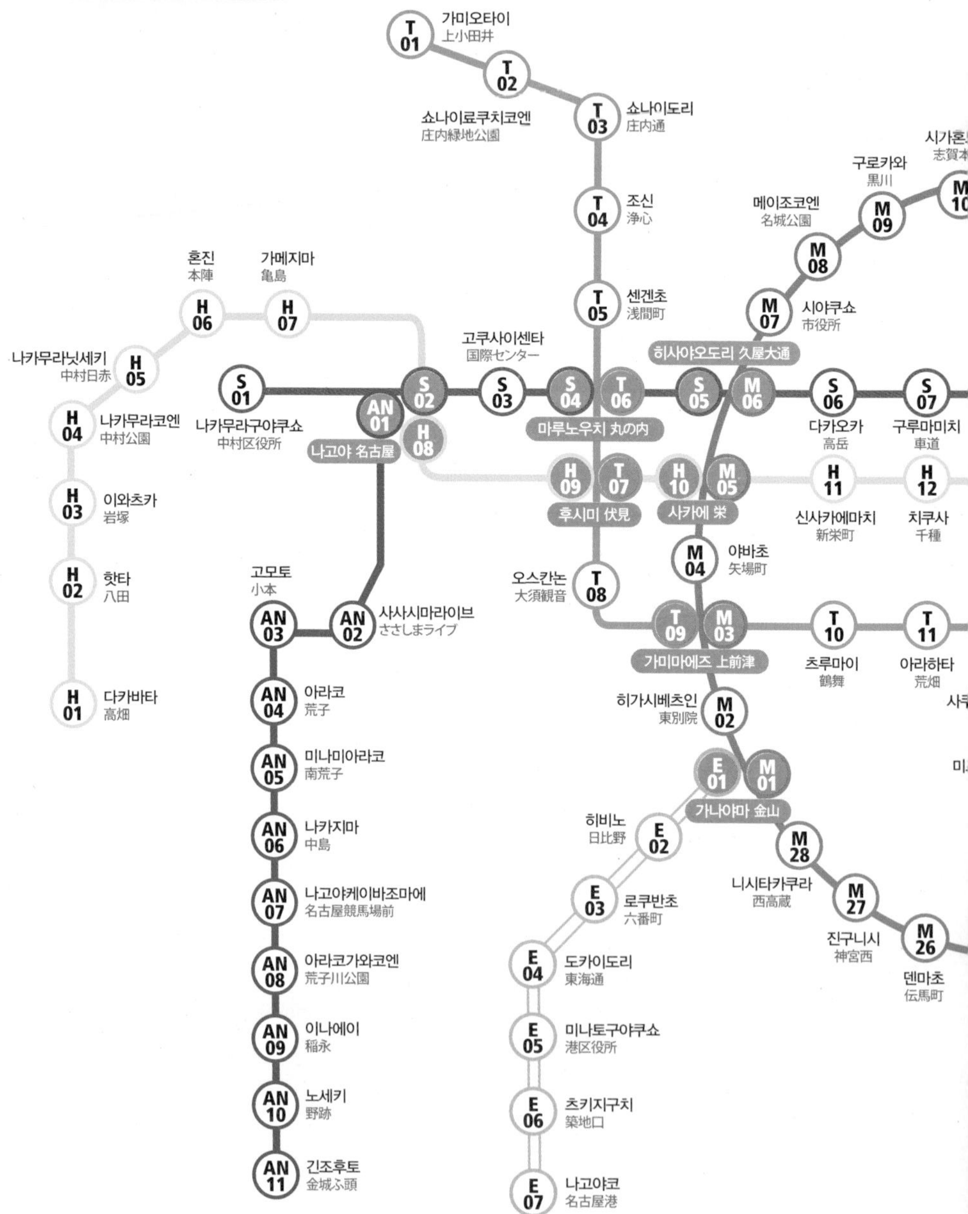

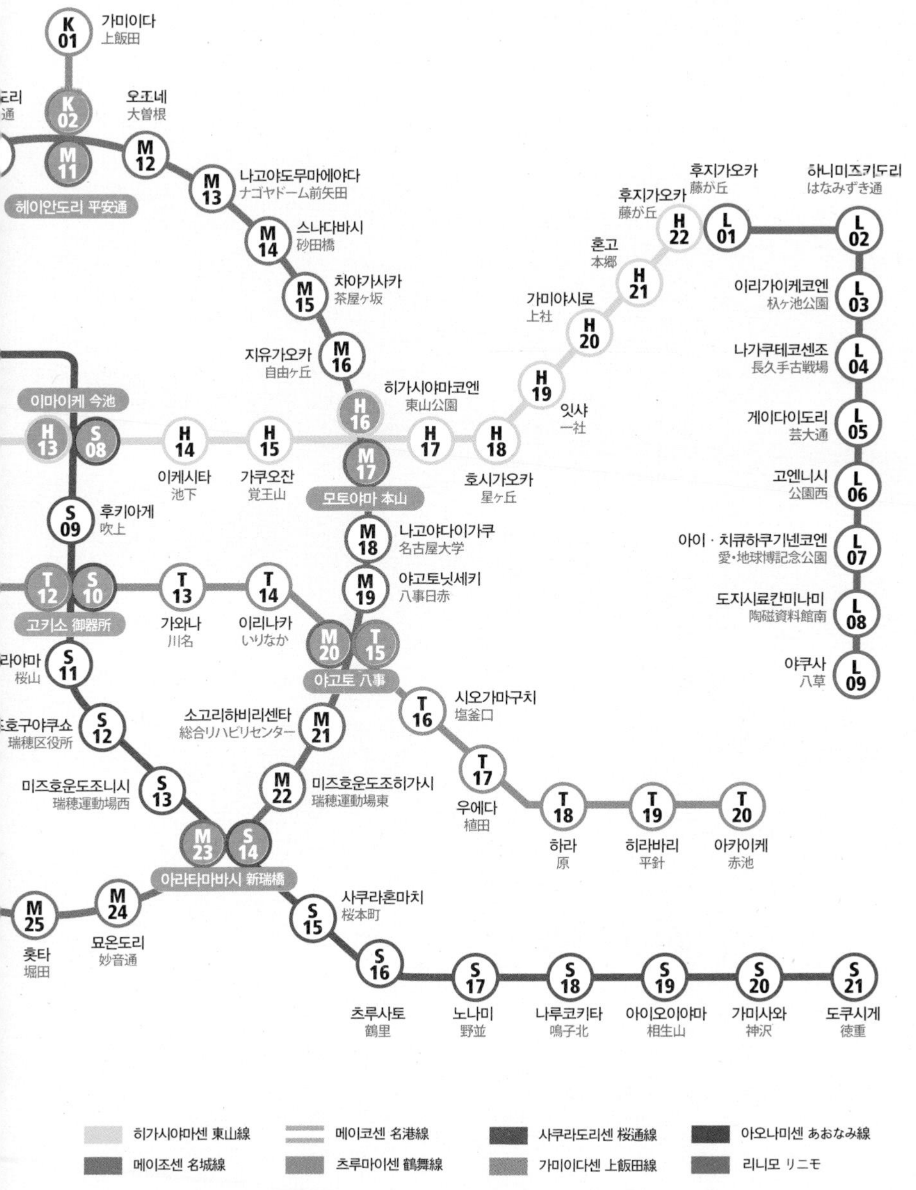

K01 가미이다 上飯田
K02
오조네 大曽根
M11
M12
헤이안도리 平安通
M13 나고야도무마에야다 ナゴヤドーム前矢田
M14 스나다바시 砂田橋
M15 차야가사카 茶屋ヶ坂
M16 지유가오카 自由ヶ丘
H16 히가시야마코엔 東山公園
M17 모토야마 本山
이마이케 今池
H13
S08
H14 이케시타 池下
H15 가쿠오잔 覚王山
H17
H18 호시가오카 星ヶ丘
H19 잇샤 一社
H20 가미야시로 上社
H21 혼고 本郷
H22 후지가오카 藤が丘
L01 후지가오카 藤が丘
L02 하나미즈키도리 はなみずき通
L03 이리가이케코엔 杁ヶ池公園
L04 나가쿠테코센조 長久手古戦場
L05 게이다이도리 芸大通
L06 고엔니시 公園西
L07 아이 · 치큐하쿠기넨코엔 愛·地球博記念公園
L08 도지시료칸미나미 陶磁資料館南
L09 야쿠사 八草
S09 후키아게 吹上
M18 나고야다이가쿠 名古屋大学
M19 야고토닛세키 八事日赤
T12
S10
고키소 御器所
T13 가와나 川名
T14 이리나카 いりなか
M20
T15
야고토 八事
S11
S12
T16 시오가마구치 塩釜口
M21 소고리하비리센타 総合リハビリセンター
M22 미즈호운도조히가시 瑞穂運動場東
S13 미즈호운도조니시 瑞穂運動場西
T17 우에다 植田
T18 하라 原
T19 히라바리 平針
T20 아카이케 赤池
M23
S14
아라타마바시 新瑞橋
M24 묘온도리 妙音通
M25 홋타 堀田
S15 사쿠라혼마치 桜本町
S16 츠루사토 鶴里
S17 노나미 野並
S18 나루코키타 鳴子北
S19 아이오이야마 相生山
S20 가미사와 神沢
S21 도쿠시게 徳重
히가시야마센 東山線
메이코센 名港線
사쿠라도리센 桜通線
아오나미센 あおなみ線
메이조센 名城線
츠루마이센 鶴舞線
가미이다센 上飯田線
리니모 リニモ

NAGOYA STATION

AREA
01

나고야역
名古屋駅

하루 100만 명이 넘는 유동 인구가 오가는 나고야 교통과 상권의 중심지. 초고층 빌딩이 줄지어 늘어서 있는 경관은 나고야의 현대적인 면모를 보여준다. 지상에는 백화점이 빼곡하게 밀집해 있고, 지하에는 메이치카, 에스카, 유니몰 등 거대한 지하상가가 그물처럼 퍼져 있어 역 주변으로 거대한 쇼핑존을 이룬다.

나고야역
이렇게 여행하자

가는 방법

니고야역은 중부국제공항에서 메이테츠 공항철도 또는 리무진버스를 타고 나고야로 이동하면 처음 만나는 나고야 여행의 출발점이다. JR 나고야역을 중심으로, 오사카와 연결되는 긴테츠 나고야역, 공항과 이어지는 메이테츠 나고야역, 시내 곳곳을 누비는 지하철은 물론 메구루 버스 정류장까지 이곳에 모여 있어 여행의 거점으로 삼기에 부족함이 없다.

JR — 나고야역

지하철 — 나고야역, 가메지마역

사철 — 긴테츠 나고야역, 메이테츠 나고야역, 아오나미 나고야역

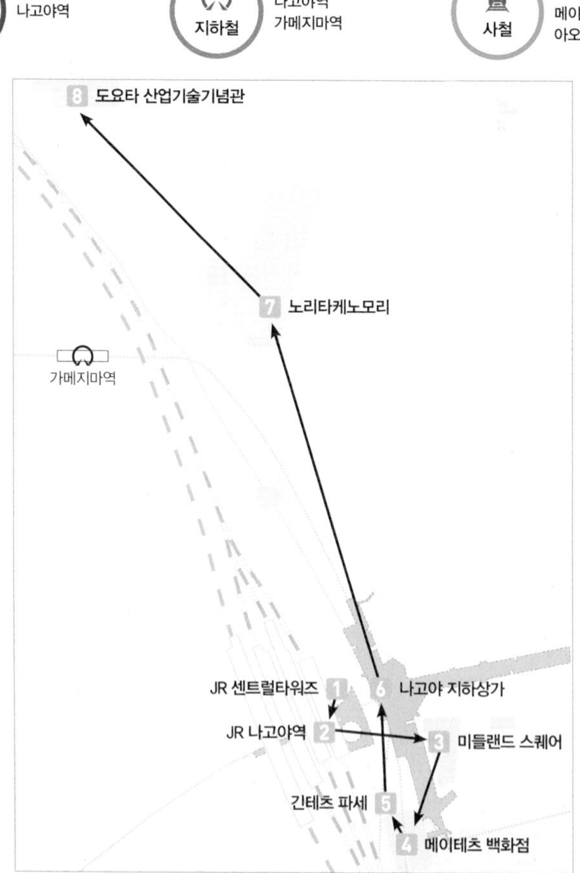

여행 방법

나고야 최고의 복합 쇼핑몰 JR 센트럴타워즈를 비롯해서 미들랜드 스퀘어, 메이테츠 백화점 등 볼만한 쇼핑 명소들이 역 주변에 몰려 있어 편하게 도보로 둘러볼 수 있다. 산업기술기념관과 노리타케노모리와 같은 체험형 볼거리는 도보 30분 거리로 제법 멀리 떨어져 있다. 만일 오후부터 여행을 시작한다면 아래 코스를 따르지 말고 외곽에 있는 산업기술기념관과 노리타케노모리를 먼저 본 후에 나고야역으로 돌아와 주변 여행을 즐기는 것이 좋다. 재미있는 볼거리뿐만 아니라 쇼핑 명소가 많으므로 이 지역을 제대로 둘러보려면 적어도 반나절 이상의 시간을 투자하자.

1 JR 센트럴타워즈 p.74

➤ 도보 3분

2 JR 나고야역 p.76

➤ 도보 5분

3 미들랜드 스퀘어 p.82

▼ 도보 1분

4 메이테츠 백화점 p.84

◀ 도보 3분

5 긴테츠 파세 p.86

◀ 도보 3분

6 나고야 지하상가 p.88

▼ 도보 25분

7 노리타케노모리 p.94

➤ 도보 20분

8 도요타 산업기술기념관 p.97

나고야역 주변

나고야를 대표하는 쇼핑몰이 빼곡하게 모여 있는 곳. 사쿠라도리 출구 桜通口로 나가면 먼저 로터리 중심에 솟아 있는 뾰족한 원뿔 모양의 조형물이 눈에 들어온다. 나고야 사람들이 가장 많이 이용하는 역이자 JR 나고야 다카시마야, 미들랜드 스퀘어, 메이테츠 백화점 등 수많은 쇼핑 명소들이 들어서 있어 언제나 많은 사람들로 북적거린다. 메구루버스는 나고야역 9번 출구로 나와 시티버스터미널 11번 승강장에서 탑승한다.

JR 센트럴타워즈 JRセントラルタワーズ

MAP 2Ⓓ

위치 JR 나고야역에서 바로 주소 名古屋市中村区名駅1-1-4 오픈 숍 10:00~20:00, 레스토랑 08:00~23:00 홈피 www.towers.jp

기차역과 백화점, 호텔, 오피스 시설이 함께 있는 복합 철도 역사. JR 센트럴타워즈 1층에는 도카이도 신칸센과 JR 열차가 정차하는 나고야역이 있으며, 지하 2층부터 지상 13층까지는 백화점과 레스토랑, 16층부터 하늘 높이 솟은 51층, 52층 규모의 쌍둥이 타워에는 각각 호텔과 오피스 시설이 들어서 있다. 초현대식 트윈타워 빌딩 JR 센트럴타워즈는 세계에서 가장 높은 역 빌딩으로 기네스북에 등록된 바 있으며, 일본에서 제일 연면적이 넓은 빌딩이라는 기록도 가지고 있다. 버블 경제가 무너지면서 한때는 그 성공이 의문시되었지만, 준공 후 백화점, 오피스텔, 호텔이 모두 인기를 끌면서, 나고야의 중심이 사카에 栄에서 나고야역으로 바뀌었다는 말이 나올 정도로 대성공을 거두었다. 현재 JR 센트럴타워즈는 바로 옆에 세워진 JR 게이트타워와 함께 나고야에서 독보적인 복합 쇼핑 센터로 발돋움하고 있다

Zoom in

타워즈플라자 레스토랑 거리

タワーズプラザ レストラン街

위치 JR 센트럴타워즈 12~13층 오픈 11:00~23:00(매장마다 다름) 홈피 www.towers.jp/restaurant

12~13층에 있는 고급 레스토랑 거리. 일식에서 이탈리안, 유로피언, 에스닉에 이르기까지 일본에서 내로라하는 40여 개 점포가 한자리에 모여 있어 식도락의 즐거움을 만끽하기에 부족함이 없다. 간단한 음료나 빵을 판매하는 매장도 있으므로, 주머니가 가벼운 여행자도 부담 없이 방문해서 둘러봄직하다. 나고야 명물 음식점을 비롯해, 중화요리 전문점, 라멘 전문점 그리고 스타벅스 커피까지 선택의 폭이 넓고 다양하다.

고난 JR 센트럴타워즈점

江南JRセントラルタワーズ店

위치 JR 센트럴타워즈 13층 오픈 11:00~23:00 전화 052-586-0252

산뜻하면서도 풍미 넘치는 국물이 일품인 라멘 전문점. 1959년에 개업한 후 오랜 시간이 지났지만, 변하지 않는 맛을 자랑한다. 엄선된 돼지 사골과 닭 뼈로 우려내 느끼하지 않고 고난 특유의 얇은 면발 또한 국물과 잘 어울린다. 대표 메뉴는 농후하면서도 감칠맛이 살아 있는 라멘 柳麺(740엔)과 테즈쿠리교자 手作り餃子(8개 430엔). 일반 라멘 가게보다 양이 적은 편이라, 식사량이 많다면 두 가지 이상의 메뉴를 동시에 주문해봄직하다.

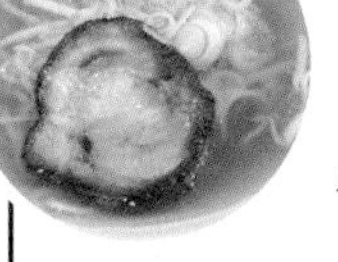

딘타이펑 JR 센트럴타워즈점

鼎泰豐JRセントラルタワーズ店

위치 JR 센트럴타워즈 12층 오픈 11:00~23:00 전화 052-533-6030

타이완에 본점이 있는 중화요리 전문점. 세계적으로 유명한 딤섬 소룡포 小籠包가 인기 메뉴로, 한입 베물면 터져 나오는 육즙이 일품이다. 〈뉴욕 타임즈〉에서 세계 10대 레스토랑 중 하나로 선정했을 만큼, 후회하지 않을 맛을 선사한다. 본점과 비교를 할 수는 없겠지만 맛있는 딤섬을 맛보고 싶다면 들러볼 것. 추천 메뉴는 소룡포 小籠包(6개 908엔) 단품 메뉴와 볶음밥과 소룡포가 함께 나오는 런치 세트(1,665엔~)다.

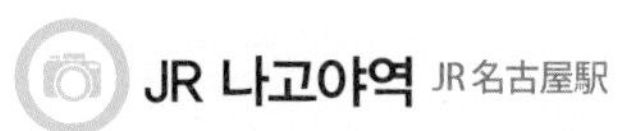

JR 나고야역 JR名古屋駅

MAP 2Ⓕ

위치 JR 센트럴타워즈 1층 주소 名古屋市中村区名駅1-1-4

도카이도 · 산요 신칸센을 비롯하여 수많은 JR 특급열차가 지나는 나고야의 심장. 나고야 시내를 거미줄처럼 연결하는 지하철 히가시야마센과 사쿠라도리센, 공항철도를 운행하는 메이테츠센, 오사카와 나고야를 이어주는 긴테츠 나고야센 등 각종 열차 노선이 JR 나고야역을 중심으로 사통팔달 뻗어있어 어디든 쉽게 이동할 수 있다. 하지만, 나고야역의 진정한 매력은 역 구내 구석구석 숨어 있는 맛집들. 원래 역사 내부 음식점은 별다른 특징이 없고 맛도 보통인 경우가 많지만, 나고야역의 맛집들은 그런 일반론을 깨버린다. JR 철도가 나고야역을 리모델링할 때 엄청나게 신경을 쓴 부분이 음식점이라고 하니 그럴 만도 하다. 또한, 역사 내에는 다양한 나고야 여행 정보를 얻을 수 있는 나고야시 관광안내소도 자리 잡고 있으므로 여행을 시작하기 전에 꼭 한 번은 들러보도록 하자.

Zoom in

나고야시 관광안내소
名古屋市観光案内所

위치 JR 나고야역 구내. 중앙개찰구 부근 오픈 09:00~19:00 전화 052-541-4301

나고야를 본격적으로 여행하기 전에 필요한 정보를 얻을 수 있는 나고야시 관광안내소가 JR 나고야역 구내에 있어 편리하게 방문할 수 있다. 나고야 여행 정보를 비롯해 선물 및 계절 이벤트 등의 정보를 제공하며, 영어 및 한국어로 된 여행 정보 팸플릿과 각종 할인쿠폰 등을 준비하고 있다. 특히 유용한 것은 한글판 나고야 관광안내 전도, 일목요연하게 정리한 JR 나고야역 안내도와 주요 명소가 자세하게 표시되어 있는 시내 지도 등이다.

금시계탑 · 은시계탑
金の時計·銀の時計

위치 JR 나고야역 구내. 사쿠라도리 출구, 다이코도리 출구

나고야에는 만남의 장소로 특화된 상징물이 몇 군데 있다. 메이테츠 백화점 입구의 거대한 나나짱 인형, 사카에역 지하의 크리스탈 광장, JR 나고야역 다이코도리 출구 밖의 분수 광장. 그 중에서 가장 많은 사람이 애용하는 곳은 JR 나고야역 구내에 있는 금시계탑과 은시계탑이다. 나고야역은 크게 동쪽의 사쿠라도리 출구와 서쪽의 다이코도리 출구로 구분할 수 있는데, 두 시계탑은 각 출구 주변에 위치하고 있다. 금시계탑은 동쪽 사쿠라도리 출구 방향, 은시계탑은 서쪽 다이코도리 출구 방향에 있으므로 헷갈리지 않도록 하자.

미노미쇼
美濃味匠

위치 JR 나고야역 구내. 다이코도리 출구 부근 오픈 06:30~21:00 전화 052-586-3101

나고야 시민들이 애용하는 테이크아웃 맛집. 기차를 타기 전에 차내에서 먹을 간단한 도시락을 구입하는 사람, 늦은 아침으로 한 끼 때우려는 사람, 여행을 하면서 가볍게 즐길 간식거리를 구하는 사람들로 매장 앞은 언제나 북적거린다. 인기 메뉴는 비법 양념으로 구운 달걀말이와 바삭한 닭튀김이 함께 들어 있는 와젠다시마키토시오 가라아게 和膳だし巻きとしお唐揚(600엔). 그밖에 텐무스 天むす, 미소 쿠시카츠 味噌串カツ, 테바사키 手羽先 등 나고야 명물 요리들이 한데 모여 있어 취향대로 골라먹는 재미가 있다.

에키카마 키시멘
駅釜きしめん

위치 JR 나고야역 구내. 중앙개찰구 부근 오픈 07:00~23:00 전화 052-569-0282

나고야 명물 음식인 키시멘 전문점. 유동인구가 워낙 많은 탓도 있겠지만, 맛집으로 소문난 곳이리 식사 시간에는 상당 시간 대기를 감수해야 한다. 기본 메뉴인 가케 키시멘 かけきしめん(650엔)도 맛있지만, 조금 색다른 맛을 보고 싶다면 나고야의 대표적인 닭 품종인 나고야코친을 사용해 만드는 니와토리미소 키시멘 鶏味噌きしめん(910엔)을 추천한다. 탱글탱글한 키시멘 특유의 면발에 간고기가 들어간 매콤한 비빔 양념이 어우러져 환상적인 맛을 보여준다.

카페 잔시아느
Cafe Gentiane

위치 JR 나고야역 구내. 중앙개찰구 부근 오픈 07:00~22:00 전화 052-533-6001

커피맛은 평범하지만, 병아리 푸딩 피요링 ぴよりん 하나로 수많은 여행자들의 발걸음을 돌리게 만든 나고야역의 명물 카페. 겉은 부드러운 바닐라무스, 안쪽은 더 부드러운 푸딩으로 만들어 입에 넣으면 살살 녹는다. 푸딩은 나고야의 고급 닭 품종인 나고야코친 달걀을 사용하여 특별한 고소함이 있고, 아이스크림이 들어간 크림소다와 함께 먹으면 꿀맛이 따로 없다. 가격은 피요링 한 개 320엔, 크림소다 한 개 772엔, 아메리칸 커피 한 잔 500엔이다.

큐이트
Cuitte

위치 JR 나고야역 구내. 다이코도리 출구 부근 오픈 10:00~21:00 전화 052-688-0031

치즈타르트 전문점. 두 종류의 프랑스산 치즈크림을 최적의 비율로 섞어 진하고 부드러운 맛의 타르트를 만들어낸다. 큐이트의 치즈타르트는 시간대에 따라 맛이 달라지는 것이 특징. 30분 내로 먹으면 쿠키의 바삭함과 녹아내릴 듯 부드러운 치즈의 식감을 느낄 수 있지만, 농후한 치즈의 맛을 제대로 느끼려면 만든 지 4시간 후에 먹는 것이 좋다. 한 개 216엔, 6개들이 박스는 1,200엔에 판매한다.

나고야 에키멘도리
名古屋駅麺通り

위치 JR 나고야역 구내. 중앙개찰구 부근 오픈 11:00~22:00

전국 각지의 인기 있는 라멘 전문점 일곱 군데를 선별하여 한자리에 모은 라멘 거리. 나고야코친으로 만든 육수의 깔끔한 맛이 특징인 나고야 なご家, 미소 라멘으로 유명한 삿포로 라멘의 호쿠토테이 ほくと亭, 중화 소바의 명가 에이후쿠초 えいふく町, 농후한 맛이 일품인 와카야마 라멘의 키노카와켄 きのかわ軒 등 취향에 따라 입맛에 맞는 라멘을 골라 먹을 수 있다. 라멘 가격은 700~900엔대로 적당한 편이다.

나고야 우마이몬도리
名古屋うまいもん通り

위치 JR 나고야역 구내. 다이코도리 출구 부근 오픈 11:00~22:00(일부 가게 07:00~22:00)

맥도날드와 스타벅스 같은 체인점에서 나고야 명물 요리를 선보이는 인기 음식점까지 다양한 맛을 한곳에서 즐길 수 있는 맛집 거리. 장어요리 히츠마부시의 명가 마루야 본점 まるや本店, 매콤한 타이완 라멘으로 유명한 미센 味仙, 나고야 명물 안카케 스파게티를 맛볼 수 있는 스파게티하우스 차오 スパゲティハウス チャオ 등 입맛대로 선택할 수 있는 십여 개의 맛집이 늘어서 있다. 참고로, 중앙개찰구 옆에도 가볍게 식사할 수 있는 음식점들이 늘어선 우마이몬도리 うまいもん通り가 있다.

기프트 스테이션
GIFT STATION

위치 JR 나고야역 구내. 중앙개찰구 부근 오픈 06:30~22:00

나고야의 인기 선물용품을 판매하는 기프트숍. 전통 양갱 선물 세트인 우이로 ういろ, 달달한 팥소가 일품인 샤치모나카 鯱もなか, 나고야코친 달걀로 만든 만주 나고야코친 모노가타리 名古屋コーチン物語와 같은 간식 선물 세트는 물론, 미소니코미 우동이나 키시멘, 테바사키 등 나고야 명물 요리 세트도 판매한다. 공항보다 종류가 훨씬 다양하므로 나고야 여행을 끝내고 돌아가기 전에 한 번쯤 들르면 좋다.

JR 나고야 다카시마야 JR名古屋タカシマヤ

위치 JR 센트럴타워즈 지하 2층~지상 11층 주소 名古屋市中村区名駅1-1-4 오픈 10:00~20:00 전화 052-566-1101
홈피 www.jr-takashimaya.co.jp

JR 센트럴타워즈의 지하 2층~지상 11층에는 고급 백화점의 대명사 다카시마야가 입점해 있다. JR 나고야 다카시마야는 다른 도시의 다카시마야 백화점과는 달리 직영점이 아니라 JR 도카이 東海와 다카시마야의 공동 투자로 만들어져 분위기가 사뭇 다르다. 백화점을 이용하는 계층이 상당히 젊은 편이라 중후하고 고급진 분위기보다는 화려하고 세련된 매장 인테리어가 주를 이룬다.
플로어 구성은 여느 백화점과 크게 다르지 않다. 지하 1~2층에는 다양한 먹거리를 판매하는 식료품 코너, 지상 1~11층은 액세서리, 화장품, 패션용품 코너가 빼곡하게 들어서 있다. 다만, 독특한 점은 백화점 4~10층 일부에 생활잡화점 도큐핸즈 東急ハンズ가 있다는 것. 우리나라 여행자들에게도 인기가 높은 곳이라 백화점 쇼핑을 즐기면서 함께 들러볼 만하다. 또한, 1층 손수건 판매점 훌라 FURLA도 나름 핫한 장소. 명품 브랜드에서 귀여운 캐릭터 상품까지 다양한 손수건을 판매한다. 가격은 1,000~2,000엔대로 저렴한 편이라 선물용으로 그만이다.

Zoom in

가레트
garrett

위치 JR 나고야 다카시마야 1층, JR 나고야역 구내
오픈 10:00~20:00 전화 0120-93-8805

사쿠라도리 출구를 통해 나고야역으로 들어가면 오른쪽에 사람들이 웅성거리며 줄을 서 있는 모습을 볼 수 있다. 1949년 미국에서 탄생한 중독성 극강의 팝콘을 먹기 위해서다. 팝콘을 굳이 줄서서 기다리면서까지 먹을 필요가 있나 싶지만, 한 번 먹기 시작하면 팝콘으로 가는 손을 도저히 멈출 수가 없다. 여행에 지쳤다면, 칼로리 걱정은 잠시 뒤로하고 당 충전을 위해 한 번쯤 먹어볼 만하다. 부동의 인기 메뉴는 캐러멜맛과 치즈맛이 섞여 있는 시카고믹스 シカゴミックス(S사이즈 430엔).

클럽 하리에
club Harie

위치 JR 나고야 다카시마야 1층, JR 나고야역 구내
오픈 10:00~20:00 전화 052-582-7555

일본 최고의 바움쿠헨 Baumkuchen 명가. 바움쿠헨의 바움은 나무, 쿠헨은 과자라는 뜻으로, 오랜 기간 독일 제빵계를 지배했던 과자. 명칭은 과자지만 맛은 케이크에 가깝다. 클럽 하리에의 바움쿠헨은 촉촉한 식감, 지나치지 않은 달콤함이 어우러지면서 환상적인 맛을 보여준다. 몽슈슈의 도지마롤, 하브스의 케이크와 함께 나고야에서 꼭 먹어봐야 할 스위트로 꼽힌다. 가격은 크기에 따라 1,080~5,400엔으로 비싼 편이다. 간단하게 맛을 보려면 조각(540엔)이나 바움쿠헨 미니(324엔)를 구입하면 된다.

도큐핸즈 나고야점
東急ハンズ名古屋店

위치 JR 나고야 다카시마야 4~10층 오픈 10:00~20:00 전화 052-566-0109

국내에도 이미 많이 알려져 있는 도큐핸즈는 손으로 만드는 즐거움을 추구하며 소재, 도구, 부품 등 DIY 관련 용품을 전문적으로 판매하고 있는 쇼핑몰이다. 도큐핸즈 나고야점에서는 4~10층까지 일곱 개 플로어에서 DIY용품, 욕실용품, 부엌용품 등 다양한 생활용품을 구경할 수 있다. 국내에서는 좀처럼 보기 힘든 재미있는 아이디어 상품과 예쁜 소품들이 가득하므로 들러봄직하다.

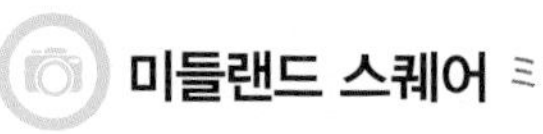

미들랜드 스퀘어 ミッドランドスクエア

MAP 2Ⓕ

위치 JR 나고야역 사쿠라도리 출구에서 도보 5분 주소 名古屋市中村区名駅4-7-1 오픈 숍 10:00~20:00, 레스토랑 08:00~23:00 휴무 연중무휴(시설에 따라 다름) 전화 052-527-8877 홈피 www.midland-square.jp

JR 센트럴타워즈의 맞은편에 위치한 미들랜드 스퀘어 Midland Square는 도요타 자동차와 마이니치 신문사가 공동 소유하고 있는 빌딩으로, 도요타 마이니치 빌딩이라 부르기도 한다. 미들랜드 스퀘어가 서 있는 부지에는 원래 도요타 빌딩과 마이니치 빌딩이 별개로 있었다. 시설 노후화로 리모델링이나 재개발이 필요한 시점이 되자 각각의 빌딩 소유주인 도요타 자동차와 마이니치 신문사, 그리고 도요타 그룹 계열사인 도와 부동산이 손을 잡고 기존 건물을 허물고 그 자리에 미들랜드 스퀘어로 재개발한 것이다. 참고로, 빌딩 이름 미들랜드는 나고야가 속해 있는 중부 中部 지방을 의미한다.

지상 46층, 옥탑 2층, 지하 6층 규모의 미들랜드 스퀘어는 처음 설계 당시에는 JR 센트럴타워즈와 같은 높이였지만, 2m를 더 높게 지어서 나고야가 속해 있는 아이치현 일대에서는 가장 높은 건축으로 알려진 바 있다. 지하 1층~지상 4층에는 쇼핑몰과 레스토랑이 입점해 있으며, 5층에는 미들랜드 스퀘어 시네마가 들어서 있다. 도요타 자동차가 소유한 건물답게 1층과 2층에는 도요타 자동차 쇼룸과 렉서스 갤러리가 있어 최신 자동차를 구경할 수 있다. 건물 최고층에 해당하는 41층과 42층엔 멋진 야경을 감상하며 식사할 수 있는 레스토랑 거리가 자리하고 있다.

Zoom in

스카이 프롬나드
スカイプロムナード

위치 미들랜드 스퀘어 44~46층 오픈 11:00~22:00 요금 어른(18세 이상) 750엔, 중고생 500엔, 초등학생 300엔, 노인(65세 이상) 500엔

미들랜드 스퀘어의 최상부에 있는 전망대. 나고야에서 내로라하는 높은 빌딩에 자리한 전망대답게, 이곳에서 바라본 풍경은 남다르다. 시야가 탁 트여 있어 날씨가 좋으면 나고야시 전체가 한눈에 들어올 정도로 전망이 시원하다. 여느 전망대와는 다른 독특한 구조물 배치, 공간감이 돋보이는 인테리어로 멋스러운 사진을 기록할 수 있는 포토존이기도 하다. 야경을 보러 많이들 가는데, 천장이 뚫려 있는 옥외 전망대라 겨울에는 옷을 든든히 입고 가야 한다.

도요타 자동차 쇼룸
トヨタ自動車ショールーム

오픈 11:00~20:00 전화 052-552-5446

미들랜드 스퀘어 1층과 2층에 자리 잡고 있는 도요타 자동차 전시장. 1층과 2층에는 각각 인기 있는 렉서스 자동차를 직접 시승해볼 수 있는 렉서스 갤러리와 세단 · SUV 등 다양한 도요타 브랜드를 만날 수 있는 전시장이 있다. 시승은 물론 트렁크와 보닛 개방 등 주행을 제외한 다양한 체험이 가능하므로 자동차를 좋아한다면 꼭 한번 들러볼 만하다.

미들랜드 스퀘어 숍
ミッドランドスクエアショップ

오픈 10:00~20:00

미들랜드 스퀘어의 쇼핑몰은 모두 최고급을 지향하는 명품 브랜드 일색으로 구성되어 있다. 루이비통, 디올, 까르띠에, 로에베 등 우리에게도 익숙한 명품에서 아직 국내에 소개되지 않은 브랜드까지 30여 개의 다양한 숍들이 테마별로 들어서 있다. 우리나라의 명품 숍과는 조금 다른 콘셉트의 패션 상품과 액세서리들이 많아 아이쇼핑만 하더라도 즐거운 한때를 보낼 수 있다. 쇼핑을 하다 잠시 쉴 때는 지하 1층으로 내려가 몽슈슈에서 커피와 도지마롤을 맛보거나 포트넘 앤 메이슨에서 홍차에 케이크를 곁들이는 것도 좋은 선택이다.

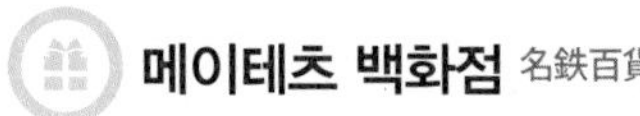

메이테츠 백화점 名鉄百貨店

MAP 2Ⓕ

위치 JR 나고야역 히로코지 출구에서 바로 주소 名古屋市中村区名駅1-2-4 오픈 10:00~20:00 전화 052-585-1111
홈피 www.e-meitetsu.com

1954년 12월에 개업한 메이테츠 백화점은 나고야 지역의 철도 재벌 메이테츠 名鉄 그룹이 운영하고 있는 유서 깊은 나고야의 토박이 백화점이다. 여성복 중심의 본관과 메이테츠 버스 센터, 메이테츠 그랜드호텔이 들어서 있는 멘즈관 メンズ館으로 구성되어 있는데, 두 관 사이에 다른 쇼핑몰인 긴테츠 파세가 들어서 있는 조금은 생소한 구조이다. 백화점 분위기는 2006년에 리뉴얼을 거쳐 조금은 세련되어졌지만, 워낙 역사가 오래된 곳이라 주변의 새로운 빌딩과 비교해보면 예스러운 분위기가 남아있다.

백화점 앞에는 나고야 시민들의 약속 장소로 사랑받고 있는 거대한 마네킹 '나나짱 ナナちゃん'이 지난 1973년부터 오늘에 이르기까지 변함없이 자리를 지키고 있다. 신장 610cm, 체중 600kg의 거대한 마네킹 나나짱은 계절에 따라 색다른 옷으로 한껏 멋을 냄으로써 왕래하는 사람들의 이목을 끈다.

Zoom in

마루야 본점 메이에키점
まるや本店 名駅店

위치 메이테츠 백화점 본관 9층 오픈 11:00~23:00
전화 052-585-7108

전통 양념의 농후한 맛을 느낄 수 있는 장어덮밥의 명가. 무려 160년 동안 전해 내려온 전통 양념이 맛의 비결이다. 인기 메뉴는 신선한 장어와 비법 양념이 멋지게 어우러진 히츠마부시 ひつまぶし(3,550엔). 식사량이 적은 사람들을 위한 미니 히츠마부시 ミニひつまぶし(2,035엔)도 있다.

야바통 메이테츠점
矢場とん名鉄店

위치 메이테츠 백화점 본관 9층 오픈 11:00~23:00
전화 052-563-7373

대중에게 많이 알려진 나고야 명물 요리 미소카츠 전문점. 미소 카츠란 일본 된장으로 만든 소스와 함께 나오는 돈카츠를 말하는데, 고소하고 달콤한 소스가 돼지고기와 잘 어울린다. 간이 조금 세지만, 우리나라 사람 입맛에 잘 맞으며, 돈카츠에 사용하는 최상급 돼지고기 또한 부드럽게 씹히는 맛이 일품이다. 인기 메뉴는 와라지돈카츠 정식 わらじとんかつ定食(1,728엔). 된장 소스만 뿌린 것과 된장 소스와 일반 소스를 반반씩 뿌린 것 중에서 고를 수 있다.

야마모토야소혼케 메이테츠점
山本屋総本家 名鉄店

위치 메이테츠 백화점 본관 9층 오픈 11:00~23:00
전화 052-585-2923

1925년 창업 이후 변하지 않는 맛을 유지하고 있는 나고야의 명물 미소니코미 우동 전문점. 최상급 아카미소 赤味噌와 닭고기, 파, 납작한 면발을 함께 끓여낸 독특한 우동으로 나고야 사람들뿐만 아니라 여행자들에게도 인기다. 단, 된장 베이스의 국물은 간이 세고 면발이 상당히 딱딱해 사람들 사이에서 호불호가 분명하게 갈리는 음식이다. 인기 메뉴는 최상급 닭고기인 나고야코친과 달걀이 들어간 오야코니코미 우동 親子煮込うどん(1,868엔).

긴테츠 파세 近鉄パッセ

MAP 2Ⓕ

위치 JR 나고야역 사쿠라도리 출구에서 도보 5분 주소 名古屋市中村区名駅1-2-2 오픈 10:00~20:00 전화 052-582-3411 홈피 www.passe.co.jp

JR 나고야역 사쿠라도리 출구를 나서면 오른쪽으로 하얀색 외관의 메이테츠 백화점이 보이고 바로 그 옆에 긴테츠 파세가 보인다. 메이테츠 백화점 본관과 멘즈관 사이에 끼어 있어 외관만 본다면 다소 납납해 보일 수 있지만, 내부로 들어가면 분위기가 180도 바뀐다. 젊은 감각의 최신 패션 아이템, 잡화, 액세서리를 취급하는 코너가 지하 1층에서 지상 9층까지 세련된 분위기로 펼쳐진다. 여성들을 위한 패션 브랜드가 거의 대부분이라 남성 고객은 상대적으로 많지 않다. 애니메이션을 좋아하는 여행자라면 8층에 있는 원피스 무기와라 스토어 麦わらストア나 9층의 타워아니메 タワーアニメ를 놓치지 말고 방문해 보자.

도리카이소 본점 鳥開総本店

MAP 2Ⓒ

위치 JR 나고야역 다이코도리 출구에서 도보 6분 주소 名古屋市中村区則武1-7-15 오픈 17:00~24:00(토·공휴일 16:00~23:00) 휴무 일요일 전화 052-452-3737

나고야의 대표 음식 테바사키 가라아게와 닭을 활용한 각종 요리를 맛볼 수 있는 맛집. 이자카야 특유의 아담한 실내는 술을 마셔야 할 것 같은 분위기지만, 의외로 가족 단위 손님들도 많이 찾는다. 인기 메뉴는 3년 연속 테바사키 경연대회에서 금상을 수상한 나고야코친 테바사키 名古屋コーチン手羽先(3개 720엔). 달콤 짭짤한 비법 소스를 발라 적정 온도에서 두 번 튀겨낸 테바사키는 쫄깃하면서도 육즙이 가득해 풍미가 살아있다. 불맛을 느낄 수 있는 오야코동 親子丼(1,300엔) 역시 꼭 먹어봐야 할 메뉴. 술집이기 때문에 자리 값인 오토시 お通し(420엔)가 따로 추가된다.

카페 드 크리에 CAFE de CRIE

MAP 2Ⓔ

위치 JR 나고야역 다이코도리 출구에서 도보 1분 주소 名古屋市中村区椿町15-2 名古屋ミタニビル 1F 오픈 07:00~22:00 전화 052-451-8678 홈피 www.pokkacreate.co.jp

나고야 시내를 여행하다 보면 자주 보게 되는 대중적인 카페 체인점. 커피맛은 여느 카페와 크게 다르지 않고 편범하지만, 아침 식사를 할 수 있는 모닝 서비스 메뉴가 다양해서 많은 여행자들이 찾는다. 특히, 이곳 카페 드 크리에 메이에키니시구치점은 실내 공간이 넓어 커다란 여행용 가방을 들고 가더라도 부담이 없다.
오전 7시 30분부터 11시까지 주문할 수 있는 모닝 서비스 메뉴 중에서는 모닝 플레이트 モーニングプレート(400엔~)가 큰 인기. 커피와 토스트가 기본으로 들어가고 소시지, 샐러드, 스크램블에그 등을 종류별로 선택해 주문할 수 있다. 흡연석이 분리되어 있어 실내는 그럭저럭 쾌적한 편이다.

프론토 PRONTO

MAP 2Ⓕ

위치 지하철 나고야역 5번 출구에서 도보 2분 주소 名古屋市中村区名駅4-6-17 名古屋ビルディング B1F 오픈 07:00~17:00, 17:30~23:00 전화 052-533-3857 홈피 www.pronto.co.jp

1988년에 오픈한 나름 역사가 있는 카페. 지하 1층에 자리 잡고 있지만, 카페 바로 앞이 테라스처럼 위가 뚫려 있는 구조라 매장 분위기는 밝다. 모닝 서비스는 토스트, 샐러드, 삶은 달걀 또는 요구르트, 그리고 커피가 함께 나오는 기본 토스트 세트가 390엔으로 저렴한 편이다. 취향에 따라 햄치즈 토스트 세트(450엔), 치즈 오믈렛 세트(490엔) 등을 선택하면 된다. 프론토는 모닝 서비스뿐만 아니라 다양한 식사 메뉴가 있어서 점심을 먹으러 오는 주변 직장인들이 많은 편이다. 식사 메뉴로는 파스타를 대부분 선호하는데, 가장 인기가 많아 추천하는 메뉴는 나폴리탄 ナポリタン(590엔). 모닝 서비스 시간은 07:00~10:00로 다른 카페보다 조금 이른 시간에 마감한다.

나고야 지하상가

나고야는 여러 가지 방면에서 '일본 최고'라는 타이틀을 보유하고 있는데, 지하상가도 그중 하나다. 1957년 지하철 개통과 함께 처음 등장한 메이테츠역 지하의 '선로드 サンロード'는 일본에서 가장 먼저 만들어진 지하상가이다. 그밖에 메이치카, 게이트워크, 미야코 지하가, 유니몰, 에스카 등이 동서남북으로 넓게 펼쳐져 있다. 이들 지하상가는 주요 지하철역과 모두 연결되어 있으며, 대형 쇼핑몰과도 대부분 이어져 있어 비가 오는 날에도 편하게 둘러볼 수 있다.

에스카 エスカ

MAP 2Ⓔ

주소 名古屋市中村区椿町 6－9 오픈 상점가 08:30~20:30(매장마다 다름) 휴무 설날, 2월 셋째 주 수요일, 9월 둘째 주 목요일 전화 052-452-1181 홈피 esca-sc.com

나고야역의 메인 출구인 사쿠라도리 출구 桜通口의 반대쪽 다이코도리 출구 太閤通口에 위치하고 있는 지하상가. 아기자기한 선물가게와 패션 및 액세서리 전문점, 특히, 웬만해서는 실패할 일이 없는 인기 맛집들이 많아 나고야역을 이용하는 여행자들에게 큰 호응을 얻고 있다. 참고로, 다이코도리 출구 앞에는 빅카메라가 자리 잡고 있으므로, 전자제품에 관심이 있다면 들러보자.

Zoom in

츠타야
TSUTAYA

오픈 09:00~22:00 전화 052-446-8075

단순하게 책만 판매하는 서점이 아니라, '라이프스타일을 제안하는 창구'를 모토로 운영하는 일본의 대표적인 서점. 나고야 지하상가 에스카의 버라이어티 코너 75번에 위치한 츠타야는 규모는 다른 지점에 비해 크지 않지만, 각종 도서 및 잡지의 신간과 베스트셀러를 두루 갖추고 있다. 무엇보다 이곳 츠타야의 장점은 바로 접근성이다. 나고야역과 연결된 지하상가에 위치하고 있어 해외여행자는 물론 출장이나 통근하는 현지인 모두 간편하게 방문해 책을 고르는 즐거움을 누린다.

요시다 키시멘
吉田きしめん

오픈 11:00~21:00 전화 052-452-2875

1890년에 창업한 역사 깊은 전통 소바 전문점. 오랜 세월 변함없는 맛으로 인기를 누리고 있다. 직영점은 나고야시 외곽의 센논지점과 이곳 에스카점 단 두 군데뿐이다. 인공 첨가물을 일절 사용하지 않고 소맥분과 물, 소금만으로 반죽한 요시다 키시멘의 면발은 촉촉하면서도 졸깃한 식감이 일품이다. 기본 키시멘(680엔)도 맛있지만, 조금 색다른 맛을 보려면 걸쭉한 중화풍 국물이 매력적인 핫포 키시멘 八宝きしめん(950엔)에 도전해보자.

후라이보
風来坊

오픈 11:00~22:00 휴무 부정기 휴무 전화 052-459-5007

나고야를 대표하는 음식 닭날개 튀김 테바사키 전문점. 세카이노야마짱과 함께 테바사키 업계를 양분하고 있는 거대 체인점이다. 세카이노야마짱보다 간이 조금 약한 편으로, 저염식 식단을 선호한다면 후라이보의 테바사키가 입맛에 더 잘 맞는다. 테바사키 가라아게 手羽先空揚げ(5개 450엔)에 시원한 삿포로 생맥주 サッポロ生ビール 한 잔(380엔)을 곁들이면 여행의 피로가 눈 녹듯이 풀린다. 자릿값을 의미하는 오토시는 200엔이다.

와카샤치야
若鯱家

오픈 11:00~22:00 휴무 부정기 휴무 전화 052-453-5516

나고야 명물인 카레 우동의 진수를 맛볼 수 있는 곳. 매콤달콤 걸쭉한 국물에 쫄깃한 면발이 어우러진 와카샤치야 카레 우동은 다른 곳에서 맛보기 힘든 매력이 있다. 나고야뿐만 아니라 전국의 미식가들이 최고의 카레 우동으로 추천할 정도. 인기 메뉴는 카레 우동과 튀김, 밥 등이 함께 나오는 카레 세트 カレーセット(1,100엔~). 세트마다 함께 나오는 품목이 조금씩 다르므로 메뉴판을 보고 자기 취향에 맞는 것을 고르면 된다.

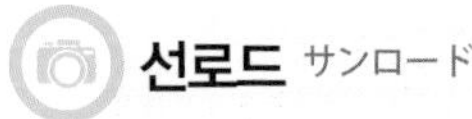

선로드 サンロード

MAP 2Ⓕ

주소 名古屋市中村区椿町 6－9 전화 052-586-2007 홈피 sunroad.org

일본 최초의 지하상가라는 기록을 보유하고 있는 선로드는 1957년에 세상에 태어났다. 두 개의 지하대로가 평행을 이루며 곡선을 그리는 모양을 하고 있다. 베이테츠 나고야역 주변의 여러 빌딩과 연결되어 있어 지하의 메인스트리트로 사랑을 받는다. 유명하진 않지만 기본 이상의 맛을 보장하는 음식점, 카페, 베이커리, 과자점이 많이 들어서 있어, 콕 찍어서 갈 데가 없을 때 방문하면 좋다. 가볍게 구경할 수 있는 패션숍이나 명품 중고숍 고메효와 난보야 なんぼや도 있어 쇼핑을 하기에도 나쁘지 않다.

Zoom in

샤포블랑
シャポーブラン

오픈 07:30~21:30(일 · 공휴일 07:30~21:00) 전화 052-551-2551

나고야에서 가장 푸짐한 아침을 즐길 수 있는 카페. 오전 7시 30분부터 11시 30분까지 단돈 490엔으로 커피와 갓 구운 빵, 샌드위치와 삶은 달걀 등을 무한정 자유롭게 먹을 수 있는 뷔페식으로 운영하는 모닝 서비스로 각광받는다. 특히, 샌드위치가 맛있는데, 금방 매진되므로 먼저 먹을 만큼만 확보해둘 것. 달콤한 팥소가 들어간 나고야 명물 오구라 샌드위치 小倉サンド를 먹고 싶다면 100엔을 추가하면 된다.

앤트 스텔라
AUNT STELLA

오픈 10:00~20:30 전화 052-583-8008

일본에서는 스텔라 오바상노쿠키 ステラおばさんのクッキー로 불리는 쿠키 전문점. 미국 펜실베이니아에서 유치원 선생님이었던 스텔라 할머니의 쿠키가 너무 맛있어서 상품화했는데, 인기가 높아지면서 일본에 들여온 것. 일본에서 인기가 워낙 높아 지금은 전국에 70여 개 지점을 운영한다. 가장 많이 판매되는 쿠키는 우사키크라프토 うさぎクラフト(650엔). 가장 인기 있는 쿠키들을 모아 예쁜 토끼 포장봉투에 넣은 것으로 선물용으로 그만이다.

유니몰 ユニモール

MAP 2Ⓓ

주소 名古屋市中村区名駅4-5-26 오픈 상점가 10:00~20:30 전화 052-586-2511 홈피 www.unimall.co.jp

지하철 나고야역에서 유니몰로 이어지는 통로에 들어서는 순간, 식칙한 지하도의 분위기는 밝고 화려한 쇼핑 거리로 탈바꿈한다. 주로 젊은 여성들을 타깃으로 한 패션숍과 액세서리용품점이 두 개의 지하 연결로를 따라 촘촘히 늘어서 있다. 패션 거리를 지나면 이번에는 맛집의 거리가 나타난다. 주변 직장인들이 애용하는 곳이 많아 식사 시간에는 줄을 서있는 모습을 여기저기에서 발견할 수 있다.

Zoom in

호시노커피
HOSHINO COFFEE

오픈 07:30~11:00, 14:00~21:30(토 · 일요일 07:30~21:30) 휴무 설날 전화 052-446-7281

핸드드립 커피맛이 좋기로 유명한 커피 전문점. 모닝 서비스를 판매하는 오전 7시 30분부터 11시까지 음료만 주문하면 버터 토스트와 삶은 달걀을 함께 제공한다. 기본 음료수는 브랜드 커피, 티, 오렌지주스 등이 있으며 가격은 모두 420엔이다. 비용을 추가하면 색다른 세트 메뉴를 먹을 수 있다. 추천 세트는 매시드 포테이토에 반숙 달걀, 그리고 데미글라스 소스가 섞여 있는 에그슬럿과 토스트가 함께 나오는 에그스랏토 세트 エッグスラット(500엔).

다메츠쇼쿠도
ためつ食堂

오픈 11:00~22:00 전화 052-571-1177

뭐든지 기본 이상은 하는 일본 가정식 백반 전문점. 명물 요리만을 찾아다니는 맛집 기행도 좋지만, 가끔씩은 현지인들이 일상에서 먹는 밥집을 가보는 것도 좋은 추억이 된다. 다메츠쇼쿠도가 가장 중요하게 생각하는 것은 쌀이라고 한다. 밥맛이 좋으면 어떤 반찬이 나와도 맛있는 법. 그 진리를 아는 사람들은 이곳을 찾는다. 일품요리, 덮밥, 면, 백반 정식 등 수십 가지의 메뉴가 있어 골라먹는 재미도 쏠쏠하다. 가격도 600엔대부터 있어 합리적인 편이다.

메이치카 メイチカ

MAP 2Ⓕ

지하철 히가시야마센 東山線 나고야역의 중간 개찰구와 남쪽 개찰구가 교차하는 지점에 위치한 지하상가다. 메이치카를 중심으로 각 지하상가들이 십자 형태로 교차하기 때문에 상가 쇼핑을 즐기다 보면 자주 지나치게 된다. 규모가 크지는 않지만 카페, 베이커리, 패션 용품점 등 다양한 매장이 들어서 있다.

Zoom in

콘파루
コンパル

오픈 08:00~21:00 전화 052-586-4151

샌드위치가 맛있기로 유명한 카페. 대부분 큼직한 새우튀김이 들어 있는 에비후라이산도 エビフライサンド(930엔)를 먹기 위해 찾는다. 아삭한 양배추와 달걀, 소스가 어우러진 맛이 기가 막힌다. 모닝 서비스 시간은 08:00~11:00이며, 원하는 음료수를 고르고 130엔을 추가하면 햄에그 샌드위치가 함께 나온다. 메뉴판에 한글이 병기되어 있어 주문하기가 편하다는 장점이 있지만, 흡연석이 분리되어 있지 않아 공기가 좋지 않다는 단점도 있다.

에피 시엘
Epi-ciel

오픈 06:30~22:00 전화 52-551-3580

1983년에 창업한 인기 베이커리 체인점. 동네 빵집처럼 편안한 분위기에서 중저가의 다양한 빵을 판매하고 있는데 대부분 맛있다. 그중에서 매장에서 가장 많이 팔리는 빵은 독특하게도 시오빵 塩ぱん(118엔). 겉에 살짝 뿌려놓은 짭짤한 소금이 빵 속 버터의 달콤함을 끌어내어 조화를 이룬다. 또 하나의 인기 메뉴는 메이플 멜론 メープルメロン(194엔). 멜론빵 특유의 딱딱한 반죽에 설탕이 뿌려져 있고 안에는 달콤한 메이플 시럽이 스며들어 재미있는 식감을 보여준다.

게이트워크 Gatewalk

MAP 2Ⓕ

JR 사쿠라도리 출구 桜通口를 따라 지하에 형성된 쇼핑 거리로 남북으로 길게 걸쳐 있다. 다양한 여성복 매장과 액세서리 전문점, 간식거리를 판매하는 식료품 매장이 있다. 통로가 넓어서 사람들에게 치이지 않고 편하게 둘러볼 수 있는 것이 장점. 전체적인 매장 분위기가 밝고, 판매하는 품목들이 화사하고 세련된 편이라 젊은 층이 많이 찾는다.

Zoom in

카스카드
Cascade

오픈 06:40~22:30 전화 052-583-0652

게이트워크의 인기 베이커리. 적당한 규모의 매장 안에는 달콤함으로 무장한 대중적인 빵들이 많은 편이다. 시간대만 맞으면 갓 구운 빵 코너에서 김이 모락모락 나는 빵을 먹을 수 있다. 카스카드의 장점 중 하나는 빵을 먹음직스럽게 진열하는 능력이다. 매장 밖에서도 한눈에 볼 수 있도록 판매 순위대로 빵을 진열하고 있어, 선택을 어려워하는 사람이라도 손쉽게 빵을 골라 구입할 수 있다. 한동안 인기 넘버원 자리를 지키고 있는 빵은 바로 에그롤 エッグロール(160엔). 바삭하게 구워낸 빵 속에 들어 있는 부드러운 달걀이 마요네즈 소스와 어우러져 절묘한 맛을 보여준다.

3코인즈 웁스
3COINS OOOPS

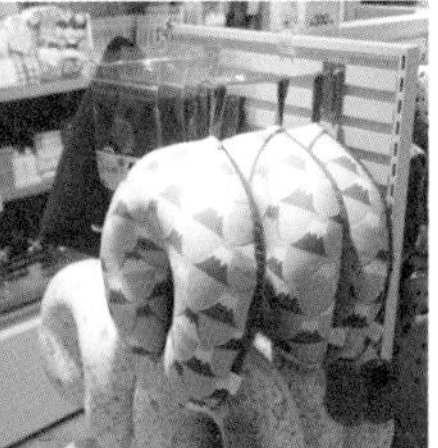

오픈 10:00~21:00 전화 052-462-8668

이름 그대로 동전 3개만 있으면 뭐든지 살 수 있다는 300엔숍. 100엔숍 다이소보다 더 좋은 품질의 상품이 많아 매장은 항상 사람들로 붐빈다. 매장 규모가 작은 것이 단점이지만, 양말, 가방, 액세서리, 쿠션, 신발 등 생활 잡화를 중심으로 각종 상품이 빼곡하게 진열되어 있어 구경하는 재미가 쏠쏠하다. 잘 찾아보면 300엔보다 싸거나, 비싼 품목도 있다.

노리타케초

JR 나고야역에서 편안한 걸음으로 20분 정도 걸어가면 복잡한 빌딩숲에서 벗어나 편안하게 휴식하며 둘러볼 수 있는 여행지 노리타케노모리가 나온다. 여유가 있으면 한때 산업 관광의 필수 코스로 알려진 도요타 산업기술기념관도 함께 둘러보면 좋다. 도요타의 역사와 문화를 몸으로 체험할 수 있다.

노리타케노모리 ノリタケの森

MAP 2Ⓐ

위치 JR 나고야역 사쿠라도리 출구에서 도보 15분. 지하철 히가시야마센 가메지마역 亀島駅 2번 출구에서 도보 5분 주소 愛知県名古屋市西区則武新町3-1-36 오픈 10:00~18:00(시설에 따라 다름) 휴무 월요일, 연말연시 요금 입장 무료, 일부 시설만 제한적으로 유료 전화 052-561-7290 홈피 www.noritake.co.jp/mori/

노리타케 ノリタケ라는 이름을 들어본 적이 있는지? 머그잔이나 찻잔에 관심이 있거나 조예가 깊은 사람이라면 노리타케에 대해 적어도 한 번쯤 들어본 적이 있을 수 있다. 어쩌면 집안 어딘가에 노리타케에서 만든 머그잔이나 찻잔 세트가 있을지도 모르겠다. 세계적으로 유명한 도자기 브랜드 '노리타케'는 오래 전부터 우리나라에서도 혼수용품 또는 선물용으로 많은 사랑을 받아왔다. 일본 애니메이션이 인기를 끌던 시절에는 국내 백화점이나 기념품숍에서 미야자키 하야오의 토토로 캐릭터가 그려진 노리타케 머그컵이 불티나게 팔리기도 했다.

노리타케노모리는 일본 도자기 회사의 대표적인 브랜드 노리타케가 창업 100주년을 기념하여 2001년 10월 5일

옛 공장 부지를 철거하고 그 자리에 만든 복합 문화시설이다. 총 48,000㎡의 방대한 부지 위에는 도자기의 실제 제작 과정을 체험할 수 있는 크래프트 센터, 노리타케의 대표적인 작품을 시대별로 감상할 수 있는 노리타케 뮤지엄, 다양한 장르의 미술 작품을 볼 수 있는 노리타케노모리 갤러리, 노리타케의 수많은 제품들을 쇼핑할 수 있는 라이프스타일숍 노리타게 스퀘어 나고야 등 다양한 문화시설이 있다. 서로 다른 특성을 지닌 다양한 시설과 멋진 정원이 펼쳐져 있어 도자기에 별다른 관심이 없는 여행자라도 나고야를 방문했다면 꼭 한번 들러볼 만한 가치가 있다. 깔끔하게 가꾼 정원을 따라 산책을 하거나 잔디밭에 앉아 잠시 푸른 하늘과 어우러진 나무숲을 보는 것만으로도 기분이 상쾌해진다.

Zoom in

크래프트 센터

クラフトセンター

오픈 10:00~17:00 요금 어른 500엔, 고등학생 300엔, 중학생 이하 무료 전화 052-561-7114

크래프트 센터에서는 누구나 직접 보고 창작하면서 도자기의 세계를 다양하게 체험할 수 있다. 1층에서는 노리타케 도자기의 실제 제작 과정을 감상할 수 있으며, 2층에서는 그림 그리기 공정을 견학할 수 있다. 유료로 운영하고 있는 체험교실을 통해 도자기에 직접 그림을 그려 넣는 경험을 할 수도 있으므로, 견학한 공정에 직접 참여해보고 싶다면 도전해보자.

노리타케 뮤지엄
ノリタケミュージアム

오픈 10:00~17:00 요금 크래프트 센터와 공통 요금 전화 052-561-7114

크래프트 센터 3~4층에서는 세계를 매료시킨 '올드 노리타케'의 진수를 전시한다. 19세기에 이미 미국과 유럽에 도자기를 수출하기 시작한 노리타케의 대표적인 작품을 시대별로 감상할 수 있다. 한국어 음성 가이드(유료)도 갖추고 있으므로, 필요하다면 1층 접수처에서 미리 신청하자.

노리타케노모리 갤러리
ノリタケの森ギャラリー

오픈 10:00~18:00 요금 무료 전화 052-562-9811

도예, 서화, 조각 등 다양한 장르의 예술 작품을 만날 수 있는 문화 공간. 유명 작가의 개인전에서 일반 시민들의 미술전까지 폭넓은 작품 발표의 장으로 사용하고 있다. 매달 전시 일정이 달라지므로 관심이 있다면 홈페이지에서 미리 일정을 확인하자.

노리타케 스퀘어 나고야
ノリタケスクエア名古屋

오픈 10:00~18:00 전화 052-561-7290

노리타케에서 제작한 식기와 도자기 세트는 물론 테이블 코디 아이템과 다양한 잡화를 쇼핑할 수 있는 노리타케노모리의 라이프스타일숍. 노리타케 스퀘어 나고야에서는 풍요로운 생활을 컨셉으로 노리타케의 각종 상품이 다채롭게 펼쳐져 있다. 또, 이벤트 공간을 마련해두고 새로운 작가와 브랜드와 콜라보 팝업 스토어를 열기도 한다.

도요타 산업기술기념관 トヨタ 産業技術記念館

MAP 2Ⓐ

위치 JR 나고야역 사쿠라도리 출구에서 도보 20분. 지하철 히가시야마센 가메지마역 2번 출구에서 도보 10분 주소 愛知県名古屋市西区則武新町 4-1-35 오픈 09:30~17:00 휴무 월요일 요금 어른 500엔, 중고생 300엔, 초등학생 200엔 전화 052-551-6115 홈피 www.tcmit.org

도요타 자동차는 알아도 도요타 자동차의 전신이 도요타 자동직기 豊田自動織機라는 방직 회사라는 사실은 모르는 사람들이 많을 것이다. 도요타 사키치 豊田佐吉가 1926년 11월 18일에 창업한 도요타 자동직기의 자동차부가 독립한 것이 바로 오늘날의 도요타 자동차이다. 도요타 산업기술기념관은 이러한 도요타의 역사를 한눈에 살펴볼 수 있는 기업 박물관으로 도요타 테크노뮤지엄이라 부르기도 한다.

산업기술기념관은 구 도요타 방직 회사 공장터에 남겨진 건물을 귀중한 산업 유산으로 후대에 전달하기 위해 도요타 그룹 13개사가 공동으로 출자하여 만든 공간으로 1994년 6월 개관했다. 기념관 내부는 섬유기계관과 자동차관을 큰 줄기로 금속가공 기술의 재현, 자동차 창업 당시의 공장을 재현한 재료시험실 및 시험제작공장, 그리고 방직기의 원동력이 되었던 증기기관의 변천사를 체험해볼 수 있는 증기기관관, 기계의 원리와 그 기구를 즐겁게 체험해볼 수 있는 테크노관 등으로 구성되어 있다.

산업기술기념관이라는 이름 때문에 별다른 흥미를 못 느끼는 여행자들도 있겠지만, 시간만 허락한다면 꼭 한번 방문해보길 추천한다. 모든 공간은 단순히 물품을 전시하는 데에서 그치지 않고, 유니폼을 단정하게 차려입은 직원이 방문객 앞에서 직접 기계를 작동하여 실제 기계가 작동하는 과정과 원리를 설명해준다는 점이 인상적이다. 기념관 이름에서 느껴지는 고루함과 달리 지루할 틈이 없이 없다.

관내에는 전시 공간 외에도 카페와 레스토랑, 도서관 등의 부속시설을 충실히 갖추고 있으며, 2005년 일본 국제박람회에서 많은 사랑을 받았던 악기를 연주하는 도요타 로봇이 하루 다섯 차례에 걸쳐 연주를 하는 이벤트도 마련되어 있다.

자기부상열차 리니모와 함께하는 반나절 여행지

도요타 박물관과 모리코로파크

나고야가 일본 경제의 중심 역할을 해온 것은 일본 최고의 대기업 도요타가 나고야에 소재하기 때문이다. 덕분에 도시 곳곳에 도요타와 관련된 문화시설이 있는데, 도요타 박물관은 그중에서도 가장 인기 있는 곳이다. 가솔린 자동차가 탄생한지 어느덧 100년. 관내에는 그동안 눈부신 발전을 거듭한 자동차의 역사를 테마로, 도요타 브랜드뿐만 아니라, 19세기 말에서 20세기에 걸쳐 제조된 각국의 대표 자동차가 체계적으로 전시되어 있다. 자동차의 역사와 문화를 한눈에 볼 수 있도록 친절하게 설명하고 있으므로 꼼꼼하게 살펴보자.

모리코로파크는 2005년 일본 국제 박람회를 재구성한 공원으로, 푸르른 숲과 잔디에서 맑은 공기를 마시며 산책을 즐길 수 있는 곳이다. 〈이웃집 토토로〉의 사츠키와 메이의 집을 그대로 재현한 시설이 있어 주말이면 가족여행객들이 많이 찾아온다.

▶ 리니모는 어떤 기차?

세계 최초로 상용화에 성공한 자기부상열차 리니모 リニモ는 2005년 일본 국제 박람회를 개최하면서 개통한 친환경 열차다. 지하철 히가시야마센 종점인 후지가오카역에서 출발하는데, 기본요금은 170엔이고 거리에 따라 370엔까지 늘어난다. 후지가오카역에서 도요타 박물관까지는 290엔, 모리코로파크까지는 350엔이고 두 역 사이의 요금은 230엔이므로, 두 장소를 모두 방문하는 일정이라면 1일 승차권(800엔)을 구입하는 것이 이득이다.

도요타 박물관 トヨタ博物館

위치 지하철 히가시야마센 후지가오카역에서 하차. 리니모 이용. 게이다이도리역에서 하차 후 도보 3분 주소 愛知県愛知郡長久手町大字長湫字横道41-100 오픈 09:30~17:00 휴무 월요일, 연말연시 요금 어른 1,000엔, 중고생 600엔, 초등학생 400엔 전화 0561-63-5151 홈피 www.toyota.co.jp/Museum

일본 최고의 자동차 박물관. 자동차에 관심이 있다면 꼭 가봐야 할 자동차 덕후들의 성지. 도요타 자동차 창립 50주년 기념 사업의 일환으로 건설되었다. 입구를 지나 2층에 있는 자동차관으로 들어가 보면 입이 딱 벌어질 정도로 어마어마한 전시용 차량의 규모에 압도된다. 단순한 전시용 자동차가 아니라 실제로 움직이도록 정기적으로 정비도 한다고 하니 도요타의 자동차에 대한 깊은 사랑이 엿보이는 대목이다.

본관의 자동차관은 도요타 박물관의 핵심 전시장으로 2층에는 미국 자동차, 3층에는 일본 자동차를 각각 전시하고 있다. 120여 대의 자동차를 활용해 자동차가 탄생한 19세기 말부터 약 100년 동안의 역사를 표현한 전시는 도요타 박물관의 백미이자 탁월한 기획력이 엿보인다. 연대별로 당시의 특징적인 생활 문화 자료와 자동차를 함께 진열한 전시관도 있어 둘러보는 재미가 톡톡하다. 신관에는 아이들이 좋아하는 미니카와 박물관에서 직접 만든 상품을 판매하는 뮤지엄숍과 레스토랑, 다양한 그림과 풍물 사진을 전시하는 갤러리도 있으니 여유가 된다면 함께 둘러보자.

모리코로파크 モリコロパーク

위치 지하철 히가시야마센 후지가오카역에서 하차. 리니모 이용. 아이 지큐하쿠키넨코엔역에서 하차 후 도보 3분 주소 愛知郡長久手町大字熊張字茨ヶ廻間乙1533-1 오픈 4월~10월 08:00~19:00, 11월~3월 08:00~18:30 휴무 월요일 요금 입장 무료, 사츠키와 메이의 집 510엔 전화 0561-64-1130 홈피 www.aichi-koen.com/moricoro/

2005년 일본 국제 박람회의 이념과 성과를 이어 나가기 위해 박람회 부지에 건설한 공원. 정식 명칭은 아이 · 지큐하쿠키넨 공원 愛·地球博記念公園이지만, 마스코트였던 모리코로에서 이름을 따온 모리코로파크로 더 많이 알려져 있다. 원내에는 지구시민교류 센터, 엄청난 규모의 잔디 광장, 어린이 광장, 아기자기한 꽃 산책로 등 다양한 부대시설이 있다. 그중에서 가장 높은 인기를 끌고 있는 곳은 사츠키와 메이의 집 サツキとメイの家이다. 국내에서도 많은 호응을 얻었던 애니메이션 〈이웃집 토토로〉의 주인공들이 살던 집을 완벽하게 재현하여 수많은 관광객들이 모인다. 실제로 가보면 절로 탄성이 나올 정도로 잘 꾸며놓았다. 하지만, 워낙 인기 있는 시설이라 정원제로 운영하고, 시간도 1회에 30분으로 제약한다는 단점이 있다. 운영시간은 평일 10:00~16:00(8회), 토 · 일 · 공휴일 09:30~16:30(14회).

입장권은 로손, 미니스톱에 있는 롯피 Loppi에서 사전 구매를 하거나 공원 사츠키와 메이의 집 접수처에서 당일권을 사면 된다. 단, 주말이나 휴일에는 사람이 많기 때문에 사전 구매를 하는 것이 좋다.

SAKAE

AREA
02

사카에
栄

나고야역에서 지하철 히가시야마센으로 두 정거장 떨어진 명실상부 나고야 최고의 번화가. 사카에에는 라시크를 중심으로 각종 쇼핑몰이 줄지어 자리한 쇼핑의 메카다. 여기에 테레비탑과 오아시스 21 등 나고야를 대표하는 명소와 골목길 사이에 숨어 있는 맛집들까지, 그야말로 나고야 여행의 정수를 맛볼 수 있는 지역이다.

사카에
이렇게 여행하자

가는 방법

사카에는 나고야역에서 지하철로 이동할 수 있다. 히가시야마센과 메이조센이 사카에역을 지나고 있어 접근성이 높다. 사카에 일대의 관광지와 쇼핑몰은 사카에역, 야바초역, 후시미역으로 이어지는 구간에 모두 모여 있으므로 어렵지 않게 둘러볼 수 있다.

지하철 사카에역 야바초역 후시미역

사철 메이테츠 세토센 사카에마치역

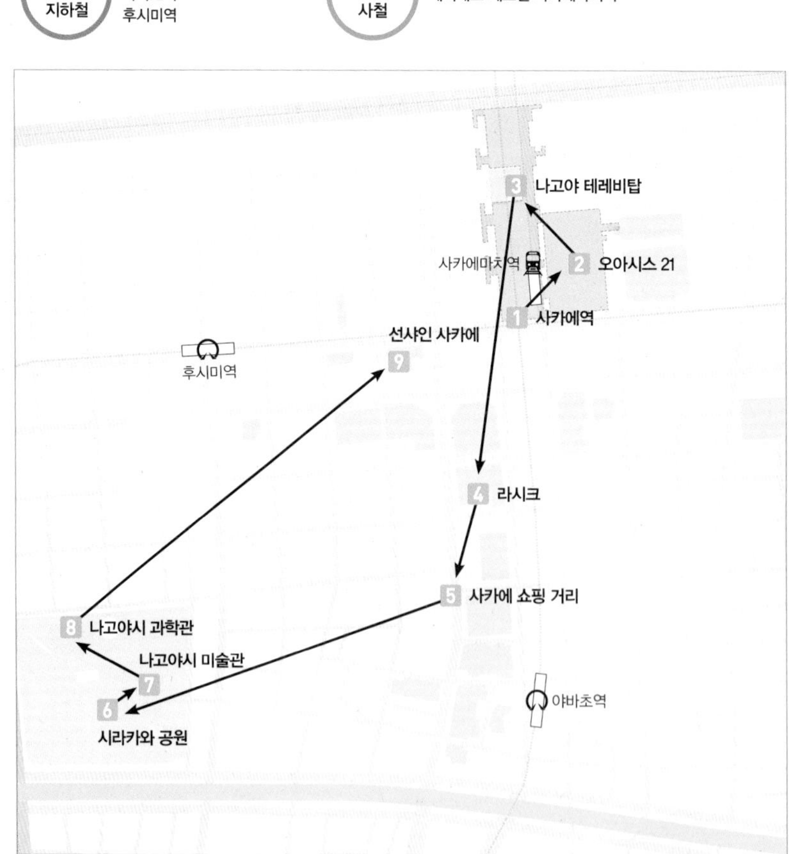

여행 방법

나고야를 대표하는 번화가인 사카에는 수많은 백화점과 쇼핑몰, 인테리어 전문점이 밀집해 있어 쇼핑을 즐기기에 더할 나위 없다. 특히, 넓은 지역에 대형 쇼핑몰이 분산되어 있는 도쿄나 오사카와 달리 나고야는 사카에역에서 야바초역까지 약 1km 주변에 웬만한 쇼핑몰이 모두 모여 있어 효율적으로 쇼핑을 즐길 수 있다. 단, 하나하나 제대로 둘러보려면 하루 종일 걸어야 할 정도로 쇼핑몰이 많기 때문에 미리 원하는 곳을 선별한 후 여행을 시작하는 것이 좋다. 쇼핑을 즐긴 후에는 시라카와 공원에서 휴식을 취하고 나고야시 과학관과 나고야시 미술관 등 박물관 순례를 이어가거나, 시간이 남고 체력이 된다면 오스 상점가로 이동하면 된다.

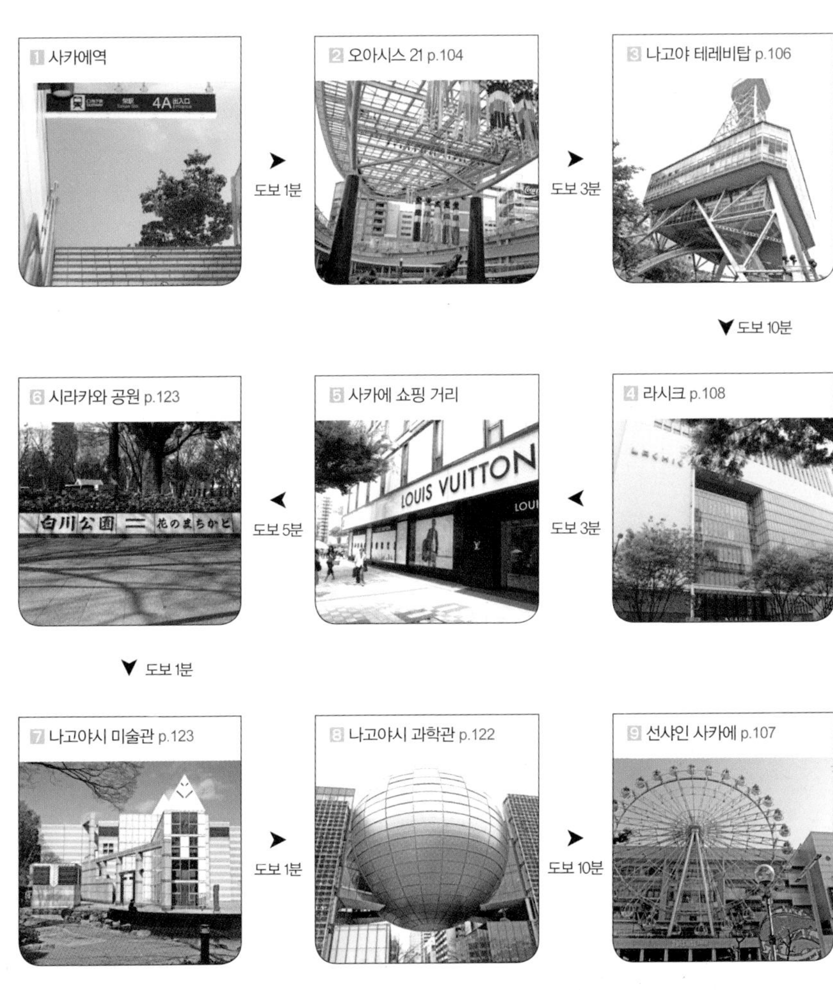

사카에역 주변

남북으로 길게 늘어서 있는 히사야오도리 공원을 중심으로 펼쳐진 나고야 최대의 번화가이자 유흥가. 다양한 백화점들이 쇼핑의 중심 역할을 하고 있으며, 주변으로 크고 작은 쇼핑숍이 늘어서 있는 쇼핑의 메카다. 사카에역은 워낙 크고 출구가 많으므로, 길을 헷갈리지 않으려면 찾아가려는 곳의 위치와 가장 가까운 출구를 지도에서 미리 확인한 후 여행을 시작하자.

오아시스 21 オアシス21

MAP 4ⓒ

위치 히가시야마센 · 메이조센 사카에역에서 연결 주소 名古屋市東区東桜1-11-1 오픈 10:00~21:00 전화 052-962-1011 홈피 www.sakaepark.co.jp

2002년 10월 11일, 사카에의 니시키도리 錦通와 히사야오도리 久屋大通 북동쪽에 탄생한 나고야를 대표하는 명소. 오아시스 21의 상징은 바로 14m 높이의 공중에 떠 있는 물의 우주선 水の宇宙船으로, 하늘 높이 솟아 있는 나고야 테레비탑과 함께 묘한 조화를 이룬다. 물의 우주선 최상층에 있는 전망대까지 엘리베이터를 타고 올라갈 수 있다. 아름다운 분수대와 연못 주위로 경쾌한 느낌의 강화유리 바닥이 깔려 있는 산책로가 펼쳐져 있어 시민들의 휴식처로 인기가 높다. 그밖에 화단과 수목이 적절하게 배치되어 있는 초록의 대지 録の大地, 매일 색다른 이벤트가 개최되는 은하 광장 銀河の広場 등이 있어 나고야만의 세련된 도시 감성을 느낄 수 있다.

오아시스 21의 풍경은 밤에 라이트가 하나둘씩 켜지면서부터 진면목이 드러난다. 오아시스 21의 낭만적인 야경은 많은 연인들의 인기 데이트 코스로 늦은 밤이면 수많은 커플이 이곳을 찾는다. 한편, 은하 광장 주변에는 다양한 숍과 맛집이 있어 식사나 쇼핑을 하기에도 괜찮다.

은하 광장 바로 옆 오아시스 21 i 센터에서는 오아시스 21의 안내뿐만 아니라 나고야와 주변 관광지의 여행 팸플릿이나 지도 등을 무료로 얻을 수 있다. 참고로, 지하 1층에는 나고야시 버스 名古屋市バス와 메이테츠 버스 名鉄バス의 터미널이 있으며, JR 도카이 버스를 비롯한 장거리 고속버스가 이곳에 정차한다.

Zoom in

니기리노 도쿠베
にぎりの徳兵衛

위치 오아시스 21 지하 1층 은하 광장 오픈 11:00~22:00 전화 052-963-6656

회전스시 전문점. 나고야가 바다와 인접해 있기는 하지만, 다른 대도시에 비해 대중적인 스시 전문점이 많지는 않은 편이다. 그런 의미에서 가격 대비 만족도가 높은 스시를 먹고 싶다면 니기리노 도쿠베는 좋은 선택이다. 저가 회전스시 전문점에 비해 가격이 살짝 높은 편이지만, 신선한 재료와 맛을 생각하면 아깝지 않다. 접시 종류에 따라 가격이 달라지는데, 주로 300엔 대 접시에 담긴 스시가 맛과 신선도 모두 괜찮다.

일루시 300
illusie 300

위치 오아시스 21 지하 1층 은하 광장 오픈 10:00~21:00 전화 052-973-1088

100엔숍보다 한 단계 상위 클래스의 다양한 물품을 판매하는 생활 잡화 전문점. 양질의 물품을 단일 가격 300엔으로 구입할 수 있어 남녀노소 모두에게 인기가 높다. 아직은 전국적으로 40여 개 점포밖에 없지만, SNS를 통해 입소문이 나면서 서서히 늘어가고 있는 추세이다. 주로 인테리어 소품을 많이 판매한다. 특히, 300엔이라는 가격이 믿기지 않는 식기류와 쿠션, 미니 토트백 등이 일루시 300의 인기 품목이다.

점프숍
JUMP SHOP

위치 오아시스 21 지하 1층 은하 광장 오픈 10:00~21:00 전화 052-959-2785

일본에서 가장 많이 판매되는 슈에이샤 集英社의 인기잡지 〈주간소년 점프〉의 오피셜숍. 〈원피스〉, 〈나루토〉, 〈블리치〉, 〈이누야샤〉 등 인기 만화 캐릭터들의 포스터, 키홀더, 티셔츠 등 다양한 상품을 만나볼 수 있다. 가게 규모는 크지 않지만 국내에서는 찾아보기 힘든 아이템을 만나볼 수 있으므로, 잠깐 짬을 내서 둘러볼 만하다.

나고야 테레비탑 名古屋テレビ塔

MAP 4Ⓒ

위치〉 히가시야마센 · 메이조센 사카에역 3번 또는 4번 출구에서 도보 3분 주소〉 名古屋市中区錦 3-6-15 오픈〉 1월~3월 10:00~21:00, 4월~12월 10:00~22:00 요금〉 전망대 어른 700엔, 대학 · 고등학생 600엔, 초 · 중학생 300엔, 65세 이상 600엔 전화〉 052-971-8546 홈피〉 www.nagoya-tv-tower.co.jp

히사야오도리 공원의 중앙에 자리 잡고 있는 나고야 테레비탑은 1954년에 세워진 일본 최초의 전파탑으로, 정식 명칭은 나고야 TV 타워 Nagoya TV Tower다. 높이 180m를 자랑하는 탑의 90m 지점에는 실내 전망대인 스카이데크가 있고, 지상 100m 지점에는 금망으로 둘러싸인 실외 전망대 스카이 발코니가 있어, 맑은 날이면 나고야 시내를 한눈에 볼 수 있다. 시원한 풍경을 좋아하는 여행자라면 700엔이라는 요금이 아깝지 않을 것이다. 특히, 해 질 무렵 1층 야외카페에 앉아 차를 한 잔 즐긴 후, 저녁노을이 최고조에 이를 때 전망대로 올라가면 더욱 멋진 풍경을 만날 수 있다.

히사야오도리 공원 久屋大通公園

MAP 4Ⓖ

위치〉 히가시야마센 · 메이조센 사카에역에서 바로 전화〉 052-261-6641

사카에의 중심에 위치한 공원으로 나고야의 도심 한가운데에 약 2km 길이에 걸쳐 남북으로 뻗어 있다. 공원 내에는 나고야 테레비탑을 비롯해 오아시스 21, 리버파크, 아이치 예술문화 센터, NHK 나고야 방송국 등 각종 시설이 자리한다. 그밖에도 로스앤젤레스 분수, 꽃시계, 조각의 숲, 빛의 광장 등 아기자기한 시설들이 공원 내에 포진하고 있어 유유히 산책을 즐기기에 좋다. 특히, 사카에역부터 야바초역까지 약 1km 구간에는 공원에서 길만 건너면 미츠코시, 라시크, 마츠자카야 등 쇼핑의 메카 사카에를 대표하는 백화점 거리가 펼쳐져 있어, 산책을 하다가 언제든지 쇼핑을 즐길 수도 있다. 주말에는 아마추어 음악가들의 라이브 공연을 비롯해 다양한 이벤트가 열리므로 구경하는 재미도 쏠쏠하다.

선샤인 사카에 SUNSHINE SAKAE

MAP 4Ⓖ

위치 히가시야마센 · 메이조센 사카에역 8번 출구에서 바로 주소 名古屋市中区錦3-24-4 오픈 10:00~22:00(매장마다 다름) 전화 052-310-2211 홈피 www.sunshine-sakae.jp

젊은 세대를 위한 엔테테인먼트 요소를 겸비한 복합 쇼핑몰. 6층 규모의 건물에는 전혀 어울리지 않을 것 같은 다양한 숍들이 들어서 있어, 허를 찌르는 운영 방식이 포인트라면 포인트. 쇼핑몰 1층이라면 당연히 있어야 할 대표적인 브랜드숍 대신에 슬롯머신의 왕국 선샤인 KYORAKU가 떡 하니 들어서 있고, 2층에는 일본 아이돌 그룹의 공연장으로 활용했던 SKE48 극장이 있다. 게다가 3층에는 뜬금없이 관람차 스카이보트와 대형서점 츠타야가 있고, 정작 매장은 4층에 몰려 있다. 쇼핑몰로서는 드물게 남성 패션 전문인데다 이름조차 생소한 브랜드가 대부분이지만, 독특한 디자인 감각의 의류가 많아 유행에 민감한 20대 초반의 패션 문화를 엿볼 수 있다. 젊은 연인이나 4인 가족이라면 화려한 야경을 즐길 수 있는 관람차 스카이보트(500엔, 초등학생 미만 무료)도 타볼 만하다.

돈키호테 나고야사카에점 ドン・キホーテ名古屋栄店

MAP 4Ⓒ

위치 히가시야마센 · 메이조센 사카에역 1번 출구에서 바로 주소 名古屋市中区錦3-17-15 오픈 24시간 전화 052-957-6311 홈피 www.donki.com

일본여행을 할 때 한 번쯤은 꼭 들르게 되는 종합 디스카운트 스토어. 식품, 화장품, 의류, 장난감 등 모든 생활용품이 모여 있는데다, 가격 또한 일반 매장보다 저렴하기 때문에 한 번 들어가면 쉽게 빠져나오기가 힘들다. 특히, 많은 사람들이 몰리는 곳은 1층의 식료품 매장으로 달콤한 과실주 호로요이 ほろよい, 인절미 과자 훈와리메이진 ふんわり名人, 녹차를 비롯한 여러 종류의 킷캣 초콜릿 등 나도 모르게 장바구니에 쓸어 담는 인기 품목들이 가득하다. 2층과 3층은 화장품 및 의약품, 가전용품 및 문구용품 그리고 스포츠용품을 판매한다. 가장 높은 4층은 액세서리를 비롯한 패션잡화를 판매한다. 보통 1층에서 가장 많은 상품을 구매하므로, 4층에서부터 내려오며 쇼핑하는 것이 편리하다.

라시크 ラシック

MAP 4Ⓖ

위치 히가시야마센 · 메이조센 사카에역 16번 출구에서 도보 1분 주소 名古屋市中区栄 3-6-1 오픈 11:00~21:00(레스토랑 11:00~23:00) 전화 052-259-6666 홈피 www.lachic.jp

2005년 3월 9일, 2005년 일본 국제 박람회 개막에 맞춰 문을 연 라시크는 미츠코시 그룹이 직접 런칭한 화려하면서도 세련된 백화점이다. 미츠코시 백화점의 주 고객이 중년층인데 비해, 리시크는 최대한 젊은 분위기를 연출하려고 노력한 흔적이 곳곳에서 엿보인나. 매장 면면을 보면 일본의 20~30대 여성이 좋아하는 브랜드가 많은 편이다. 그중에서도 파격적인 디자인으로 유명한 패션 브랜드 꼼 데 가르송, 핀란드의 국민 캐릭터로 인기가 높은 무민숍, 북유럽의 대표적인 라이프스타일 브랜드 마리메코, 300년 역사를 가진 일본 전통 공예품 전문점 나카가와마사시치 상점 등 우리나라에도 알려진 매력적인 곳들이 많아 시간 가는 줄 모르고 쇼핑 삼매경에 빠지기 십상이다. 7~8층의 레스토랑 공간에는 나고야를 대표하는 음식을 한자리에서 맛볼 수 있는 맛집들이 대거 포진하고 있어 쇼핑 목적이 아니더라도 라시크를 찾을 이유는 충분하다. 사카에역 주변에 수많은 쇼핑몰이 있지만, 꼭 한 군데를 가야한다면 단연 라시크를 추천할 정도로 쇼핑과 먹거리에 특화된 곳.

 Zoom in

모쿠모쿠 가제노부도
モクモク風の葡萄

위치 라시크 7층 오픈 11:00~16:00, 17:00~23:00 전화 052-241-0909 홈피 www.moku-moku.com

나고야 최고 인기의 뷔페 레스토랑. 농가에서 직접 들여오는 유기농 채소와 고기로 요리를 만들어 맛과 영양이 뛰어나다. 평일에도 식사 시간에는 줄을 서서 기다릴 정도로 인기가 높다. 우리나라의 계절밥상과 비슷한 분위기의 정겨운 실내에는 유기농 빵, 수프, 계절 채소, 과일, 샐러드, 튀김, 햄, 소시지, 일본 정통 요리, 디저트와 커피까지 풀코스로 준비되어 있다. 가격은 점심시간 기준 어른 1,912엔, 초등학생 1,080엔, 유아(3세 이상) 540엔이다.

빈초 라시크점
備長ラシック店

위치 라시크 7층 오픈 11:00~15:30, 17:00~23:00 전화 052-259-6703 홈피 www.hitsumabushi.co.jp

나고야 명물 장어덮밥 히츠마부시를 맛볼 수 있는 장어요리 전문점. 나고야에는 수많은 히츠마부시 전문점이 있는데, 빈초는 양념이 강하지 않은 편이라 누구나 편하게 먹을 수 있어 매력적이다. 특히, 숯불로 구워낸 장어는 겉은 바삭거리고 속은 부드러워 절묘한 식감을 연출한다. 인기 메뉴는 국과 절임 반찬이 함께 나오는 히츠마부시 ひつまぶし(3,400엔). 식사량이 많지 않거나 간단하게 한 끼 식사를 즐기고 싶다면 우나기동 うなぎ丼(2,680엔)을 추천한다.

오봉 드 고항
おぼんdeごはん

위치 라시크 7층 오픈 11:00~23:00 전화 052-228-6796

일본 가정식 백반을 즐길 수 있는 정식 전문점. 메인 요리와 장국, 샐러드, 밥, 절임 반찬 등이 심플한 사각 트레이에 함께 나오는 구성으로, 따끈한 집밥이 생각날 때 제격이다. 정식 종류만 무려 20가지 이상이라 여러 명이 다양한 메뉴를 시켜 함께 먹기에 좋다. 인기 메뉴는 도리노구로고마시치미야키 정식 鶏の黒ごま七味焼き定食(1,134엔)으로 메인 요리인 양념 닭구이와 샐러드, 순두부, 절임 반찬, 미소시루, 밥이 함께 나온다. 닭구이의 풍미도 좋고 반찬 하나하나가 맛깔스러워 한 끼 식사로 부족함이 없다.

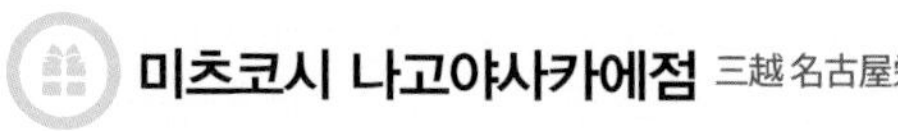

미츠코시 나고야사카에점 三越 名古屋栄店

MAP 4Ⓖ

위치 히가시야마센 · 메이조센 사카에역 16번 출구에서 도보 1분 주소 名古屋市中区栄3-5-1 오픈 10:00~19:30(지하 식품매장 10:00~20:00) 전화 052-252-1111 홈피 nagoya.mitsukoshi.co.jp

나고야를 대표하는 고급 백화점 미츠코시 나고야사카에점은 사카에역과 라시크 백화점 사이에 자리 잡고 있으며, 지하 2층~지상 9층 규모다. 미츠코시 백화점의 주 고객층은 여성으로 백화점 내부는 생활용품이나 뷰티상품, 여성복을 판매하는 매장이 대부분을 이루고, 남성복은 5층 일부 매장에서 판매한다. 주변에 워낙 다양한 백화점과 쇼핑몰이 많아서 예전 만큼의 인기는 없지만, 역사와 전통을 자랑하는 백화점인 만큼 들어와 있는 브랜드나 매장 분위기가 화려하면서도 절도가 있다. 일반 여행자들이 많이 찾는 곳은 지하 1층의 식품 매장. 맛있는 음식들이 많기로 소문난 곳이라 출출할 때 한 번 둘러보면서 간식거리를 구입하기에 좋다.

나고야 프랑프랑 名古屋 フランフラン

MAP 4Ⓖ

위치 메이조센 사카에역 6번 출구에서 도보 3분 주소 名古屋市中区栄3-15-36 오픈 11:00~21:00 전화 052-238-1581 홈피 www.francfranc.com

일본 전역에 80개 이상의 체인점을 가지고 있는 생활 인테리어 전문점. 도시에 거주하는 20대 독신 여성을 주요 고객으로 삼는 프랑프랑은 '캐주얼 스타일리시'를 콘셉트로 각종 문구용품과 주방용품, 인테리어 소품이나 가구 등을 취급한다. 일본의 대도시 어디에서든 만날 수 있을 정도로 대중적인 인기를 끌고 있는 곳이지만, 나고야 프랑프랑은 여느 지점과는 다른 독특한 매력이 있다. 일단, 단독 매장인데다 외관 또한 유럽 브랜드 거리에서나 볼 수 있을 만큼 이색적이면서도 럭셔리하다. 화사한 분위기의 실내는 3층으로 구성되어 있는데, 실용적이면서도 반짝이는 아이디어가 돋보이는 아이템이 많아 시간 가는 줄 모르고 둘러보게 된다. 최근 유행하는 북유럽 스타일의 생필품도 많이 진열되어 있어 사람들의 관심을 끌고 있다. 꼭 물건을 구입하지 않더라도 재미있게 둘러볼 수 있으므로 일정에 여유가 있다면 방문해보자.

스카이루 スカイル

MAP 4Ⓖ

위치 히가시야마센 · 메이조센 사카에역 8번 출구에서 도보 3분. 사카에치카 7번 출구와 연결 주소 名古屋市中区栄3-4-5
오픈 10:00~20:00 전화 052-251-0271 홈피 www.skyle.jp

인기 높은 중저가 브랜드가 많은 실속 쇼핑몰. 화려하고 고급스러운 백화점과 브랜드숍이 늘어서 있는 사카에의 쇼핑 거리에서 상대적으로 허름한 편이라 자칫하면 그냥 지나칠 수도 있지만 내실은 탄탄한 곳이다. 우리나라 여행자들에게 인기 있는 무인양품과 유니클로, GU, 다이소 등 알짜배기 브랜드가 함께 입점해 있기 때문에 가볍게 쇼핑을 즐기기에는 부족하지 않다. 가끔씩 매대에 고가의 명품 가방들을 쭉 진열하고 세일을 할 때도 있어, 운이 좋으면 '득템'을 할 수도 있다.

가토코히텐 加藤珈琲店

MAP 4Ⓒ

위치 사쿠라도리센 · 메이조센 히사야오도리역 3A 출구에서 도보 2분 주소 名古屋市東区東桜1-3-2 さくらビル 1F 오픈 07:00~18:00(토 · 일요일 08:00~17:00) 전화 052-951-7676 홈피 www.katocoffee.com

일본에서 가장 커피를 즐겨 마시는 도시 나고야. 그런 나고야 현지에서 커피 전문점으로 당당히 인정받는 곳이자 나고야 제일의 커피맛을 자랑하는 커피 전문점. 시럽을 넣어 달달한 카페라테만 마시는 커피 문외한조차 구수한 커피 본연의 향에 취하게 만든다. 이쯤 되면 대대적으로 체인점을 늘릴 법도 한데, 아직까지는 커피 맛을 개량하는데 집중하고 있다. 나고야의 여느 카페처럼 이곳에서도 모닝 서비스를 제공한다. 대표 메뉴는 커피와 오구라 토스트, 삶은 달걀이 함께 나오는 나고야 세트 名古屋セット(540엔). 신선한 채소와 파스트라미 햄이 매력적인 샌드위치 C 세트(540엔)도 인기이다.

코메다코히텐 コメダ珈琲店

MAP 4Ⓒ

위치 히가시야마센 · 메이조센 사카에역 1번 출구에서 도보 5분 주소 名古屋市中区錦3-7-23 오픈 06:30~03:00(일 · 공휴일 06:30~19:00) 전화 052-963-3621 홈피 www.komeda.co.jp

1968년 나고야에서 시작한 인기 커피 전문점. 맛있는 커피로 유명세를 떨치면서 2000년부터 본격적으로 체인 사업을 시작, 이제는 전국에 약 680개의 점포를 가진 거대 기업이 되었다. 게다가 여전히 변함없는 커피맛으로 인기몰이를 하여 호시노커피, 우에시마커피와 함께 일본 3대 커피 체인점으로 자리를 굳건히 지키고 있다. 코메다코히텐은 모닝 서비스 토스트가 맛있기로 유명하므로 이왕이면 오전에 가는 것이 좋다. 모닝 서비스 시간은 오전 7시부터 11시까지다. 커피와 홍차는 400엔부터, 디저트는 390엔부터 판매하여 가격도 합리적이다. 모닝 서비스만으로 부족하다면 추천 디저트 메뉴인 시로노와루 シロノワール(600엔)를 추가해 곁들여 보자.

하브스 사카에 본점 HARBS 栄本店

MAP 4Ⓒ

위치 히가시야마센 · 메이조센 사카에역 3번 출구에서 도보 5분 주소 名古屋市中区錦3-6-17 セントラルパークビル 2F 오픈 11:00~21:00 전화 052-962-9810 홈피 harbs.co.jp

맛난데다 예쁘기까지 한 디저트로 일본 전역에서 극강의 인기를 누리는 카페 체인점. 나고야에 카페 하브스의 본점이 있다는 사실을 아는 사람은 많지 않다. 재료 본연의 맛을 그대로 살린 달콤한 케이크는 체인점 특유의 규격화된 맛이 아니라 하나하나 정성껏 만든 장인의 풍미가 느껴진다. 특히, 계절마다 가장 맛있는 제철 재료를 사용한 케이크를 항시 열 종류 이상 구비하고 있어 언제 방문하더라도 최고의 맛을 즐길 수 있다. 인기 메뉴는 부드러운 생크림과 딸기의 조화로운 맛이 일품인 스트로베리 케이크 ストロベリーケーキ(900엔)와 담백한 단맛을 즐길 수 있는 밤페이스트가 일품인 마론케이크 マロンケーキ(700엔).

가와구치야 川口屋

MAP 4Ⓑ

위치 히가시야마센 · 메이조센 사카에역 1번 출구에서 도보 5분 주소 名古屋市中区錦3-13-12 오픈 09:30~17:30 휴무 일 · 공휴일, 네 번째 토요일 전화 052-971-3389

300년의 전통을 자랑하는 전통 떡집. 화려한 사카에 번화가 뒷골목에 자리 잡고 있는 점포로, 건물을 올리면서 개량 및 보수 작업을 하긴 했지만 여전히 옛 모습을 지키고 있다. 실내가 좁아 매장에서 먹고 가긴 힘들어 전화로 주문한 뒤 방문하여 가져가는 경우가 많다. 소박하지만 기품이 있는 상자에 담아주기 때문에 왠지 대접받는 느낌을 준다. 이곳의 대표적인 떡은 입에 넣자마자 사르르 녹아내리는 절묘한 식감의 와라비모치 わらび餅(310엔). 안에 들어 있는 달콤한 팥소도 일품이다. 그밖에 벚꽃 향기가 나는 사쿠라모치 桜餅(320엔)도 맛있다.

료구치야 고레키요 사카에점 両口屋是清 栄店

MAP 4Ⓖ

위치 히가시야마센 · 메이조센 사카에역 13번 출구에서 도보 3분 주소 名古屋市中区栄4-14-2 오픈 09:00~19:00 전화 052-249-5666 홈피 www.ryoguchiya-korekiyo.co.jp

1634년 창업하여 유구한 전통을 자랑하는 화과자 전문점. 화과자를 예술의 경지로 끌어올렸다는 평가를 받을 정도로 제품 하나하나가 작품이다. 나고야에서 인기를 얻어 일본 전역으로 진출하기 시작했는데, 이제는 도쿄와 오사카 등 대도시를 포함한 일본 전역에서 110여 개의 지점을 운영하는 대형 체인점으로 거듭났다. 료구치야의 성공 신화를 이끌어낸 대표 메뉴는 부드러운 팬케이크 사이에 달콤한 팥소가 들어 있는 센나리 千なり(5개, 820엔). 매장에는 차를 마실 수 있는 공간도 있다.

세카이노야마짱 본점 世界の山ちゃん 本店

MAP 4Ⓗ

위치 히가시야마센 · 메이조센 사카에역 13번 출구에서 도보 7분 주소 名古屋市中区栄4-9-6 오픈 17:30~24:45(일 · 공휴일 17:00~23:15) 전화 052-242-1342 홈피 www.yamachan.co.jp/shop/aichi/honten.php

명물 테바사키를 맛볼 수 있는 나고야 인기 넘버원 이자카야. 세카이노야마짱의 테바사키 手羽先(5개, 481엔)는 독특한 간장 소스로 튀겨낸 닭날개 요리로 시원한 생맥주와 환상의 궁합을 자랑한다. 다른 테바사키 전문점보다 간이 살짝 강해서 처음 먹어본 사람들 사이에서는 호불호가 갈리지만, 한번 맛을 들이면 끊임없이 생각이 난다. 테바사키 말고도 소스가 맛있는 꼬치구이 미소쿠시카츠 みそ串カツ(3개, 302엔), 맛있기로 유명한 마츠자카 소고기가 들어간 야마짱 고로케 山ちゃんコロッケ(421엔) 등 맛있는 안주가 수십 종류에 달한다. 선술집답게 다소 어수선한 분위기지만 여행의 피로를 풀 수 있는 맥주 한 잔이 생각난다면 주저 말고 가보자.

요코이 스미요시점 ヨコイ 住吉店

MAP 4Ⓕ

위치 히가시야마센 · 메이조센 사카에역 지하상가 마루에이 출구에서 도보 3분 주소 名古屋市中区栄3-10-11 サントウビル 2F 오픈 11:00~15:00, 17:00~21:00(일 · 공휴일 11:00~15:00) 전화 052-241-5571 홈피 yokoi-anspa.jp

나고야 명물 안카케 스파게티의 원조. 1963년 창업자 요코이 히로시 横井博가 미트 소스 스파게티에서 착안하여 일본인 입맛에 맞는 독창적인 소스를 개발, 대중적으로 만든 것이 시초이다. 모든 스파게티에는 같은 소스가 깔려 있는데, 토마토 소스에 여러 소스를 뒤섞어놓은 듯한 짭짤한 맛이라 소스만 따로 먹으면 이게 왜 나고야 명물인지 의아해할 수도 있다. 하지만, 소스에 소시지, 햄, 베이컨, 살짝 볶은 채소들과 도톰한 스파게티면이 섞이면 맛이 그럴듯하게 변하면서 포크질을 멈출 수 없는 매력을 뿜낸다. 대표 메뉴는 피망과 양파, 소시지, 햄이 듬뿍 들어간 미라칸 ミラカン(1,000엔).

우동 니시키 うどん錦

MAP 4Ⓑ

위치 히가시야마센 · 메이조센 사카에역 1번 출구에서 도보 3분 주소 名古屋市中区錦3-18-9 錦さかいビル 1F 오픈 11:30~13:30, 17:30~02:00(토요일 19:00~02:00) 휴무 일 · 공휴일 전화 052-951-1789

각종 일본 미디어에서 극찬한 우동 전문점. 미디어에 소개가 되었다고 모두 맛있는 것은 아니지만, 믿을 만한 일본 맛십 사이드에서도 호평 일색이라 일단 대중적인 입맛은 사로잡은 곳이라 할 수 있겠다. 주인의 응대는 여타 일본 음식점과 달리 비교적 무뚝뚝한 편이다.

메뉴는 여러 가지가 있지만 카레 우동으로 소문이 난 곳이라 손님의 십중팔구는 카레 우동 カレーうどん(750엔)을 주문한다. 유부와 고기, 양파가 큼직큼직하게 들어가 있는 매콤한 카레는 탄력 있는 면발과 잘 어울린다. 카레 자체가 뛰어나기 때문에 어떤 재료를 넣어도 맛있게 먹을 수 있다. 카레 위에 고춧가루를 살짝 뿌려서 카레 우동을 색다르게 즐길 수도 있다.

텐사쿠 天さく

MAP 4Ⓑ

위치 히가시야마센 · 메이조센 사카에역 1번 출구에서 도보 6분 주소 愛知県名古屋市中?錦3-9-32 EMINE310 오픈 11:30~14:00, 17:00~22:00 휴무 일 · 공휴일(토요일은 저녁에만 운영) 전화 052-972-7039

따듯하고 신선한 밥 위에 올린 바사삭한 튀김, 거기에 적당히 간간한 양념을 가미해서 먹는 일본식 튀김덮밥 텐동. 일본 어디에서나 먹을 수 있는 비교적 흔한 음식이지만 나고야에선 괜찮은 텐동집을 찾기가 쉽지 않다. 텐사쿠는 텐동 불모지 나고야에서 진흙 속 진주와 같은 텐동 맛집이다. 가게는 열 석 정도로 작지만, 접시에 담긴 텐동 만큼은 넘칠 것 마냥 큼직하다. 대표 메뉴는 텐동 天丼(1,000엔), 이외에도 채소튀김 덮밥 카키아게동 かき揚げ이 있다. 주문 즉시 조리를 시작하며, 절임 반찬과 장국을 함께 낸다.

야바초역 주변

사카에역 주변이 백화점 위주의 고급 쇼핑몰이 많아 성숙한 분위기라면 야바초역 주변은 신세대 감각이 톡톡 튀는 젊은 쇼핑 거리다. 파르코, 크레아라레, 로프트 등 20대부터 30대 초반까지 젊은층에게 인기 높은 쇼핑몰이 많아 거리는 언제나 수많은 사람들로 북적거린다.

나고야 파르코 名古屋パルコ

MAP 4Ⓚ

위치 메이조센 야바초역에서 바로 주소 名古屋市中区栄3-29-1 오픈 10:00~21:00(레스토랑 11:00~22:30) 전화 052-264-8111 홈피 nagoya.parco.jp

패션 전문 쇼핑몰인 파르코는 도쿄 이케부쿠로에 1호점, 시부야에 2호점을 내면서 대성공을 거둬 현재 일본 전국에 20여 개의 지점을 가지고 있는 거대 쇼핑몰 그룹이다. 많은 지점들 중에서 나고야 파르코가 언제나 상위권 매출을 자랑하는 비결은 10대와 20대의 취향과 선호를 꼼꼼히 분석한 데이터를 바탕으로 입점 매장과 브랜드를 관리하기 때문이다. 최신 유행에 부합하는 패션 아이템은 물론, CD, DVD, 스포츠, 악기, 인테리어용품까지 없는 것이 없어 한자리에서 편하게 쇼핑을 즐길 수 있다. 동관(지하 1층~지상 8층), 서관(지하 3층~지상 11층), 남관(지하 1층~지상 10층), 세 개의 건물이 서로 분리되어 있지만, 모두 공중 통로로 연결이 되어 있어 덥거나 추울 때도 편하게 다닐 수 있다.

Zoom in

스위트 파라다이스
Sweet paradise

위치 서관 8층 오픈 10:30~22:30(토 · 일 · 공휴일 10:00~22:30) 전화 052-263-0401 홈피 www.sweets-paradise.com

도쿄와 오사카 등 대도시에서 큰 인기를 끌고 있는 스위트 뷔페 체인점. 나고야에서는 파르코에 있는 매장이 1호점이다. 30여 종류의 케이크, 과자, 초콜릿 등의 스위트 메뉴와 가볍게 배울 채울 수 있는 카레라이스, 파스타, 샌드위치, 수프 등 식사 메뉴까지 마음껏 먹을 수 있다. 여기에 드링크바 무제한 이용까지 포함해서 가격은 1,530엔. 한 끼 식사 가격으로는 다소 부담스럽게 느껴질 수도 있지만, 평소에 먹어보기 힘든 다양한 스위트를 생각하면 가볼 만하다.

마츠자카야 나고야 본점 松坂屋名古屋本店

MAP 4Ⓚ

위치 메이조센 야바초역 6번 출구에서 직결 주소 名古屋市中区栄 3-16-1 오픈 본관 10:00~20:00(매장마다 다름) 전화 052-251-1111 홈피 www.matsuzakaya.co.jp

1611년 포목점으로 시작하여 나고야를 거점으로 성장한 마츠자카야는 미츠코시, 마루에이와 함께 나고야의 3M으로 불리는 대표 백화점 중 하나였다. 본관을 중심으로 북관과 남관, 총 세 개의 건물로 구성되어 있는데, 매장 면적만으로는 일본 최대 규모를 자랑한다. 세 건물의 중심에 위치하고 있는 본관은 여성 패션용품을 중심으로 세련된 브랜드들이 많이 들어와 있어 언제나 많은 손님들로 북적거린다. 가족 여행이라면 본관 5층은 꼭 들러보도록 하자. 너무나도 귀여운 아이템들로 무장한 포켓몬 센터와 디즈니 스토어가 있어 아이들이 좋아하는 캐릭터에게서 눈을 떼지 못하며 방방 뛰는 모습을 볼 수 있다. 남관은 4층부터 6층까지 요도바시카메라 매장이 자리 잡고 있어 전자제품을 좋아하는 여행자들이 많이 들르는 곳이다. 북관은 리모델링하여 마츠자카야 젠타라는 남성복 중심의 백화점으로 2016년 4월 21일에 새롭게 오픈했다. 젊은층뿐만 아니라 꽃중년을 위한 멋진 패션 브랜드가 대거 입점해 남성들에게 큰 인기를 얻고 있다.

갭 GAP

MAP 4Ⓚ

위치 사카에역 6번 출구에서 도보 10분 주소 名古屋市中区栄 3-27-13 오픈 10:00~21:00 전화 052-269-3722 홈피 www.gap.co.jp

1969년 미국에서 설립된 이후 꾸준히 성장하여 지금은 전 세계 3,100개 지점을 보유한 미국의 대형 스파 브랜드. 미국에선 큰 부담 없는 가격에 무난한 품질의 옷을 판매하는 의류점으로 알려져 있다. 청바지를 비롯해 티셔츠와 셔츠, 니트 등 기본적인 패션아이템을 두루 취급하는 갭 사카에점은 야바초역 주변의 대표적인 쇼핑몰 나고야 파르코와 마츠자카야 나고야 본점, 나디아파크 사이에 위치하고 있어 쇼핑몰을 돌아다니는 중간에 살펴보기 좋다. 야바초역과 도보 5분 거리에 위치하고 있어 역으로 가기 전 마지막으로 둘러보기에도 좋다. 한국에도 갭 매장이 있지만 비싸다는 평가가 많은 반면, 이곳 갭 매장은 가격도 비교적 저렴하고 상품 세일도 자주하므로 오면가면 들러보는 것도 괜찮다.

나디아파크 ナディアパーク

MAP 4Ⓖ

위치 메이조센 야바초역 6번 출구에서 도보 5분 주소 名古屋市中区栄 3-18-1 오픈 10:00~18:00, 토 · 일요일 10:00~21:00(매장마다 다름) 전화 052-265-2199 홈피 www.nadyapark.jp

젊은층이 즐겨 찾는 인기 쇼핑몰. 12층 규모의 디자인 센터 빌딩과 23층 규모의 비즈니스 센터 빌딩이 나란히 자리 잡고 있는 트윈 빌딩으로, 각 건물의 특성에 맞는 매장이 들어서 있다. 나고야의 최신 유행을 선도하는 전문 상점가 크레아레 クレアーレ, 인테리어용품과, 생활잡화의 보고 로프트 나고야 ロフト名古屋, 대형 서점 체인 준쿠도 ジュンク堂, 우리나라에서도 인기가 높은 아웃도어 브랜드 몽벨 등 다양한 점포가 모두 이곳에 모여 있다. 주변에 워낙 쟁쟁한 쇼핑몰이 많아서 사람이 상대적으로 적은 것이 장점이라면 장점.

Zoom in

로프트 나고야
ロフト名古屋

위치 비즈니스 센터 빌딩 지하 1층~6층 오픈 10:30~20:00 전화 052-219-3000 홈피 www.loft.co.jp

1987년 시부야 세이부 백화점 내에 처음으로 문을 연 것이 로프트의 시초이다. 오픈 당시에는 도큐핸즈 東急ハンズ와 취급하는 상품과 고객층이 중복되는 경향이 있었지만, 인테리어용품과 생활잡화를 중심으로 상품을 구성하며 도큐핸즈와 구별되는 차별화 전략을 꾀했다. 이후 일본 전역에 점포를 내며 지금은 100개가 넘는 지점을 운영할 정도로 급성장하는 데 성공했다. 젊은 세대가 좋아할 만한 다양한 인테리어용품과 생활잡화를 취급하고 있어, 매장을 둘러보다 보면 사고 싶은 것들이 한두 가지가 아니다.

크레아레
クレアーレ

위치 디자인 센터 빌딩 지하 1층~지상 3층 오픈 11:00~20:00 전화 052-265-2108 홈피 www.creare.jp

로프트 나고야 매장과 나란히 연결되어 있는 고감도 편집숍으로, 나고야에서 유행하는 패션 아이템을 확인할 수 있는 곳이다. 매장에 따라서는 패션용품뿐만 아니라 인테리어 생활잡화도 다수 취급하고 있다. 아웃도어 브랜드 스웬 SWEN, 심플한 유럽 캐주얼 스타일을 지향하는 콰드로 quadro, 이탈리아 감성이 녹아 있는 가스 GAS 등 우리에겐 생소한 브랜드가 많지만, 일본 내에서는 인기 있는 브랜드인 만큼 견문을 넓히는 차원에서 한번 둘러볼 만하다.

묘코엔 사카에점 妙香園 栄店

MAP 4Ⓖ

위치 메이조센 야바초역 6번 출구에서 도보 5분 주소 名古屋市中区栄3-14-14 오픈 09:30~19:00 전화 052-241-0228 홈피 www.myokoen.com

1916년에 창업한 후 지금까지 오랜 전통을 자랑하는 일본 차 전문점. 쇼핑몰로 가득한 사카에 거리를 걷다보면 향기로운 차향에 이끌려 나도 모르게 발걸음을 멈추게 된다. 주변을 지나가는 다른 사람들도 비슷한 반응. 바로 나고야의 명물 차 전문점 묘코엔 때문이다. 1층으로 들어가면 친절한 점원들이 반갑게 맞이하면서 차에 대해 설명하고, 맛있는 시음용 차와 다과를 건네주기도 한다. 차를 꼭 구입하지 않더라도 전혀 상관없으니 부담없이 마시면 된다. 8층 규모의 묘코엔 빌딩 1층에서는 다양한 차를 판매하고 있으며, 3~6층은 화랑, 7층은 다실, 8층은 다목적 문화공간으로 구성되어 있다. 깊은 향이 담겨 있는 묘코엔의 간판 상품인 호지차 ほうじ茶, 일본 차 소비량의 80%를 점하고 있는 센차 煎茶를 비롯 수십 종류의 차들이 모여 있어 지인들 선물용으로 구입하기 좋다. 나고야 지하상가 선로드와 사카에 지하상가 사카에치카에도 직영점이 있다.

안도싯포텐 安藤七宝店

MAP 4Ⓚ

위치 메이조센 야바초역 5번 출구에서 도보 3분 주소 名古屋市中区栄3-27-17 오픈 10:00~18:30(토 · 일 · 공휴일 10:00~18:00) 휴무 월요일 전화 052-251-1373 홈피 www.ando-shippo.co.jp

1880년에 창업하여 140년에 가까운 전통을 간직하고 있는 칠보공예 전문점. 화려한 사카에 쇼핑 거리에서 전통 가게로 당당하게 명맥을 유지하고 있는 것은 시대를 뛰어넘는 장인정신으로 예술품을 만들기 때문일 것이다. 아담한 정원이 보이는 화사한 분위기의 실내에서는 고급 칠보공예품에서 아기자기한 액세서리까지 다양한 상품을 판매한다. 상품을 구입하면 안쪽에 있는 칠보장부 七寶藏部에서 대대로 내려오는 안도싯포텐의 귀중한 작품들을 무료로 감상할 수 있다. 다만, 브로치나 머리핀 같은 작은 액세서리 가격도 보통 2,000~3,000엔대로, 마음 편히 구매하기에는 가격이 조금 부담스럽다. 좁고 긴 골목 안쪽으로 들어가야 가게가 나오기 때문에 꼼꼼히 찾아보지 않으면 그냥 지나치기 십상이다. 입구는 갭 매장 바로 옆에 있다.

야바통 본점 矢場とん 本店

MAP 4Ⓚ

위치 메이조센 야바초역 4번 출구에서 도보 5분 주소 名古屋市中区大須3-6-18 오픈 11:00~21:00 전화 052-252-8810 홈피 www.yabaton.com

엄선한 재료와 독특한 조리 방법으로 큰 인기를 끌고 있는 나고야의 명물 먹거리 미소 카츠 전문점. 미소 카츠는 장어덮밥 히츠마부시, 된장 우동 미소니코미 우동과 함께 나고야 3대 음식으로 손꼽힌다. 나고야 사람들이 자주 먹는 술안주 중에 도테니 土手煮라는 요리가 있다. 칼칼하고 짠맛이 강한 아카미소 赤味噌로 양념한 소 힘줄을 삶아낸 요리인데, 그 국물에 쿠시카츠 串カツ(꼬치 튀김)를 찍어 먹는 것 또한 별미라 많은 사람들이 좋아했다고 한다. 그 국물을 돈카츠 소스로 활용한 것이 미소 카츠의 시초이다. 초기에는 소스가 짜고 매워 호불호가 갈리기도 했는데, 야바통은 아카미소에 부드러운 단맛을 가미하여 돈카츠와 잘 어울리는 독특한 소스를 개발하여 마침내 대중적인 입맛을 사로잡는 데 성공했다. 이후, 나고야뿐만 아니라 일본 중부 지역의 돈카츠 전문점에서는 '미소 카츠'가 없는 곳을 찾기가 힘들 정도가 되었다.

미소 카츠는 강한 맛을 좋아하는 우리나라 사람들 입맛에도 잘 맞는 편이다. 야바통 미소 카츠의 인기 비결은 돈카츠의 생명이라고도 할 수 있는 돼지고기와 비전 소스. 고구마를 먹어 맛 좋기로 유명한 가고시마산 흑돼지, 1년 이상 숙성한 천연 아카미소를 사용하여 창업 당시의 맛을 지키고 있다. 대표 메뉴는 풍성한 볼륨감을 자랑하는 와라지 돈카츠 わらじとんかつ(1,600엔), 철판 위 양배추와 돈카츠의 조화가 돋보이는 뎃판 돈카츠 鉄板とんかつ(1,700엔).

야마모토야소혼케 본점 山本屋総本家 本店

MAP 4Ⓕ

위치 메이조센 야바초역 4번 출구에서 도보 7분 주소 名古屋市中区栄3-12-19 오픈 11:00~15:00, 17:00~22:00(토·일·공휴일 11:00~22:00) 휴무 부정기 휴무 전화 052-241-5617 홈피 yamamotoya.co.jp

1925년에 창업한 나고야 명물 미소니코미 우동의 본가. 미소니코미 우동은 최상급 아카미소 赤味噌와 닭고기, 파, 두꺼운 면을 함께 끓여낸 독특한 우동으로 나고야 여행에서 빼놓을 수 없는 먹을거리이다. 야마모토야소혼케의 우동 면은 첨가제를 일절 사용하지 않고 오로지 밀가루와 물로만 만든 생면이기 때문에 밀가루면 본연의 맛과 다소 거칠지만 생생한 식감이 살아있다. 국물은 가쓰오부시, 표고버섯, 다시마로 만든 육수에 오카자키와 나고야의 전통 미소를 최적의 비율로 섞은 아카미소를 넣고 진득하게 끓여내 부드러우면서도 깊은 맛이 난다. 처음에는 두툼하고 단단한 생면이 어색할 수도 있지만, 시간이 지나 국물과 조화를 이루면 나고야 명물로서의 가치를 느낄 수 있을 것이다. 인기 메뉴는 닭고기와 달걀이 들어간 오야코니코미 우동 親子煮込うどん(1,598엔). 뚝배기에서 부글부글 끓고 있는 우동 위에 명품 닭고기 나고야코친과 달걀이 떠 있고 부담스럽지 않은 진한 미소향이 식욕을 자극한다. 다소 독특한 우동이라 호불호가 명확하게 갈리겠지만, 나고야에 온 이상 한 번쯤 도전해볼 가치가 있다. 가격이 부담된다면 보통 니코미 우동 普通煮込うどん(1,004엔)을 주문하자.

미센 야바초점 味仙 矢場店

MAP 4Ⓚ

위치 메이조센 야바초역 4번 출구에서 도보 8분 주소 名古屋市中区大須3-6-3 오픈 11:30~14:00, 17:00~25:00(토·일요일 11:30~15:00, 17:00~25:00) 전화 052-238-7357 홈피 www.misen.ne.jp

타이완 라멘이 나고야의 명물 음식 리스트에 이름을 올린 데에는 사연이 있다. 타이완의 단자면 担仔麵을 일본 사람 입맛에 맞게 바꾸어 메뉴로 내놨는데, 강렬한 맛을 좋아하는 나고야 사람들의 입맛을 제대로 저격하며 대성공을 거둔 것. 미센의 인기 메뉴는 타이완 라멘 台湾ラーメン(680엔)과 차항 チャーハン(550엔). 매운맛을 즐기는 우리나라 사람에게도 안성맞춤인 칼칼한 중화풍 라멘과 불맛이 살아있는 볶음밥의 조화는 즐거운 한 끼 식사로 부족함이 없다. 식사량이 적은 사람들을 위한 미니 타이완 라멘(380엔), 미니 차항(330엔)도 있다. 가게 분위기가 다소 어수선하고 직원들이 여느 일본 가게보다 무뚝뚝하지만, 매콤하고 거친 국물이 당길 때 가면 좋다.

후시미역 주변

화려한 쇼핑몰이 많은 사카에역과는 달리 과학관과 미술관 등 문화시설과 도심 속의 휴식 공간인 시라카와 공원이 있어, 조용하고 여유롭게 산책하듯 여행을 즐길 수 있다. 주변 직장인들에게 인기 있는 맛집도 많으므로 하나하나 찾아다니는 재미가 쏠쏠하다.

나고야시 과학관 名古屋市科学館

MAP 4①

위치 히가시야마센 · 츠루마이센 후시미역 5번 출구에서 도보 5분 주소 名古屋市中区栄2-17-1 오픈 09:30~17:00 휴무 월요일, 셋째 금요일, 연말연시 요금 어른 800엔, 대학 · 고등학생 500엔, 중학생 이하 무료 전화 052-201-4486 홈피 www.ncsm.city.nagoya.jp

시라카와 공원 내에 자리 잡고 있는 나고야시 과학관은 나고야 시정 70주년 기념사업의 일환으로 오픈했다. 1962년 11월 3일에 플라네타륨을 메인으로 한 천문관이 처음 문을 연 후 2년 뒤인 1964년 물리 · 원리 · 기술이라는 세 가지 테마를 중심으로 전시를 진행하는 이공관이 개관했다. 이후 1989년 4월 29일에는 생명 · 생활 · 환경을 테마로 한 생명관이 개관해 명실상부 종합박물관으로 자리 잡았다.

과학의 원리를 실제 체험과 실험을 통해 이해하기 쉽게 만들어놓은 전시관도 볼만하지만, 나고야시 과학관을 소개하면서 일본 최대 규모를 자랑하는 플라네타륨 planetarium(반구형 천장에 별자리나 행성 등을 투영시켜 보여주는 장치)을 빼놓을 수는 없다. 매달 다른 테마로 진행되는 플라네타륨의 이벤트는 별자리 신화를 소개하는 것 외에도 그 달의 천문 현상이나 우주의 팽창, 블랙홀 등 누구나 쉽게 흥미를 가질 수 있는 주제를 CG와 영상기구를 통해 생생하게 보여준다. 참고로, 나고야 1일 승차권, 도니치에코 승차권, 메구루버스 1일 승차권을 보여주면 입장료의 10%를 할인해준다.

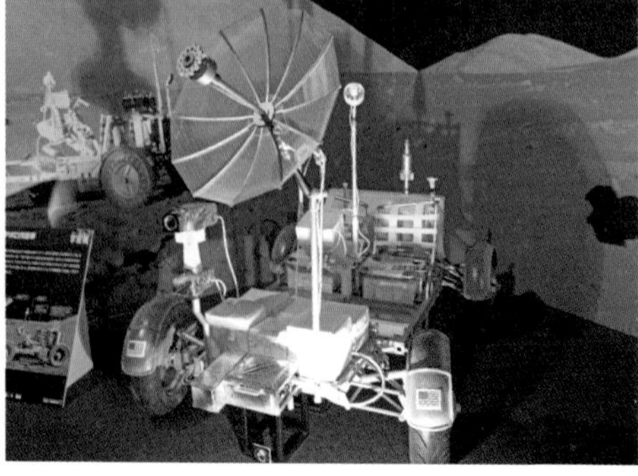

나고야시 미술관 名古屋市美術館

MAP 4Ⓙ

위치 히가시야마센 · 츠루마이센 후시미역 5번 출구에서 도보 7분 주소 名古屋市中区栄2-17-25 오픈 09:30~17:00(금요일 09:30~20:00) 휴무 월요일, 미술관 지정 휴관일(홈페이지 확인 필수) 요금 어른 300엔, 대학 · 고등학생 200엔, 중학생 이하 무료 전화 052-212-0001 홈피 www.art-museum.city.nagoya.jp

1983년 지역 미술 문화 활동을 발전시키기 위해 설립한 근대 미술관. 일본을 대표하는 나고야 출신 건축가 구로카와 기쇼 黒川紀章가 설계한 미술관 내에는 에콜 드 파리 · 멕시코 르네상스 · 현대미술의 세 가지 테마로 국내외의 현대미술과 향토미술 작품 약 3,900점을 소장하고 있다. 에콜 드 파리는 20세기 초반 예술의 도시 파리에 모인 외국인 작가와 주변 프랑스 작가의 작품을 소개하고, 멕시코 르네상스는 혁명에 흔들렸던 20세기 초반 멕시코의 근대 미술 작품을 수집하여 보여준다. 미술관 주변에는 작은 연못과 멋진 조각들이 있어 사진을 찍거나 잠시 쉬어가기에 좋다.

시라카와 공원 白川公園

MAP 4Ⓘ

위치 히가시야마센 · 츠루마이센 후시미역 5번 출구에서 도보 5분 주소 名古屋市中区栄2 오픈 24시간 전화 052-261-6641

수많은 쇼핑몰로 북적거리는 사카에 지역에서 빌딩숲이 아닌 초록의 물결로 뒤덮인 도심 속 휴식 공간이 있다. 나고야시의 중심지 사카에 쇼핑 거리에서 느긋하게 걸어도 10여 분이면 도착할 수 있는 나고야 시민들의 안식처, 시라카와 공원이 바로 그곳이다. 도심 공원이라 아주 넓지는 않지만 신록이 풍부한 산책길과 넓은 운동장, 그리고 가족 여행자들이 즐겨 찾는 나고야시 과학관과 나고야시 미술관이 있어 가벼운 마음으로 쉴 수 있다. 아무 생각 없이 편하게 앉아 있거나, 시원한 그늘 아래에서 맛있는 간식을 먹거나, 초록 숲길 사이로 가볍게 산책할 수 있는, 공원 본연의 기능이 충실한 곳이기 때문에 쇼핑에 지쳤을 때 잠시 들르면 금세 생기를 되찾는다. 주말이면 공원 내 운동장에서 콘서트나 장터 등 다양한 이벤트를 개최할 때도 있으니, 일정만 맞으면 둘러봄직하다.

더 컵스 후시미점 THE CUPS FUSHIMI

MAP 4Ⓐ

위치 지하철 후시미역 1번 출구에서 도보 3분 주소 名古屋市中区錦2-14-1 X-ECOSQ. 1F · 2F 오픈 08:00~23:00, 토요일 10:00~23:00, 일 · 공휴일 10:00~19:00 휴무 연중무휴 전화 052-209-9090 홈피 cups.co.jp

핸드드립 커피는 물론 달콤한 프랑스 디저트 카눌레 Canelé로 유명한 분위기 좋은 식당 겸 카페. 후시미와 사카에, 그리고 메이에키 세 개 지점을 운영하며, 파스타와 리소토 risotto, 그리고 와인을 판매하는 레스토랑 하이볼 카페 Habor Cafe도 있다. 카페는 외관과 내관 모두 포토제닉한 인테리어로 꾸미고 있으며, 커피 잔과 접시도 정갈해, 주문한 커피와 음식을 앞에 두고 사진 찍기 삼매경에 빠지게 만든다. 후시미점은 커피뿐만 아니라 프라페 등 다양한 음료도 취급한다. 오전 10시부터 오후 3시까지 점심시간에는 런치 메뉴 베지워크스 VEGE Works를 주문할 수 있다. 가격은 사이즈에 따라 스몰 사이즈 864엔, 레귤러 사이즈 1,080엔, 라지 사이즈 1,296엔이다.

시마쇼 島正

MAP 4Ⓔ

위치 히가시야마센 · 츠루마이센 후시미역 4번 출구에서 도보 3분 주소 名古屋市中区栄2-1-19 오픈 17:00~22:00 휴무 토 · 일 · 휴일 전화 052-231-5977 홈피 shimasho.biz

1949년에 개업한 역사 깊은 도테야키 どて焼き 전문점. 도테야키는 소 힘줄, 무, 오뎅 등을 미소국에 조린 음식인데, 미소를 사랑하는 나고야 사람들은 도테야키를 미소 오뎅이라고도 한다. 시마쇼의 도테야키는 아이치현 특산품인 핫쵸미소 八丁味噌를 사용하는 것이 특징이다. 핫쵸미소는 쌀이나 보리가 아니라 오로지 대두만으로 만든 아카미소로 염분이 적고 맛이 담백하기 때문에 조림 요리와 잘 어울린다.

나고야 사람들이 술안주로 워낙 많이 먹는 메뉴라 매장은 언제나 많은 사람들로 북적인다. 매장이 크지 않기 때문에 기다리지 않으려면 조금 서두르는 것이 좋다. 인기 메뉴는 두부, 곤약, 삶은 달걀, 토란, 무, 소 힘줄이 함께 나오는 도테야키 모리아와세 どて焼き盛り合せ(1,296엔). 혼자서 소주 한 병은 즐겁게 먹을 만한 양이다. 시원한 생맥주와 함께 먹어도 그만이다. 조금 더 먹고 싶다면 가장 맛있게 먹은 것 중에서 취향대로 단품을 골라 주문을 하면 된다. 참고로, 여느 이자카야처럼 기본 안주가 나오고 자릿값 명목으로 인당 500엔이 따로 붙는다.

야마모토야 본점 山本屋本店

MAP 4Ⓕ

위치 히가시야마센 · 츠루마이센 후시미역 5번 출구에서 도보 7분 주소 名古屋市中区栄2-14-5 오픈 11:00~03:00 전화 052-201-4082 홈피 www.yamamotoyahonten.co.jp

야마모토야소혼케와 함께 나고야 명물 미소니코미 우동의 양대 산맥. 미소, 닭고기, 달걀, 파, 두꺼운 면 등 기본적으로 들어가는 것은 거의 동일하기 때문에, 맛도 큰 차이가 없다고 보면 된다. 나고야 사람들 사이에서도 두 음식점의 미소니코미 우동에 대해 의견이 분분하다. 굳이 정리하자면 칼칼하고 강한 맛을 원한다면 야마모토야소혼케, 담백하고 부드러운 맛을 원한다면 야마모토야 본점을 선호하는 것으로 나뉜다. 하지만, 사람에 따라서 크게 맛의 차이를 느끼지 못하는 경우도 있으므로 어느 쪽을 가더라도 큰 문제는 없다. 단, 야마모토야 본점에서는 배추와 무, 오이 등으로 만든 절임 반찬을 제공한다는 점이 다르다. 국물이 아무리 담백하다고 해도 기본 재료가 미소인 만큼 맛이 강할 수밖에 없다. 이때 절임 반찬은 적절한 사이드 메뉴가 된다. 인기 메뉴는 명품 닭고기가 들어간 나고야코친이리 미소니코미 우동 名古屋コーチン入り味噌煮込うどん(1,836엔). 일반 미소니코미 우동은 1,026엔으로 야마모토야소혼케보다 살짝 비싸다.

샤치이치 니시키도리후시미점 鯱市 錦通伏見店

MAP 4Ⓔ

위치 지하철 후시미역 1번 출구에서 바로 주소 名古屋市中区錦2-16-21 GS伏見センタービル 1F 오픈 11:00~15:00, 18:00~23:00(토 · 일 · 공휴일 11:00~15:00, 17:30~22:00) 휴무 연중무휴 전화 052-223-2531 홈피 www.syachi-ichi.com

나고야의 명물 카레 우동과 미소니코미 우동을 결합하는 데 성공한 맛집. 2013년 4월 오픈한 샤치이치는 나고야 명물 미소니코미 우동으로 유명한 야마모토야 본점의 자매점이다. 야마모토야 본점의 맛에 대한 열정과 비법을 이어 받은 샤치이치는 남다른 면과 육수, 카레 맛을 자부한다. 장인이 계절과 기후 등을 고려하고 애정을 담아 반죽한 생면, 직접 공수하는 신선한 가쓰오부시를 사용한 육수에 닭 뼈와 조미료를 조합해 깊은 맛을 내는 국물, 그리고 각종 향신료와 볶음 양파 등을 윤기가 나올 때까지 가마솥에서 푹 끓여 만드는 특제 카레의 궁합은 꽤나 훌륭하다. 가장 인기 있는 메뉴는 규스지 카레니코미 우동 牛スジカレー煮込みうどん(1,280엔)이다. 일본 정통 방식으로 푹 삶아낸 소 힘줄을 넣고 만든 카레 미소니코미 우동으로 일반적인 카레 우동보다 훨씬 진하고 강렬하다. 무엇보다 카레 우동이 담기는 뚝배기가 시선을 사로잡는다. 우동을 색다르게, 또 마지막까지 따듯하게 먹을 수 있도록 가마에서 구운 뚝배기를 사용한다. 또, 회색 벽돌과 커다란 주황색 간판으로 꾸민 외관은 강렬하고, 벽돌로 만든 바닥과 바 테이블, 나무를 활용해 꾸민 매장 내부는 고풍스러운 인테리어 감각이 엿보인다.

가볍게 즐길 수 있는 디저트 천국

사카에 지하상가

나고야역만큼 규모가 크진 않지만 사카에역에도 많은 사람들이 이용하는 지하상가가 있다. 사카에역을 중심으로 모리노치카가이와 센트럴파크 그리고 사카에치카가 옹기종기 모여 있는데, 쇼핑은 물론 맛집, 카페, 약국 등 다양한 분야의 숍이 들어와 있어 가볍게 둘러보기에 좋다. 사카에역 주변으로 지상에 있는 대형 쇼핑몰에 비교하면 사카에 지하상가는 다소 부족함이 있지만, 유명한 음식점과 카페, 간단하게 주전부리를 즐길 수 있는 디저트 전문점 등 잘 찾아보면 괜찮은 곳들이 제법 있다.

모리노치카가이 森の地下街

사카에역 중앙 개찰구를 중심으로 남북으로 뻗어 있는 작은 지하상가. 북쪽으로는 센트럴파크, 남쪽으로는 사카에치카와 미츠코시 나고야사카에점으로 이어져 있다. 카페와 디저트 전문점, 음식점, 쇼핑숍, 약국 등 다양한 매장이 모여 있다.

비 드 프랑스
VIE DE FRANCE

위치 사카에역 동쪽 개찰구 바로 옆. 모리노치카가이 미나미니반가이 南二番街 오픈 07:00~21:00(일 · 공휴일 07:00~20:30) 전화 052-951-7811 홈피 www.viedefrance.co.jp

우리나라의 파리바게트를 연상시키는 베이커리 체인점. 워낙 지점이 많아 일본 어디를 가든 자주 볼 수 있지만, 나고야에는 다른 지역과는 다른 특별함이 있다. 오전 7시에서 11시 사이 단돈 390엔으로 커피와 토스트(샌드위치), 그리고 삶은 달걀을 함께 먹을 수 있는 모닝 세트를 판매한다. 나고야 사람들이 워낙 커피를 좋아하기 때문일까, 다른 지역에 비해 커피맛도 좋은 편이다. 무엇보다 전석 금연이라 매장 공기는 꽤 상쾌하다.

사카에치카 サカエチカ

만남의 광장으로 유명한 크리스털 광장을 중심으로 북쪽, 동쪽, 서쪽 세 갈래로 뻗어 있는 지하상가. 스카이루, 미츠코시 등과 이어져 있어 사카에역에서 해당 쇼핑몰로 갈 때 편하게 이용할 수 있다. 맛집과 디저트 전문점, 카페가 많이 모여 있어 더운 여름이나, 추운 겨울에 외부에서 쇼핑을 하다가 잠시 들어와 쉬어가기 좋다.

후와도란
ふわどらん

위치〉 사카에치카 크리스털 광장에서 동쪽으로 약 20m. 미츠코시 입구 앞 오픈〉 10:00~20:00 전화〉 052-971-3315 홈피〉 www.fuwadoran.com

창업 300년의 역사를 자랑하는 노포 료쿠치야 고레키요에서 운영하는 도라야키 전문점. 후와도란이라는 이름에서 느껴지듯, 폭신폭신한 빵이 단연 일품. 안에 들어가는 팥소는 말할 것도 없다. 들어가는 내용물에 따라 팥소(110엔), 버터팥소(110엔), 녹차(110엔), 카스타드(130엔), 레몬(130엔) 다섯 가지 종류가 있으므로 취향에 따라 고르면 된다. 매장 분위기가 화사하고 깔끔해서 음료수와 함께 먹고 가도 괜찮다.

우에시마코히텐
上島珈琲店

위치〉 사카에치카 크리스털 광장에서 북쪽으로 약 15m 오픈〉 07:30~21:00(일요일 08:00~20:00) 전화〉 052-950-2113 홈피〉 www.ufs.co.jp

1933년 고베에서 창업한 역사 깊은 커피 전문점. 나고야에서는 코메다커피와 호시노커피에 살짝 밀리는 분위기지만 명물 구리 컵에 담아주는 흑당커피의 달콤한 매력은 여전히 치명적이다. 흑설탕과 우유가 절묘한 배합으로 들어간 고쿠토미루쿠코히 黒糖ミルク珈琲(M사이즈 410엔)와 부드러운 치즈케이크 チーズケーキ 한 조각(410엔)은 쇼핑에 지친 몸에 활력을 불러일으킨다.

센트럴파크 Central Park

사카에역을 중심으로 남북을 가로지르는 지하상가. 히사야오도리 아래에 자리한다. 북쪽으로 나고야 테레비탑과 오아시스 21과 연결되어 있고 남쪽으로 계속 내려가다 보면 지상의 히사야오도리 공원으로 나가는 출구가 있다. 다른 지하상가보다 분위기가 밝고 화사한 편이고 주로 20대와 30대 여성들이 많이 찾는 보세 브랜드숍이 많다.

BRAZIL
軽車両を除く
11 - 22

AREA 03

오스
大須

오스 상점가는 관음상을 모신 오스칸논을 중심으로 아홉 개의 아케이드 상가가 동서남북으로 펴져 있는 색다른 전통 시장이다. 엣지 있는 구제숍과 편집숍, 100년의 역사를 가진 전통 과자점과 저렴하면서도 맛있는 명물 길거리 음식 등. 다채로운 경험을 선사하는 오스 상점가에선 대형 쇼핑몰이 밀집한 사카에와는 또 다른 매력을 느낄 수 있다.

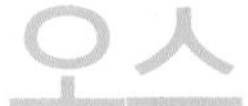

오스
이렇게 여행하자

가는 방법

오스는 지하철 츠루마이선 오스칸논역 또는 가미마에즈역에 내려 도보로 갈 수 있다. 오스칸논역 2번 출구로 나와 오스칸논 사원을 먼저 둘러본 다음 오스 상점가로 이동하는 동선이 일반적이다. 오스 상점가만 둘러볼 생각이라면, 가미마에즈역에서 곧바로 오스 상점가로 이동하여 둘러보는 편이 훨씬 편리하다.

지하철
오스칸논역
가미마에즈역

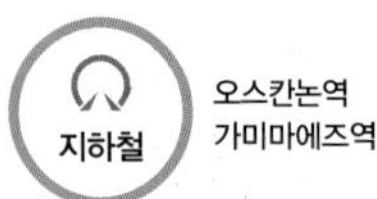

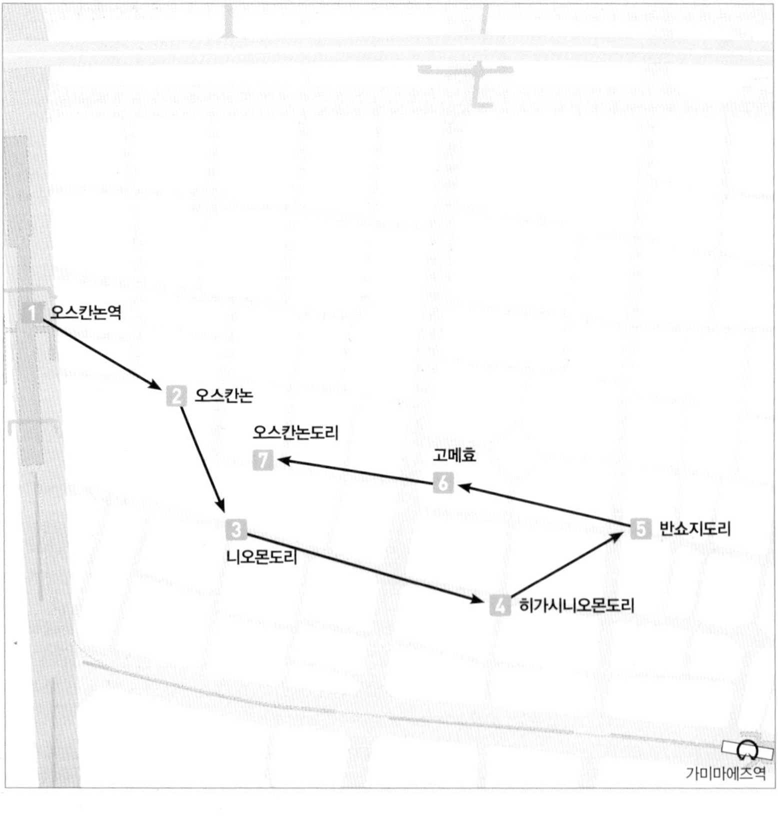
1 오스칸논역
2 오스칸논
3 니오몬도리
4 히가시니오몬도리
5 반쇼지도리
6 고메효
7 오스칸논도리
가미마에즈역

여행 방법

오스 여행의 핵심은 오스 상점가를 둘러보는 것이다. 오스 상점가의 규모가 워낙 크고 볼거리가 많아서 반나절은 투자해야 여유 있게 둘러볼 수 있다. 마음을 사로잡는 숍을 발견하여 천천히 둘러본다면, 시간은 더 늘어날 수 있다. 길거리 음식, 패션 편집숍, 전통 가게, 구제 명품숍, 장난감 가게 등 손으로 꼽기도 힘들 만큼 재미있는 가게들이 총 아홉 개의 아케이드 상가에 빼곡하게 들어서 있기 때문이다. 시간 여유가 많지 않다면 동서를 가로지르는 핵심 상가 네 곳만 가볍게 둘러보자. 그래도 전통 상가의 정취를 느끼기에는 충분하다.

1 오스칸논역

➤ 도보 2분

2 오스칸논 p.132

➤ 도보 2분

3 니오몬도리 p.134

▼ 도보 1분

4 히가시니오몬도리 p.136

◀ 도보 3분

5 반쇼지도리 p.137

◀ 도보 1분

6 고메효 p.137

▼ 도보 2분

7 오스칸논도리 p.138

TIP 오스 상점가 지도 구하기

자세한 상가 지도는 오스칸논과 니오몬도리 입구 사이에 있는 파출소에서 얻을 수 있으므로 여행을 시작하기 전에 미리 챙기도록 하자. "스미마셍. 쇼텐가이노 맙푸 아리마스까?"라고 물어보면 된다.

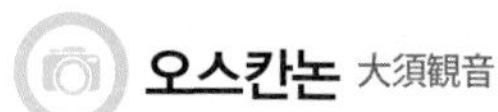

오스칸논 大須観音

MAP 5Ⓔ

위치 〉 츠루마이센 오스칸논역 2번 출구에서 도보 5분 주소 〉 名古屋市中区大須2-21-47 오픈 〉 24시간 전화 〉 052-231-6525
홈피 〉 osu-kannon.jp

관음보살을 모시는 사원. 원래는 기후현 하네시마시에 있었는데, 도쿠가와 이에야스의 명에 따라 현재의 위치로 이축했다. 관음의 자비와 천신의 지혜를 얻을 수 있다고 하여, 세츠분 節分 행사 때에는 전국에서 수많은 참배객들이 모인다고 한다. 경내에는 국보 네 점과 중요문화재 약 40점 등 귀중한 자료들도 세법 많다. 그리고 자료만큼 비둘기가 유난히 많은 것도 특징이다. 다만, 도심에 있는 사원이라 규모가 크지 않아 웅장한 볼거리를 기대하면 실망할지도 모른다. 오스칸논역에서 상점가로 들어가는 길목에 자리 잡고 있으므로 잠깐 둘러보는 것으로 충분하다.

오스 상점가 大須商店街

위치 〉 츠루마이센 오스칸논역 2번 출구에서 도보 10분 홈피 〉 www.osu.co.jp

오스칸논역과 가미마에즈역 사이에 있는 거대한 아케이드 상가. 400년 전 오스칸논이 오스 지역으로 이전하면서 자연스럽게 주변에 테라마치 寺町가 형성되기 시작했는데, 그때 함께 생겨난 것이 오스 상점가이다. 동서남북, 정방형으로 뻗어 있는 길에 총 아홉 개의 상점가가 들어서 있으며, 가게 수는 무려 1,200개에 이른다. 하나하나 제대로 둘러보려면 하루를 온전히 투자해도 부족할 정도. 자기 취향에 맞는 곳들만 선별해서 구경하고, 아닌 곳들은 과감하게 지나치는 선택과 집중이 필요하다. 도중에 맛있는 간식거리를 파는 가게도 많이 있으므로 부지런히 움직이며 맛보자.

오스 상점가 MAP

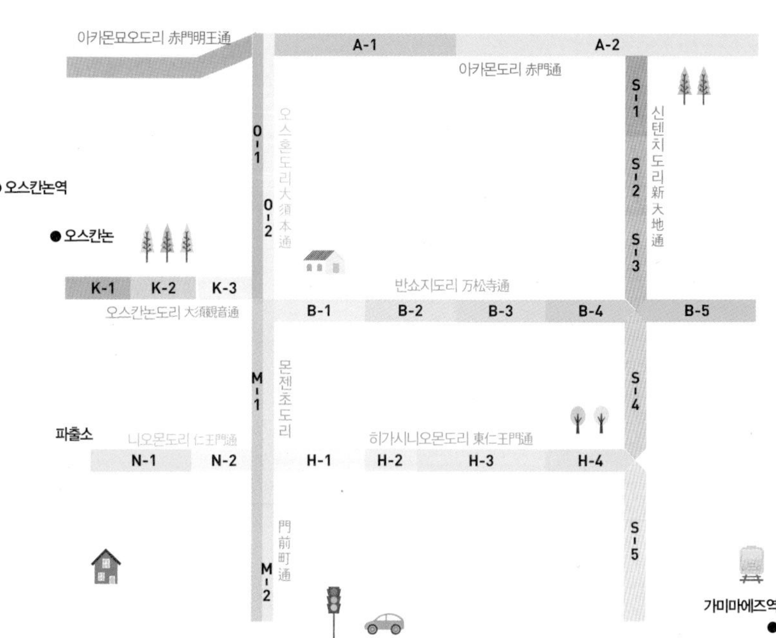

TIP 오스 상점가에서 길찾기

상가를 다니다 보면 바닥이나 기둥에서 N-1, B-5와 같은 표식이 쓰여 있는 표지판을 볼 수 있다. 상가 규모가 워낙 크다 보니 구역을 조금 더 세분화해서 나눈 것으로, 앞의 알파벳은 상가 이름의 첫 글자를 딴 것이다. 예를 들어, N-1은 니오몬도리의 1구역, B-5는 반쇼지도리의 5구역을 뜻한다. 표식을 잘 확인하면 자기가 현재 어디에 있는지 쉽게 알 수 있고, 가게를 찾아가기도 편리하다.

N 니오몬도리 仁王門通

아오야기우이로
青柳ういろう

위치 니오몬도리 N-1 주소 名古屋市中区大須2-18-50 오픈 10:00~18:30 휴무 수요일 전화 052-231-0194 홈피 www.aoyagiuirou.co.jp 지도 MAP 5Ⓔ

메이지 12년에 창업한 전통 화과자 전문점. 쇼와 6년 3대째 사장이 나고야역 구내매점과 이곳에서 아오야기우이로를 판매하면서 나고야 명물로 이름을 알리게 되었다. 우이로 ういろう란 쌀가루에 흑설탕 등을 넣어 찐 화과자를 말한다. 창업한 지 130년이 지났지만 여전히 변하지 않는 맛으로 나고야를 여행하는 사람들에게 즐거움을 주고 있다.

세리아
Seria

위치 니오몬도리 N-1 주소 名古屋市中区大須2-18-42 오픈 10:00~20:00 전화 052-265-7360 홈피 www.seria-group.com 지도 MAP 5Ⓔ

오스 상점가에서 알아주는 생활용품점. 모든 물품을 단일 가격 100엔에 판매하는 100엔숍으로, 생각보다 괜찮은 물건들이 많아 인기가 높다. 같은 100엔숍인 다이소는 중국제 상품이 대부분인 반면, 세리아는 일본 현지에서 제작한 상품이 많아 상대적으로 품질이 뛰어나다. 일상에서 사용하는 거의 모든 제품을 판매하고 있으며, 독특한 아이디어와 센스 있는 디자인으로 무장한 생활용품이 많아 쇼핑이 즐겁다.

다루마야
だるまや

위치 니오몬도리 N-1 주소 名古屋市中区大須2-18-41 오픈 10:00~19:00 휴무 수요일 전화 052-231-5976 홈피 darumaya-toys.com 지도 MAP 5Ⓕ

남녀노소 모두 즐거운 장난감 가게. 가면 라이더, 울트라맨 등 중장년층이 추억할 수 있는 캐릭터에서 포켓몬, 원피스, 블리치 등 요즘 젊은층이 좋아하는 캐릭터까지 세대를 아우르는 상품들을 구비하고 있어 누구든 재미있게 둘러볼 수 있는 공간이다. 가게 규모가 크지는 않지만 진열장마다 다양한 상품이 빼곡하게 들어 있으므로 잘 찾아보면 의외로 취향을 저격하는 물건을 구입할 수 있다.

츠키지 긴다코
築地銀だこ

위치 니오몬도리 N-2 주소 名古屋市中区大須2-17-20 오픈 10:30~19:30 전화 052-219-8581 홈피 www.gindaco.com 지도 MAP 5Ⓙ

명품 타코야키 전문점. 1991년 창업 당시부터 변하지 않는 맛으로 전국적인 호응을 얻고 있다. 좋은 재료를 엄선해서 만든 타코야키 반죽을 '콜레스테롤 제로' 오일에 튀겨내 맛과 영양 모두 만족하는 간식거리로 업그레이드했다. 우리나라에도 지점이 들어와 있지만, 본토에서, 그것도 전통 상점가에서 먹는 맛은 각별하다. 기본 타코야키가 6개 470엔, 치즈와 파, 달걀 등 토핑이 들어간 타코야키는 6개 550엔이다.

긴노안
銀のあん

위치 니오몬도리 N-2 주소 名古屋市中区大須2-17-20 오픈 10:00~19:30 전화 052-209-9151 홈피 www.ginnoan.com 지도 MAP 5Ⓙ

츠키지 긴다코와 나란히 있는 붕어빵 타이야키 たい焼き 전문점. 기본 타이야키도 맛있지만, 긴노안의 인기 메뉴는 크루아상 타이야키 クロワッサンたい焼(1개 210엔). 스물네 겹으로 켜켜이 층을 낸 크루아상 안에 홋카이도산 팥으로 만든 달콤한 팥소를 넣고 강력한 화력으로 구워내 바삭하면서도 부드러운 식감이 일품이다. 팥소 대신 카스타드 크림을 넣은 타이야키도 있으니 취향대로 선택하면 된다.

니이스즈메 본점
新雀本店

위치 니오몬도리 N-2 주소 名古屋市中区大須2-30-12 오픈 14:00~19:30 휴무 수요일 전화 052-221-7010 지도 MAP 5Ⓙ

일본의 대표적인 전통 떡, 당고로 유명한 맛집. 달인의 풍모가 느껴지는 주인장이 끊임없이 숯불에 당고를 구워내는 모습과 코를 자극하는 맛있는 냄새는 오가는 사람들의 발길을 잡아두기에 충분하다. 메뉴는 미타라시 당고 みたらし団子(1꼬치 90엔)와 기나코 당고 きなこ団子(1꼬치 90엔) 두 가지. 미타라시 당고는 전통 간장 소스를 발라 구워낸 짭짤한 맛이고, 기나코 당고는 콩가루를 뿌려 구워낸 달콤한 맛이다.

메가 케밥 오스 3호점

Mega Kebab 大須 3 号店

위치 히가시니오몬도리 H-2 주소 名古屋市中区大須3-36-36 오픈 10:30~21:00(토 · 일요일 10:00~22:00) 전화 052-265-7883 홈피 megakebab.com 지도 MAP 5Ⓚ

나고야에서 위세를 떨치고 있는 케밥 체인점. 갓 구워낸 고기와 신선한 채소, 매콤한 소스가 제대로 어우러져 제대로 된 터키 케밥의 진수를 보여준다. 인기 메뉴는 컵 케밥 カップケバブ(닭고기 500엔, 소고기 600엔). 맛도 맛이지만, 테이크아웃해서 들고 다니면서 먹기 편해서 좋다. 터키 아이스크림도 350엔에 절찬리에 판매되고 있다. 제대로 된 식사 메뉴도 다양하게 있으므로, 가볍게 한 끼 식사를 할 때도 유용하다.

코로 마크

CORO MARK

위치 히가시니오몬도리 H-2 주소 名古屋市中区大須3-41-10 오픈 11:00~20:00 전화 052-262-1023 지도 MAP 5Ⓚ

세련된 구제 의류와 가방, 액세서리를 판매하는 인기 구제숍. 20대에서 30대까지 다양한 연령층을 커버하는 상품들이 많은 것이 특징이다. 개성 넘치는 실내에는 시대의 흐름을 뛰어넘는 셔츠와 점퍼, 독특한 스타일의 구두와 운동화 등 다양한 상품들이 진열되어 있어 제법 보는 재미가 있다. 가끔씩 상품을 평소보다 저렴하게 판매하는 특별 할인 행사를 진행하므로 매장 앞을 지나며 내부를 살짝 살펴보도록 하자.

오스 마네키네코

大須まねき猫

위치 히가시니오몬도리 H-4 주소 名古屋市中区大須3-31-42 지도 MAP 5Ⓚ

오스 상점가의 상징적인 존재로 시장의 번영과 발전을 위해 지은 마네키네코 동상. 마네키네코는 어느 쪽 손을 들고 있느냐에 따라 의미가 달라진다. 왼손을 들고 있으면 사람, 오른손을 들고 있으면 돈을 불러 모은다고 여긴다. 동상 주변에는 만남의 장소로 사용할 수 있도록 후레아이 히로바 ふれあい広場라는 작은 광장을 만들어 두었다. 다만, 광장 주변에서 담배를 피우는 사람들이 많아 비흡연자들에게는 불편한 장소.

B 반쇼지도리 万松寺通

고메효 본관

コメ兵 本館

위치 반쇼지도리 B-1 주소 名古屋市中区大須3-25-31 오픈 10:30~19:30 휴무 수요일 전화 052-242-0088 홈피 www.komehyo.co.jp 지도 MAP 5Ⓕ

신상품에서 중고품까지 없는 게 없는 만물 쇼핑몰. 연간 취급하는 상품수가 무려 150만 점에 달하는 일본 최대 규모의 리사이클 백화점이다. 본관 1층부터 6층에는 보석, 시계, 핸드백, 의류용품 등 다양한 상품을 취급하는 매장이 즐비하다. 3층에는 각종 명품 브랜드의 핸드백 매장이 몰려 있어 고메효 본관을 찾는 이들의 눈길을 사로잡는다. 언뜻 보기엔 중고품이라고는 믿기지 않을 정도로 뛰어난 품질을 자랑한다. 무엇보다 고메효는 전문 쇼핑몰과 비교해도 뒤지지 않는 상품 디스플레이가 단연 일품. 다양한 최신 상품을 둘러보기만 해도 눈이 즐겁다.

오스 301빌딩

大須301ビル

위치 반쇼지도리 B-5 주소 名古屋市中区大須3-30-60 오픈 09:00~23:00(매장마다 다름) 전화 052-242-3010 홈피 www.osu301.com 지도 MAP 5Ⓗ

쇼핑의 즐거움을 다양하게 만끽할 수 있는 복합 쇼핑몰. 1층과 2층에는 오스를 대표하는 전통 상점과 맛집, 그리고 젊은 세대들을 위한 숍까지 폭넓은 계층을 만족시킬 수 있는 다양한 상점들이 모여 있다. 또한, 3층에는 이탈리안 레스토랑, 인도요리 전문점, 메이드카페, 중화요리 전문점 등 다양한 음식점과 카페가 있어 여행자들에게 인기를 끌고 있다. 유명한 브랜드는 없지만, 한곳에서 여러 종류의 가게를 둘러볼 수 있다는 점은 매력적이다.

마츠야커피 본점

松屋コーヒー本店

위치 반쇼지도리 B-5 주소 名古屋市中区大須3-30-59 OSU301ビル1F 오픈 09:00~19:30 전화 052-251-1601 홈피 www.matsuya-coffee.com 지도 MAP 5Ⓛ

1909년 창업하여 오랜 역사와 전통을 자랑하는 커피 전문점. 일본에서 구할 수 있는 거의 모든 종류의 커피를 만나볼 수 있어 커피 마니아들에게는 더할 나위 없는 장소라 할 수 있다. 진열장에는 세계의 유명한 커피 원산지에서 공수한 커피 원두가 종류별로 늘어서 있는데, 원하는 종류를 주문하면 중량에 맞는 봉투에 담아준다. 그밖에 다양한 커피 관련 용품이나 쿠키, 캐러멜 등 맛있는 간식거리도 함께 판매한다.

토리가네쇼텐
鶏金商店

위치 오스칸논도리 K-1 주소 名古屋市中区大須2-18-5 오픈 10:00~19:00 휴무 부정기 휴무 지도 MAP 5Ⓔ

상점가에서 내로라하는 가라아게 맛집. 현지인들도 많이 찾는 가라아게 전문점으로 사람이 몰릴 때에는 번호표를 나누어 주어 순서대로 주문을 받아 음식을 제공한다. 투명 플라스틱 컵에 가라아게를 담아 판매하며, 대표 메뉴 토리가네 가라아게 鶏金唐揚げ는 한 컵에 500엔이다. 이외에 오로시폰즈 가라아게 おろしポン酢 唐揚げ(530엔), 인도풍 가라아게 インド風 唐揚げ(530엔)가 있으며, 양념치킨맛이 나는 한국풍 가라아게 韓国風 唐揚げ(530엔)도 판매한다. 가라아게 하나를 크게 한입 베어 물면 곧바로 맥주 생각이 간절해진다. 다행히 매장에서 맥주(한 잔 300엔)도 주문할 수 있으므로 곁들여보자.

수요일의 앨리스
水曜日のアリス

위치 오스칸논도리 K-1 주소 名古屋市中区大須2-20-25 오픈 10:00~20:00 전화 052-684-6064 홈피 www.aliceonwednesday.jp 지도 MAP 5Ⓕ

루이스 캐럴의 동화 〈이상한 나라의 앨리스〉를 테마로 한 액세서리 및 소품 전문점. 우선 독특한 외관이 재미있는데, 가게 안으로 들어가려면 120cm 정도 되는 앙증맞은 작은 문을 통과해야 한다. 매장에는 손수건, 거울, 목걸이, 파우치, 책, 과자 등 다양한 앨리스 관련 상품을 판매하고 있어 구경삼아 둘러보기 좋다. 단, 정말 귀엽고 괜찮은 상품도 있지만, 돈 주고 사기에는 아까운 것도 있으니 찬찬히 찾아봐야 한다.

고메효 카메라 · 악기관
コメ兵カメラ・楽器館

위치 오스칸논도리 K-2 주소 名古屋市中区大須2-19-22 오픈 10:30~19:30 휴무 첫째 · 셋째 주 수요일 전화 052-220-5524 홈피 komehyo.co.jp 지도 MAP 5Ⓕ

중고 명품 백화점 고메효의 카메라와 악기 전문점. 클래식한 필름 카메라에서 최신 디지털 카메라, 그리고 다양한 렌즈까지 수많은 종류를 보유하고 있어 사진을 좋아하는 여행자라면 그냥 지나칠 수 없는 곳이다. 다만, 중고품이라는 점을 감안했을 때 가격이 마냥 저렴한 편은 아니기 때문에 잘 알아봐야 한다. 2층의 악기 전문점에서는 어쿠스틱 기타, 일렉 기타, 타악기, 관악기 등 다양한 종류의 악기를 구경할 수 있다.

칸논커피 KANNON COFFEE

MAP 5Ⓕ

위치 〉 츠루마이센 오스칸논역 1번 출구에서 도보 5분 주소 〉 名古屋市中区大須2-6-22 오픈 〉 11:00~19:00 전화 〉 052-201-2588 홈피 〉 www.kannoncoffee.com

코메다코히텐 또는 호시노커피 등 나고야의 강력한 커피 전문점들 사이에서 자신만의 브랜드를 굳건히 구축하고 있는 카페. 그만큼 커피맛에 대한 강력한 자부심이 느껴진다. 드립 커피(400엔)는 깔끔한 아메리칸 스타일과 부드러운 산미를 강조하는 스타일, 깊이 있는 쓴맛을 부각시킨 스타일 등 종류가 다양해 자신의 입맛에 맞는 커피를 골라 마실 수 있어 인기다. 매장에서는 커피와 함께 먹을 수 있는 핫도그나 수제 쿠키 등 간단한 간식거리도 함께 판매한다.

텐무스 센주 天むす千寿

MAP 5Ⓗ

위치 〉 츠루마이센 · 메이조센 가미마에즈역 12번 출구에서 도보 5분 주소 〉 名古屋市中区大須4-10-82 오픈 〉 08:30~18:00 휴무 〉 화 · 수요일 전화 〉 052-262-0466

나고야 명물 오니기리 텐무스 天むす 전문점. 고소한 새우튀김이 들어 있는 주먹밥으로, 적당하게 간이 밴 밥과 튀김이 어우러져 환상적인 맛을 연출한다. 텐무스를 만드는데 가장 중요한 재료는 바로 쌀. 텐무스 센주에서는 미에현 이가 三重県伊賀에서 생산한 명품 쌀 고시히카리 コシヒカリ를 사용하여 밥맛을 한층 높였다. 텐무스의 가격은 5개에 756엔. 아쉬운 점은 한 끼 식사로는 다소 부족한 양이라는 것. 테이크아웃을 위주로 운영하지만, 점심시간(12:00~14:00)에는 매장에서 식사하는 것도 가능하다.

키즈랜드 오스점 キッズランド大須店

MAP 5Ⓗ

위치 〉 츠루마이센 · 메이조센 가미마에즈역 10번 출구에서 도보 7분 주소 〉 名古屋市中区大須4-2-48 오픈 〉 10:00~20:00 전화 〉 052-262-1203 홈피 〉 shop.joshin.co.jp/

비디오게임 및 프라모델을 판매하는 대형 전문점. 닌텐도 DS, 플레이스테이션3와 같은 각종 게임기와 게임 소프트, 프라모델, 피규어, 철도 모형과 에어건 등이 1층에서 5층까지 빼곡하게 진열되어 있어, 폭넓은 계층의 사랑을 받고 있다. 수많은 건담 프라모델과 관련 상품을 판매하는 2층과 3층의 피규어 매장의 인기가 특히 높다. 또한, 체험 코너에는 다양한 프로그램을 즐길 수 있는 플레이스테이션 TV도 있다.

피로가 확 풀리는 도심 속 온천

텐푸노유 天風の湯

위치〉 아오나미센 미나미아라코역 南荒子駅에서 도보 7분 주소〉 名古屋市中川区平戸町2-1-10 오픈〉 09:00~01:00 휴무〉 두번 째 화요일 요금〉 평일 550엔, 토 · 일 · 공휴일 650엔 전화〉 052-355-4126 홈피〉 www.tenpunoyu.jp

하루 종일 여기저기 돌아다니며 피곤에 지친 몸과 마음을 단숨에 씻을 수 있는 대형 온천파크. 도시에 있는 온천 시설로서는 드물게 지하 900m에서 솟아나는 천연온천수를 이용하는 것이 매력적이다. 도심에서 살짝 떨어져 있고 셔틀버스를 따로 운행하지 않아 편하게 가기는 힘들지만, 일본의 대중탕 문화를 체험해보고 싶다면 한번 가볼 만하다. 나고야역에서 출발하는 사철 아오나미센 あおなみ線을 이용하면 15분 정도 걸린다.

▶ 온천의 특성

지하 900m에서 나오는 양질의 단순천으로 저장성 低張性이자 약알칼리성이다. 온천의 효능은 신경통 및 관절염 완화, 피로회복, 건강 증진 등 다양하다. 온천탕 내부에는 사우나, 미즈부로 水風呂, 이야시노유 癒しの湯, 호구시네유 ほぐし寝湯, 에스테배스, エステバス, 전기탕 電気湯, 폭포탕 打たせ湯, 암석탕 岩風呂, 노천탕 등 크고 작은 수많은 온천탕이 있어 다양하게 온천을 즐길 수 있다.

▶ 온천 이용 방법

입구로 들어가면 먼저 신발장이 보이고 그 반대쪽에 입욕권 자동판매기가 있다. 자동판매기에는 별의별 표가 다 들어 있다. 목욕타월, 오리지널타월, 태국식 경락마사지, 아로마보디 마사지, 한국식 때밀이, 영국식 발마사지 등 텐푸노유에서 운영하는 모든 시설의 입장권을 판매한다. 당황하지 말고 제일 위쪽에 있는 입욕권 入泉券 버튼을 누르고 동전 또는 지폐를 넣고 입욕권을 뽑으면 된다. 자동판매기에서 뽑은 입욕권을 프런트에 제출하고 열쇠를 받아 2층으로 올라가면 대형 온천탕이 보인다. 다양한 온천탕이 있으니 여유를 가지고 모두 이용해보자.

▶ 주요 온천탕

- **미즈부로** 水風呂
  대중탕에서 흔히 볼 수 있는 냉탕. 사우나에서 흘린 땀을 시원하게 씻기에 좋다.
- **이야시노유** 癒しの湯
  매일 다른 약재를 활용하는 테마 약탕. 허브, 약초, 유자, 창포 등 재료가 다양하다.
- **호구시네유** ほぐし寝湯
  편안하게 누워서 즐기는 월풀 온천탕. 강력한 소용돌이 분류가 몸 전체를 자극한다.
- **에스테배스** エステバス
  경락 마사지 탕. 노즐에서 강력한 압력으로 물을 뿜어내 몸의 경락을 마사지한다.
- **덴키유** 電気湯
  저주파 전기탕. 신체에 자극이 크지 않은 저주파 전기로 피로를 풀어준다.
- **이와부로** 岩風呂
  덴푸노유에서 가장 인기가 높은 암반 노천탕. 푸른 하늘을 보며 여유롭게 쉴 수 있있다. 이와부로의 인기 비결은 100% 천연온천수를 이용한다는 점이다.
- **우타세유** 打たせ湯
  폭포처럼 떨어지는 물줄기로 시원하게 몸을 자극할 수 있는 폭포탕. 어깨 결림에 효과적이다.

NAGOYA CASTLE

AREA
04

나고야성 · 도쿠가와엔

名古屋城·徳川園

오사카성과 구마모토성에 이어 일본 3대 성으로 손꼽히는 나고야성은 나고야 여행에서 빼놓을 수 없는 볼거리다. 나고야성 주변은 시청과 구청을 중심으로 마을과 거리가 형성된 전통적인 나고야의 중심지다. 나고야성과 멀지 않은 곳에는 나고야를 대표하는 일본식 정원 도쿠가와엔도 있다. 날씨 좋은 날이면 산책하듯 둘러보자.

나고야성·도쿠가와엔 이렇게 여행하자

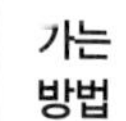

나고야성과 도쿠가와엔을 함께 둘러보려면 지하철보다는 메구루버스를 이용하는 것이 훨씬 편리하다. 메루구버스 출발지인 나고야역으로 가는 것이 불편하지 않다면, 메구루버스 1일 승차권을 구입해서 나고야성과 도쿠가와엔, 분카노미치까지 함께 둘러보자. 메구루버스는 나고야역 9번 출구로 나와 시티버스터미널 11번 승강장에서 탑승한다.

메구루버스 노선도

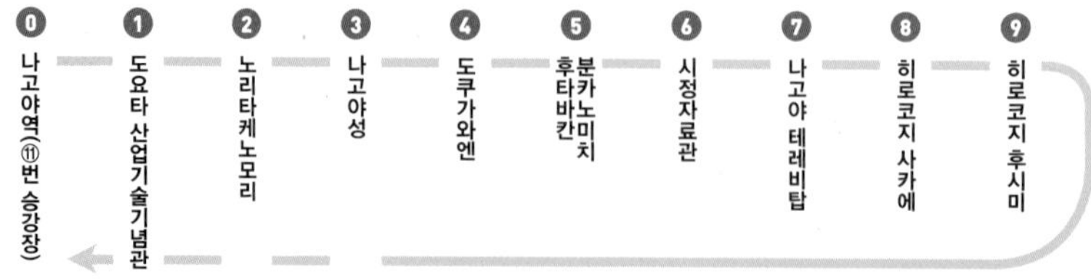

여행 방법

나고야성은 규모가 그렇게 크지 않기 때문에 한 시간 정도면 충분히 둘러볼 수 있다. 단, 성 주변에 있는 메이조 공원에서 녹음을 즐기며 산책을 하고 싶다면 시간을 조금 더 여유 있게 잡는 것이 좋다. 나고야성은 사계절 모두 개성 넘치는 풍경을 보여주지만, 약 1,600그루의 벚꽃이 만발하는 봄이 특히 아름답다. 도쿠가와엔의 주요 볼거리는 도쿠가와엔과 도쿠가와 미술관 두 곳이다. 여유 있게 걸어 다녀도 두 시간 정도면 충분하다. 취향에 따라 도쿠가와엔만 둘러봐도 되고 미술에 관심이 많다면 도쿠가와 미술관만 봐도 괜찮다. 참고로, 도쿠가와엔은 모란이 만발하는 4월 중순에서 하순 사이가 무척 빼어나다.

나고야역 11번 승강장

메구루버스 20분

1 나고야성 p.146

메구루버스 20분

2 도쿠가와엔 p.148

메구루버스 10분

3 분카노미치 후타바칸 p.152

도보 5분

4 분카노미치 슈모쿠칸 p.152

도보 3분

5 가톨릭 치카라마치 교회 p.152

도보 5분

6 나고야시 시정자료관 p.153

TIP 메구루버스 이용 팁

메구루버스로 나고야성과 도쿠가와엔, 그리고 분카노미치를 알차게 둘러보려면 미리 버스 시간표를 숙지하는 것이 좋다. 나고야역 관광안내소나 메구루버스 안에 비치되어 있는 팸플릿에 시간표가 나와 있으므로 잊지 말고 챙기도록 하자. 특히, 평일에는 자주 안 다니기 때문에 시간을 허비하지 않으려면 시간 배분을 잘 해야 한다. 메구루버스 1일 승차권이 있으면 주요 명소의 입장료 할인 혜택도 받을 수 있다.

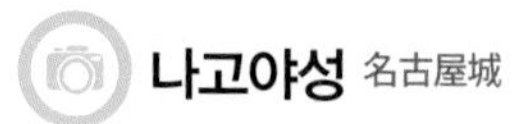

나고야성 名古屋城

MAP 6Ⓔ

위치 메이조센 시야쿠쇼역 7번 출구에서 도보 5분. 메구루버스 나고야성 정류장에서 바로 주소 名古屋市中区本丸1-1 오픈 09:00~16:30 휴무 12월 29일~1월 1일 요금 어른 500엔, 중학생 이하 무료 전화 052-231-1700 홈피 www.nagoyajo.city.nagoya.jp

오사카성, 구마모토성과 함께 일본의 3대 성으로 손꼽히는 나고야성은 명실상부 나고야를 대표하는 볼거리이다. 나고야성은 크게 혼마루 本丸와 니시노마루 西之丸, 오후케마루 御深井丸, 니노마루 二之丸 네 개 구역으로 나뉘며, 혼마루의 덴슈카쿠 天守閣와 니노마루의 정원이 나고야성의 핵심 볼거리다. 7층 높이의 나고야성 덴슈카쿠는 역대 최대 규모를 자랑하며, 에도시대 영주의 생활과 나고야성을 중심으로 형성된 성하마을 조카마치 城下町의 일상을 엿볼 수 있는 유적과 나고야성의 역사와 문화에 대한 이야기를 소개하는 전시 공간을 갖추고 있어 시간을 투자해 둘러보기에 부족함이 없다. 니노마루 정원 二の丸庭園은 명성에 비해 볼거리는 없는 편이다. 다만 이곳에 있는 다실 니노마루차테이 二の丸茶庭는 다도를 경험하고 차 한 잔의 여유를 즐기기에 괜찮다.

나고야성의 덴슈카쿠는 1612년 완공된 이후 몇 번의 지진과 화재에도 원형을 잃지 않았었지만 1945년 제2차 세계대전의 여파로 나고야성 유적 대부분과 함께 소설되었다. 1957년이 되어서야 콘크리트를 활용하여 재건 공사를 시작했고 1959년 재건 공사를 마무리했다. 하지만 2000년대부터 콘크리트 건물의 노후화와 내진 안전성 문제가 계속 지적되었고, 결국 2018년 5월 콘크리트로 재건한 덴슈카쿠를 해체하고 목조 양식으로 복원 공사를 시작했다. 목표 완공일은 2022년이며 현재 덴슈가쿠는 복원 공사로 폐쇄되어 입장이 불가능하다.

우나기키야 鰻木屋

MAP 6Ⓙ

위치 메이조센 시야쿠쇼역 2번 출구에서 도보 7분 주소 名古屋市東区東外堀町11 오픈 11:00~13:30, 17:30~18:30 휴무 일·공휴일 전화 052-951-8781

에도시대부터 대대로 전해 내려온 비법 양념으로 맛을 낸 최고의 장어덮밥 히츠마부시를 맛볼 수 있는 맛집. 최고급 비장탄을 사용해서 구워낸 장어는 숯불향이 제대로 배어 있고, 식감 또한 뛰어나다. 양념은 살짝 강한 편이지만, 밥과 함께 먹기에는 딱 알맞다. 제공된 음식을 그대로 먹는 것이 히츠마부시를 먹는 일반적인 방법이라면, 양념을 추가로 넣어 먹거나 오차즈케로 만들어 먹는 것은 우나기키야의 히츠마부시를 색다르게 즐기는 방법이다. 우나기키야의 히츠마부시 양념은 그 자체로 훌륭해서, 제공된 그대로 음미하며 먹는 경우가 많다. 대표 메뉴인 오히츠마부시 おひつまぶし(2,850엔)를 주문하면 맑은 국과 절임 반찬이 함께 나온다.

야마다야 山田屋

MAP 6Ⓙ

위치 메이조센 시야쿠쇼역 2번 출구에서 도보 7분 주소 名古屋市東区東外堀町10 오픈 11:00~15:00, 17:00~19:00 휴무 일·공휴일 전화 052-951-7789

나고야 제일의 카츠동을 맛볼 수 있는 덮밥 및 우동 전문점. 우나기키야 바로 옆에 있는 오래된 노포 老舗인데, 실내로 들어가 보면 정말 시간이 멈춘 듯 20세기 쇼와시대 음식점 같은 분위기를 느낄 수 있다.

우동, 소바, 덮밥 등 수십 가지의 메뉴가 있지만, 이 집의 대표 메뉴는 단연 카츠동 かつ丼(720엔). 잘게 썬 돈카츠 위에 살포시 올라가 있는 달걀이 고기와 융화하면서 식감을 부드럽게 잡아주고, 달콤하면서도 짭짤한 비법 양념은 밥과 돈카츠를 맛있게 이어준다. 나고야성 방문이 아니더라도 따로 찾아가볼 만한 가치가 있다.

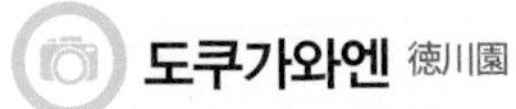

도쿠가와엔 徳川園

MAP 6Ⓗ

위치 메이테츠 세토센 모리시타역에서 도보 10분. 메구루버스 도쿠가와엔 정류장에서 바로 주소 名古屋市東区徳川町1001 오픈 09:30~17:30 휴무 월요일, 12월 29일~1월 1일 요금 어른 300엔, 중학생 이하 무료(도쿠가와 미술관 공통권은 1550엔) 전화 052-935-8988 홈피 www.tokugawaen.aichi.jp

나고야를 대표하는 일본식 정원. 오와리 尾張의 2대 번주인 미츠토모 光友가 1695년에 거처를 오조네 大曽根 부지로 옮겨온 것이 정원의 기원이다. 오조네로 거처를 옮겼을 당시 부지는 무려 13만 평에 달했고, 정원 연못에는 배를 띄워 뱃놀이를 즐겼다고 하니 예전의 규모를 지금으로서는 상상하기 어렵다. 2대 번주 미츠모토의 사후에는 여러 사람의 손을 거쳐 1889년 디시 오와리 도쿠가와 가문의 소유가 되었다. 이후 오와리 도쿠가와 가문의 저택으로 오랫동안 사용되었다. 1931년 오와리 도쿠가와 가문의 19대손인 도쿠가와 요시치카 徳川義親로부터 저택과 정원 일체를 기부 받은 나고야시에 의해 일반인이 자유롭게 드나들 수 있는 공원으로 문을 열었다. 그러나 1945년에 있었던 미군의 대대적인 공습으로 소실된 후 수십 년간 단순한 공원으로 방치되다가 2005년 일본 국제 박람회를 맞아 재정비 과정을 거쳐 2004년 11월에 다시 문을 열었다. 정원 내에는 류몬노타키 龍門の瀧를 비롯한 작은 폭포와 연못 사이를 가로지르는 다리 등 아기자기한 산책로를 잘 꾸며놓았다. 정원 입구에는 가든레스토랑 도쿠가와엔과 기념품을 판매하는 작은 가게가 있다.

도쿠가와 미술관
徳川美術館

위치 메구루버스 도쿠가와엔 정류장에서 바로 주소 名古屋市東区徳川町1017 오픈 10:00~17:00 휴무 월요일, 연말연시 요금 어른 1,400엔, 대학 · 고등학생 700엔, 초 · 중학생 500엔 전화 052-935-6262 홈피 www.tokugawa-art-museum.jp 지도 MAP 6Ⓗ

이름에서 알 수 있듯이 나고야 출신인 도쿠가와 이에야스 徳川家康와 인연이 깊은 곳으로, 나고야에서 가장 볼만한 사립 미술관이다. 도쿠가와 가문의 기부로 1931년에 창립된 재단법인 도쿠가와레메이카이 徳川黎明会가 1935년에 문을 연 것이 시초다. 도쿠가와 이에야스의 유품을 비롯해서 그의 후손들이 실제 생활에서 사용했던 도구류를 중심으로 약 619,500여 점의 물품을 전시하고 있다. 그중에는 유명한 겐지노모노가타리의 회화본을 비롯하여 아홉 개의 국보, 57개의 중요문화재, 45개의 중요 미술품 등 다양하고 수준 높은 소장품도 많이 있다. 지금의 미술관 건물은 1987년 가을에 개관 50주년을 기념하여 증개축 공사를 통해 새로 단장한 것으로, 일본 전통과 공간 구조의 미를 잘 조화시킨 미술관으로 평가받는다.

가든레스토랑 도쿠가와엔
ガーデンレストラン徳川園

위치 도쿠가와엔 입구 주소 名古屋市東区徳川町1001 오픈 11:00~15:00, 17:00~23:00 휴무 부정기 휴무 전화 052-932-7887 홈피 www.gr-tokugawa.jp/ 지도 MAP 6Ⓗ

더운 여름날 도쿠가와엔의 풍경을 제대로 즐기고 싶다면 도쿠가와엔에 입장하는 것보다 입구 바로 옆에 있는 가든레스토랑의 창가에 자리를 잡고 식사나 음료를 맛보는 편이 현명하다. 프랑스 요리에 일식을 가미한 퓨전 레스토랑으로 격식 있는 분위기를 느끼며 맛있는 코스요리를 즐길 수 있다.

런치 메뉴는 4,000~5,000엔대로 비싼 편이지만, 평일 한정 런치 코스요리 소자이노이로도리 素材の彩り(3,000엔)는 도전해볼 만하다. 한편, 가든레스토랑 입구에 있는 검은 기와를 덮은 목조건물 소잔소 蘇山荘는 1937년 나고야 범태평양 평화박람회 당시 영빈관으로 사용했던 역사적인 건축물을 이곳으로 이축한 것으로, 두 개의 응접실과 라운지, 바 카운터 등이 있어 낮에는 카페, 저녁에는 바로 사용되고 있다.

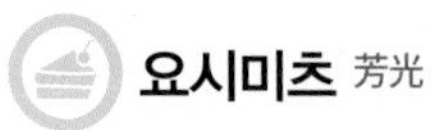

요시미츠 芳光

MAP 6Ⓗ

위치 시버스 야마구치초 山口町 정류장에서 도보 5분. 메구루버스 도쿠가와엔 정류장에서 도보 6분 주소 名古屋市東区新出来1-9-1 오픈 09:00~18:00 전화 052-931-4432

일본 맛집 사이트 타베로그 TOP 500에 들어갈 정도로 인기 있는 화과자 전문점. 단아한 전통 가게 분위기의 외관만 보아도 명가의 풍모를 느낄 수 있다. 매장 규모가 작아서 그런지 테이블이 있긴 하지만, 먹고 가는 사람은 거의 없고 미리 주문해둔 떡과 화과자를 테이크아웃으로 가져가는 손님들이 대부분이다. 다양한 메뉴 중에서 가장 많이 팔리고 맛있는 것은 와라비모치 わらび餅(1개 295엔). 콩가루를 입힌 보들보들한 와라비모치는 너무나 부드러워 입안에 넣는 순간 사르르 녹아버리는 느낌이다. 팥소의 품격 있는 단맛과 떡 표면을 감싸고 있는 콩가루의 은은한 단맛의 조화도 환상적이다. 다만, 안타깝게도 와라비모치는 7월에서 9월까지는 판매하지 않는다.

조스이 본점 如水 本店

MAP 6Ⓗ

위치 메이테츠 모리시타역에서 도보 7분. 메구루버스 도쿠가와엔 정류장에서 도보 10분 주소 愛知県名古屋市東区徳川町201 오픈 11:30~14:30, 18:00~24:00 휴무 화요일 전화 052-937-9228

나고야 최고의 라멘 전문점. 주변에 상점이라고는 하나도 없는 한적한 동네에 자리 잡고 있지만, 라멘 마니아들 사이에서 상당한 지지를 받고 있어 식사 시간이면 기본적으로 20명 정도 기다리고 있다. 다행히도 모든 좌석이 카운터석이고 회전율이 높아 그렇게 오래 기다리지는 않는다. 대표 메뉴는 우리나라 여행자들에게는 다소 생소할 수 있는 시오 라멘 塩ラーメン(730엔). 소금으로 간을 한 깔끔한 국물에 쫄깃쫄깃한 얇은 면, 그 위에 차슈와 죽순, 달걀 고명을 올린다. "Simple is best!" 기본에 충실한 맛이 정말 뛰어나다. 양념 돼지고기 덮밥 차슈동 チャーシュー丼(250엔)과 함께 먹으면 맛은 배가 된다.

나고야의 역사와 문화 거리를 걷다

분카노미치 文化のみち

나고야 출신 명사들의 저택이 100년이라는 오랜 세월 동안 꿋꿋하게 자리를 지키고 있는 거리 분카노미치. 동쪽으로는 도쿠가와엔, 서쪽으로 나고야성 부근까지, 넓은 지역을 포함한다. 원래는 중·하급 무사의 집이 많이 있었는데, 에도시대 말부터 다양한 관공서 건물이 들어서기 시작하고 다이쇼 시대에서 쇼와시대 초기에 걸쳐서는 저명한 기업가들이 저택을 구입, 건설하여 색다른 분위기의 마을을 만들었다. 골목 사이사이에 하나씩 들어서 있는 옛 저택을 발견하는 소소한 재미를 누릴 수 있는 분카노미치 산책은 나고야를 즐기는 색다른 방법 중 하나다.

▶ 분카노미치 어떻게 다니면 좋을까?

분카노미치는 도쿠가와엔에서 나고야성까지 아우르는 굉장히 넓은 지역에 분포되어 있다. 모두 둘러보려면 하루 온종일 투자해도 부족한데다, 놓치면 후회할 만한 명소가 있는 것도 아니다. 오히려 힘들게 찾았는데, 한숨이 나오는 경우도 있을 정도. 중요 명소인 분카노미치 후타바칸을 시작으로 대여섯 군데의 근대 건축물을 산책하듯 관람한 후 나고야시 시정자료관으로 이동하는 대략 두 시간 정도 소요되는 동선이 이상적이다.

「文化のみち」エリア内の主な建物

▶ 분카노미치 주요 저택

분카노미치 후타바칸

文化のみち二葉館

위치〉 메구루버스 분카노미치 후타바칸 정류장에서 바로 주소〉 名古屋市東区橦木町3-23 오픈〉 10:00~17:00 휴무〉 월요일, 연말연시 요금〉 200엔 전화〉 052-936-3836 홈피〉 www.futabakan.jp/ 지도〉 MAP 6Ⓚ

유달리 눈에 띄는 오렌지색의 서양식 지붕, 스테인드글라스의 빛이 흘러넘치는 방, 그리고 정숙한 분위기의 전통적인 화실. 동서양의 문화가 녹아 있는 다이쇼시대 로망의 향기가 흘러넘치는 이 저택이 바로 분카노미치의 중심 후타바칸이다. 일본 최초의 여배우 가와카미 사다얏코 川上貞奴와 전력왕이라 불리는 후쿠자와 모모스케 福沢桃介가 다이쇼시대에서 쇼와시대 초기까지 살았던 저택을 이축하여 복원한 것으로, 관내에는 당시의 생생한 모습을 엿볼 수 있는 다양한 자료를 전시하고 있다.

분카노미치 슈모쿠칸

文化のみち橦木館

위치〉 메구루버스 분카노미치 후타바칸 정류장에서 도보 5분 주소〉 名古屋市東区橦木町2-18 오픈〉 10:00~17:00 휴무〉 월요일, 연말연시 요금〉 200엔 전화〉 052-939-2850 홈피〉 www.shumokukan.city.nagoya.jp 지도〉 MAP 6Ⓙ

수출 도자기상 이모토 다메사부로 井元為三郎의 저택. 이모토 다메사부로는 나고야 도자기상공업조합 회장을 역임하는 등 나고야 도자기 산업의 발전에 크게 공헌한 인물이다. 철문을 열고 들어가면 다이쇼시대의 분위기가 그대로 살아 있는 건물이 보인다. 약 600평의 부지에 화관 和館, 양관 洋館, 창고, 다실이 조화롭게 모여 있다. 화관은 1925년, 양관은 1927년에 건설했다. 2008년 나고야시가 이모토 가문으로부터 기증을 받아, 2009년 7월 리모델링하여 새롭게 오픈했다.

가톨릭 치카라마치 교회

カトリック主税町教会

위치〉 메구루버스 분카노미치 후타바칸 정류장에서 도보 7분 주소〉 名古屋市東区主税町3-33 오픈〉 24시간 전화〉 052-931-1381 지도〉 MAP 6Ⓙ

나고야와 기후 지방에서 처음으로 가톨릭의 가르침을 전파한 이노우에 슈사이 井上秀斎가 투르팽 신부와 함께 설립한 교회. 나고야 지방 가톨릭 역사에서 매우 중요한 의미를 가지고 있으며, 이국적인 건물 외관은 근대 건축 문화를 이해하는데 많은 도움을 준다. 현재 도시경관 중요건축물로 지정되어 있다. 주요 볼거리인 예배당과 사제관만 둘러본다면 10분 정도로 충분하다.

구 도요타 사스케 저택

旧豊田佐助邸

위치 메구루버스 분카노미치 후타바칸 정류장에서 도보 5분 주소 名古屋市東区主税町3-8 오픈 10:00~12:00, 13:00~15:30 휴무 월·금·일요일, 연말연시 요금 무료 전화 052-972-2732 지도 MAP 6Ⓙ

섬유기계 발명왕 도요타 사키치 豊田佐吉의 남동생으로, 도요타 자동차의 전신인 도요타 자동직기 제작소의 사장을 역임한 도요타 사스케 豊田佐助의 저택. 1922년에 지어졌으며, 전통 목조 양식으로 만든 화관 和館과 흰 타일이 멋진 근대식 양관 洋館으로 구성되어 있다. 양관 1층에는 연꽃 형태의 조명과 독특한 문고리, 학에 도요타 문자를 디자인한 환기구 등 다양한 근대 건축 장식을 볼 수 있다.

구 하루타 테츠지로 저택

旧春田鉄次郎邸

위치 메구루버스 분카노미치 후타바칸 정류장에서 도보 5분 주소 名古屋市東区主税町3-6 오픈 10:00~12:00, 13:00~15:30 휴무 월·금·일요일, 연말연시 요금 무료 전화 052-972-2732 지도 MAP 6Ⓙ

도자기 무역상으로 성공하여, 태양 상공 주식회사를 설립한 하루타 테츠지로 春田鉄次郎가 근대 일본의 유명한 건축가 다케다 고이치 武田五一에게 의뢰해서 지은 저택. 양관과 화관으로 구성되어 있는데, 1947년에서 1951년까지는 미군 제5항공대 사령부가 이곳을 접수하여 사용하기도 했다. 현재 양관은 창작 프랑스 요리 레스토랑으로 운영하고 있다. 가격은 비싸지만 색다른 분위기 속에서 멋진 식사를 즐기고 싶다면 가 볼 만하다.

나고야시 시정자료관

名古屋市市政資料館

위치 메이조센 시야쿠쇼역 2번 출구에서 도보 8분. 메구루 버스 시정자료관미나미 정류장에서 도보 5분 주소 名古屋市東区白壁1-3 오픈 09:00~17:00 휴무 월요일, 셋째 목요일, 연말연시 요금 무료 전화 052-953-0051 지도 MAP 6Ⓙ

1922년에 지어진 네오바로크 양식의 벽돌 건축물. 실제 재판소로 사용하던 건물로, 1979년 나고야 고등 지방재판소가 나카구로 이전할 때까지 일본 중부 지방 사법의 중심으로 60년 가까운 역사를 쌓아온 곳이다. 붉은 벽돌과 흰 화강암, 초록의 동판 그리고 검은 슬레이트를 조합한 장엄하고 화려한 네오바로크 양식의 외관은 지역의 상징으로 주민들뿐만 아니라 많은 여행자들의 이목을 끈다.

AREA 05

가쿠오잔

覚王山

깔끔하고 조용한 분위기가 정감을 주는 나고야의 숨은 명소. 일본에서 유일하게 석가모니의 유골을 안치한 사원 닛타이지를 비롯한 역사적인 건축물이 많고, 골목길 사이를 다니다 보면 일본 느낌을 물씬 풍기는 이색 상점을 만날 수도 있다. 나고야에서 맛있기로 유명한 디저트 카페도 곳곳에 포진하고 있어 가쿠오잔에서 입이 심심할 일은 없다.

가쿠오잔
이렇게 여행하자

가는 방법

가쿠오잔역까지는 나고야를 여행할 때 가장 많이 이용하는 지하철 중 하나인 히가시야마센을 타고 이동한다. 나고야역에서 가쿠오잔역까지는 지하철 일곱 정거장, 소요 시간은 약 15분이며 편도요금은 240엔이다. 왕복 요금이 480엔이므로 다른 여행지와 연계해서 여행할 계획이라면 지하철 1일 승차권(740엔)을 구입하는 것이 이득이다.

가쿠오잔역

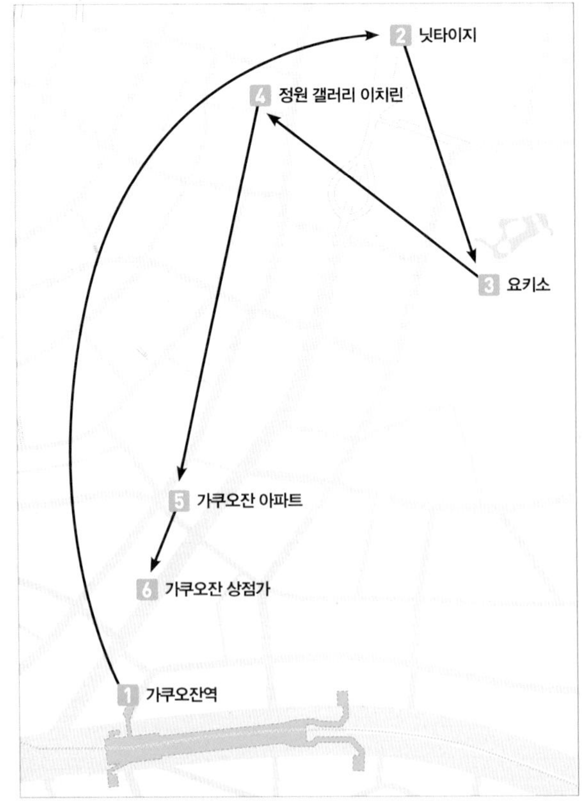

여행 방법

가쿠오잔역 1번 출구로 나와 스타벅스를 끼고 오른쪽으로 들어서면 가쿠오잔의 메인 스트리트를 만날 수 있다. 이 길을 따라 상설 재래시장과 다양한 축제가 열린다. 길 양쪽으로 맛있는 디저트 카페와 재미있는 소품점, 일본 느낌이 물씬 풍기는 오래된 전통 상점들이 들어서 있어 구경만 해도 눈이 즐겁다. 일단 길의 끝까지 가서 가쿠오잔의 상징인 닛타이지를 먼저 둘러보고 절 주변에 있는 명소들을 하나씩 찾아가면 되는데, 길이 복잡하지 않아 다니기 쉽다. 주요 명소를 둘러본 다음에는 다시 메인 스트리트로 나와 관심이 가는 가게들을 구경하거나 길 양옆으로 나 있는 작은 골목길 사이사이를 발길 닿는 대로 돌아다녀보자. 일본 정취를 제대로 느낄 수 있다.

1 가쿠오잔역

➤ 도보 10분

2 닛타이지 p.158

➤ 도보 10분

3 요키소 p.159

➤ 도보 5분

4 정원 갤러리 이치린 p.162

➤ 도보 6분

5 가쿠오잔 아파트 p.160

➤ 도보 1분

6 가쿠오잔 상점가 산책

TIP 가쿠오잔 축제 Kakuozan Festival

약 20년 전부터 가쿠오잔에는 톡톡 튀는 아이디어와 기획력이 돋보이는 가쿠오잔 축제가 계절마다 열린다. 가쿠오잔 아파트나 에이코쿠야 홍차점 등 독특한 상점이 많은 가쿠오잔인 만큼 축제에는 가쿠오잔 지역 특유의 감성 역시 묻어난다. 닛타이지로 향하는 길을 따라 개성 강한 부스가 줄지어 자리를 잡고, 각종 콜라보레이션을 통한 이색 체험이 가득하다. 단, 축제 일정은 주최 측 사정에 따라 매번 변동이 있으므로 방문하기 전 홈페이지를 통해 확인해야 한다.

전화 050-3786-7286(가쿠오잔 이벤트 사업부) 홈피 kakuozan.com/festival/

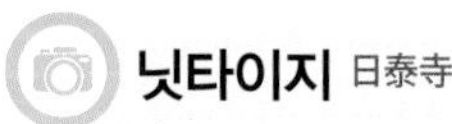

닛타이지 日泰寺

MAP 7Ⓑ

위치 히가시야마센 가쿠오잔역 1번 출구에서 도보 8분
주소 名古屋市千種区法王町1-1 오픈 24시간 요금 무료
전화 052-751-2121 홈피 www.nittaiji.jp

1900년에 타이 왕국에서 보낸 석가모니의 사리와 불상을 안치하기 위해 1904년에 건립한 사원으로, 닛타이지라는 이름은 일본과 타이의 국명에서 따왔다. 일본에서 유일하게 어떤 종파에도 소속되지 않은 불교 사원이며, 현재 19개 종파에서 3년씩 교대로 주지를 맡아 관리하고 있다. 약 15만 평의 경내에는 국보 금동석가여래상을 모시고 있는 본당을 중심으로 높이가 30m에 이르는 5층탑, 거대한 목조상이 문 양쪽으로 서 있는 산몬 山門 등 큼직큼직한 볼거리가 있다. 다만, 넓은 경내에 비해 건물이 많지 않아 좀 휑한 분위기인데다, 본당(1984년 완공)과 5층탑(1997년 완공) 등 사원의 주요 건축물이 모두 비교적 최근에 지어진 터라 교토의 전통 사원을 생각하고 방문하면 실망할 수도 있다. 석가모니의 사리를 안치한 간다라 양식의 봉안탑은 본당이 있는 사원에서 도보 약 5분 거리에 있는 닛타이지 샤리덴 日泰寺舎利殿까지 가야 볼 수 있다.

한편, 매월 21일에는 일본 불교의 상징인 고보 弘法 대사의 명일을 기리는 행사를 진행한다. 가쿠오잔의 메인 스트리트에 수많은 노점이 나와 일대는 즐거운 축제 분위기로 가득해진다.

요키소 揚輝荘

MAP 7ⒷⒹ

위치 히가시야마센 가쿠오잔역 1번 출구에서 도보 10분 주소 名古屋市千種区法王町2−5−21 오픈 09:30~16:30 휴무 월요일, 연말연시 요금 북쪽 정원 무료, 남쪽 정원(쵸쇼카쿠) 300엔 전화 052−759−4450 홈피 www.yokiso.jp

나고야 3대 백화점 중 하나인 마츠자카야 백화점의 창업자 이토 지로사에몬 스케타미 伊藤次郎左衛門祐民가 다이쇼시대에서 쇼와시대 초기에 걸쳐 가쿠오잔의 구릉지에 건설한 나고야시의 교외 별장이다. 요키소 건축은 1918년 차야마치 茶屋町 본가에서 산쇼테이 三賞亭를 이축했을 때부터 시작하여 20년에 걸쳐 진행했다. 한창때는 이축하고 신축한 건물이 도합 서른 동을 넘었을 정도로 대단한 위용을 자랑했다고 하는데, 90년이라는 오랜 시간이 지나면서 이제는 건물도 몇 채 남지 않아 세월의 무상함을 느낄 수 있다. 그럼에도 여전히 화려했던 시절의 품격과 매력을 간직한 구조물들이 남아 있고, 조경도 잘 해두어서 잠깐 산책을 즐기기에는 충분하다. 보통 무료로 입장할 수 있는 북쪽 정원만 보고 나가는 경우가 많은데, 여유가 된다면 남쪽 정원의 쵸쇼카쿠 聴松閣도 함께 둘러보자. 1937년에 건설한 전통 가옥으로 다양한 나라의 건축 문화가 융화되어 있어 보는 재미가 쏠쏠하다.

에이코쿠야 홍차점 えいこく屋紅茶店

MAP 7Ⓔ

위치 히가시야마센 가쿠오잔역 1번 출구에서 도보 3분 주소 名古屋市千種区山門町2-58 오픈 10:00~19:00 휴무 화요일 전화 052-763-8477 홈피 www.eikokuya-tea.co.jp

차를 좋아하는 사람이라면 한 번쯤은 이름을 들어본 적이 있는 홍차 전문점. 다양한 향과 블렌딩이 있어서 홍차 마니아들이 직구를 많이 하는 브랜드이기도 하다. 맛있다고 알려진 세계 각지의 홍차를 산지에서 직접 엄선하여 들여오기 때문에 어떤 것을 고르더라도 기본 이상은 한다. 매장 안팎으로 빽빽하게 진열해둔 수많은 홍차들을 보면 사고 싶은 욕구가 불끈불끈 솟는다. 바로 옆에는 본격 인도 카레를 먹을 수 있는 에이코쿠야 인도요리점이 나란히 서 있다. 카레 한 그릇과 홍차 한 잔도 꽤 괜찮은 조합이다.

가쿠오잔 아파트 覚王山アパート

MAP 7Ⓒ

위치 히가시야마센 가쿠오잔역 1번 출구에서 도보 3분 주소 名古屋市千種区山門町1-13 오픈 11:00~18:00 휴무 화 · 수 · 공휴일 전화 052-752-8700 홈피 kzapt.nagoya

가쿠오잔 마을만들기 위원회 覚王山街づくり委員会가 일반 응모를 통해 선별한 젊은 아티스트들이 운영하는 숍. 프리스페이스 아틀리에, 사무실 등의 공간이 있다. 어떤 곳에서도 보기 힘든 독특한 디자인과 매력적인 아이템들이 많아 인기가 상당하다. 40년 이상 된 목조 아파트를 리모델링하여 2003년에 오픈했는데, 들어가는 입구부터 재미있는 아이디어 상품과 구매욕이 샘솟는 귀여운 소품들이 늘어서 있어 쇼핑 삼매경에 빠지기 일쑤. 정말 작은 아파트를 여러 공간으로 분할해서 사용하기 때문에 조심조심 다녀야 한다.

자라메 나고야 ZARAME NAGOYA

MAP 7Ⓔ

위치 히가시야마센 가쿠오잔역 1번 출구에서 도보 3분
주소 名古屋市千種区山門町2-36 오픈 09:00~19:30
전화 052-763-7662 홈피 zarame.co.jp

나고야 최고의 도넛을 맛볼 수 있는 디저트 카페. 도넛을 만들 때 달걀을 사용하지 않아 식감이 쫀득쫀득한 것이 특징이다. 도넛 가격은 200~300엔대로 제법 비싼 편이지만, 일반 도넛보다 크기 때문에 만족감이 있다. 런치 메뉴로는 수제 햄버거와 프렌치프라이, 샐러드(또는 수프)가 함께 나오는 오늘의 버거 세트 TODAY'S BURGUER SET(900엔)가 인기. 단, 세트 메뉴에 음료수는 포함되지 않으므로 200엔을 추가해서 별도로 주문해야 한다. 주변 직장인들뿐만 아니라 입소문을 듣고 오는 여행자들로 가게는 항상 붐비는 편이니 식사를 하지 않을 거라면 점심시간은 피하는 것이 좋다.

가쿠오잔 카페 지쿠 覚王山カフェ Ji.Coo.

MAP 7Ⓔ

위치 히가시야마센 가쿠오잔역 4번 출구에서 도보 1분 주소 名古屋市千種区丘上町1-39 覚王山フランテ 2F 오픈 09:30~23:00 전화 052-751-1234 홈피 www.kakuozan-cafe.jp

케이크가 맛있는 가쿠오잔의 인기 카페. 고급 주택가에 위치한 럭셔리 슈퍼마켓 프란테 2층에 있고 인테리어도 깔끔해 정갈한 분위기를 선호하는 손님들이 즐겨 찾는다.

인기 메뉴는 쇼트케이크 ショートケーキ(500엔). 품격 있는 단맛의 생크림, 폭신폭신 부드러운 케이크빵의 조화가 환상적인 케이크다. 깊은 풍미를 느낄 수 있는 지쿠 브렌드 커피 Ji.Coo ブレンド(450엔)와 함께 먹으면 맛은 배가 된다. 케이크와 음료가 함께 나오는 케이크 세트를 주문할 경우, 단품으로 주문할 때보다 50엔 저렴하다.

정원 갤러리 이치린 庭園ギャラリーいち倫

MAP 7Ⓐ

위치 히가시야마센 가쿠오잔역 1번 출구에서 도보 10분 주소 名古屋市千種区西山元町1-58 오픈 10:00~17:00 휴무 월 · 화 · 수 · 공휴일 전화 052-751-1953

정원이 아름다운 전통 찻집. 오래된 민가를 개축하여 만든 자연친화적인 공간에서 차 한 잔의 여유와 달콤한 일본 전통 음식을 맛볼 수 있다. 실내로 들어서면 집처럼 편안한 분위기의 다다미방에 원목 탁자가 놓여 있고, 커다란 거실 창밖으로는 녹음이 우거진 작은 정원이 시야에 들어온다. 대표 메뉴는 졸깃한 쑥떡 구사모치 草もち와 녹차, 전통 절임 요리가 함께 나오는 돗토키 세트 とっと木セット(700엔). 식사로는 런치 메뉴인 다케카고 竹籠(1,500엔)가 있는데, 한정 수량이라 미리 예약을 하거나 조금 일찍 가서 주문을 하는 편이 좋다.

세 시바타 chez Shibata

MAP 7Ⓔ

위치 히가시야마센 가쿠오잔역 1번 출구에서 도보 3분 주소 名古屋市千種区山門町2-54 오픈 10:00~20:00 휴무 화요일 전화 052-762-0007 홈피 www.chez-shibata.com

가쿠오잔의 명물 베이커리로, 2006년에 오픈했다. 미디어에서 디저트 관련 방송이 있을 때마다 언급을 할 정도로 나고야에서는 유명한 곳이다. 그 명성에 걸맞게 가게 안으로 들어가면 다양한 케이크와 빵의 종류에 입이 벌어지게 된다. 보고만 있어도 마음이 즐거워지는 케이크들은 400~500엔대로 어떤 것을 선택하든 생각 이상의 맛을 보여준다. 많이 먹어도 몸에 미안하지 않을 것 같은 건강한 단맛이랄까, 비용 걱정만 없으면 몇 개라도 먹을 수 있는 맛이다. 가게 안에는 순백색의 테이블과 의자가 있어, 빵과 차를 맛보며 잠시 쉬어갈 수 있다.

파티스리 그램 patisserie gramme

MAP 1Ⓓ

위치 히가시야마센 모토야마역 2번 출구에서 도보 15분 주소 名古屋市千種区猫洞通2-5 1F 오픈 10:00~18:00 휴무 수 · 목요일, 부정기 휴무 전화 052-753-6125 홈피 www.1gramme.com

나고야 최고의 디저트 카페. 가쿠오잔역 다음 역인 모토야마역에서 내려서 완만한 언덕길을 따라 쉬지 않고 15분을 걸어야 나온다. 굳이 이곳을 소개하는 이유는 자타공인 나고야에서 가장 맛있는 케이크와 과자를 만드는 곳이기 때문이다.
기본에 충실한 쇼트케이크 가토 프레이즈 ガトフレーズ(500엔), 머랭과 밤페이스트, 생크림의 조화가 절묘한 몽블랑 モンブラン(530엔), 바삭한 파이 사이의 달콤한 무슬린이 일품인 밀푀유 ミルフィーユ(520엔) 등은 변함없는 최상급 케이크의 맛을 보여준다. 케이크는 보통 오후 두 시쯤 판매가 거의 완료된다고 하니 꼭 맛보고 싶다면 일찍 방문하도록 하자.

히라키 ひらき

MAP 7Ⓔ

위치 히가시야마센 가쿠오잔역 1번 출구에서 도보 2분 주소 名古屋市千種区山門町2-22 오픈 06:30~21:30 휴무 일요일 전화 052-751-6835

1,000엔 전후의 합리적인 가격으로 맛있게 먹을 수 있는 다양한 정식과 메뉴가 있어 한 끼 식사를 해결하기에 부족함이 없는 정겨운 분위기의 밥집. 대표 메뉴는 가니크리무고로케 정식 かにクリームコロッケ定食(900엔). 타르타르 소스를 살짝 뿌린 게살 크림 고로케와 밥, 샐러드, 밑반찬, 미소시루가 함께 나오는 구성이다. 게살 크림 고로케를 한 입 베어 물면 절로 고개가 끄덕여진다. 다양한 튀김을 함께 맛보고 싶다면 게살 크림 고로케, 새우튀김, 필레 커틀릿이 함께 나오는 믹스프라이콤비 ミックスフライコンビ(1,200엔)를 추천한다.

유럽 스타일의 세련된 쇼핑몰과 재미있는 동물원

호시가오카 星が丘

아름다운 건물이 매력적인 쇼핑몰이 있는 호시가오카는 조용한 분위기에서 여유 있게 쇼핑을 즐기기에 안성맞춤이다. 인기 높은 중저가 쇼핑 매장과 가볍게 한 끼 식사를 해결할 수 있는 레스토랑이 많아 젊은 세대의 열렬한 지지를 받는 나고야의 핫플레이스다. 또한, 주변에 일본 중부 지역 최대 규모의 히가시야마 동식물원이 있어 주말이면 가족 단위 여행객들로 북적거린다. 나고야역에서 지하철 히가시야마센을 이용하면 호시가오카역까지 20분 정도 걸리므로 부담 없이 다녀올 수 있다.

호시가오카 어떻게 다니면 좋을까?

호시카오카 테라스 이외에는 딱히 둘러볼 만한 명소나 쇼핑몰이 없다. 호시가오카역에 내리면 바로 미츠코시 백화점이 눈에 들어오지만, 사카에 미츠코시 백화점과 비교하면 다소 초라한 인상을 준다. 호시가오카 테라스는 산책하듯 다닐 수 있는 쇼핑몰이므로 시간을 투자해서 여유 있게 둘러보자. 아이들과 함께 왔다면 갭 키즈나 아동용품 전문점에서 쇼핑을 즐기고 히가시야마 동식물원까지 둘러보는 코스도 괜찮다.

호시가오카 주요 명소

호시가오카 테라스 星が丘テラス

위치〉 히가시야마센 호시가오카역 6번 출구에서 도보 1분 주소〉 名古屋市千種区星が丘元町16-50 오픈〉 10:00~20:00(매장에 따라 다름) 전화〉 052-781-1266 홈피〉 www.hoshigaoka-terrace.com 지도〉 MAP 1Ⓗ

패션, 액세서리, 인테리어 잡화, 레스토랑, 카페 등 쇼핑과 먹을거리를 한 번에 해결할 수 있는 종합 쇼핑몰로 세련된 분위기의 외관이 매력적이다. 운영은 볼링 센터와 골프장 등 레저 시설을 경영하는 호시가오카 그룹 星が丘グループ이 하고 있으며, 건물이 도로를 끼고 양쪽으로 나뉘어져 있는 것이 특징이다. 동쪽 건물은 East, 서쪽 건물은 West라 하는데, 두 개의 건물을 잇는 연결통로가 있어 자유롭게 오갈 수 있다. 갭, 무인양품, 키플링, 유니클로 등 친숙한 캐주얼 브랜드에서 나고야에서만 만날 수 있는 오리지널 브랜드까지 다양한 전문 매장이 입점해 있다. 특히, 주변에 대학교가 있어 20대 초반의 젊은 고객을 겨냥한 매장이 많다. 또한, 건물 북쪽에는 호시가오카 미츠코시 백화점이 있어 여유가 된다면 백화점 쇼핑까지 즐길 수 있다.

히가시야마 동식물원 東山動植物園

위치〉 히가시야마센 호시가오카역 6번 출구에서 도보 7분. 호시가오카 테라스에서 도보 5분 호시가오카문으로 입장 주소〉 名古屋市千種区東山元町3-70 오픈〉 09:00~16:50 휴무〉 월요일, 연말연시 요금〉 500엔, 중학생 이하 무료 전화〉 052-782-2111 홈피〉 www.higashiyama.city.nagoya.jp 지도〉 MAP 1Ⓗ

호시가오카 테라스에서 남쪽으로 5분 정도 언덕을 오르면 아이들이 좋아하는 코알라, 기린, 코끼리 등 크고 작은 동물들 500여 종과 7,000여 종의 희귀한 식물들을 만날 수 있는 히가시야마 동식물원이 나온다. 동물원과 식물원, 어린이 동물원, 유원지 네 구역으로 나뉘어져 있는데, 제법 규모도 크고 볼거리도 많아 아이들과 함께 가면 즐거운 시간을 보낼 수 있다. 굳이 동물원만을 위해 갈 필요는 없고, 호시가오카 테라스에서 쇼핑을 즐긴 후 여유가 있을 때 들러보자. 녹음이 우거진 숲 사이로 산책을 할 수도 있고, 나고야 시내가 한눈에 들어오는 히가시야마 스카이타워(300엔, 중학생 이하 무료)에 올라가 풍경을 감상해도 좋다.

ATSUTA JINGU

AREA
06

아츠타 신궁
熱田神宮

울창한 숲으로 둘러싸인 아츠타 신궁는 고층 빌딩이 솟아 있는 도심에서 살짝 벗어난 조용한 동네에 자리 잡고 있다. 사카에역에서 지하철로 20분이 채 걸리지 않으므로 복잡한 도시 여행에 지쳤을 때 가벼운 마음으로 찾아가보자. 나고야 최고의 명물 요리 '히츠마부시'를 판매하는 맛집도 있어 산책을 마친 후 한 끼 식사를 하기에도 좋다.

아츠타 신궁
이렇게 여행하자

가는 방법

아츠타 신궁만 방문한다면 나고야역에서 메이테츠센을 이용해서 가는 것이 가장 빠르고 편리하다. 하지만, 지하철 1일 승차권을 이용해서 여러 지역을 함께 여행을 하는 경우라면 조금 시간이 걸리더라도 지하철 메이조센을 이용하여 진구바시역에서 여행을 시작하는 편이 좋다.

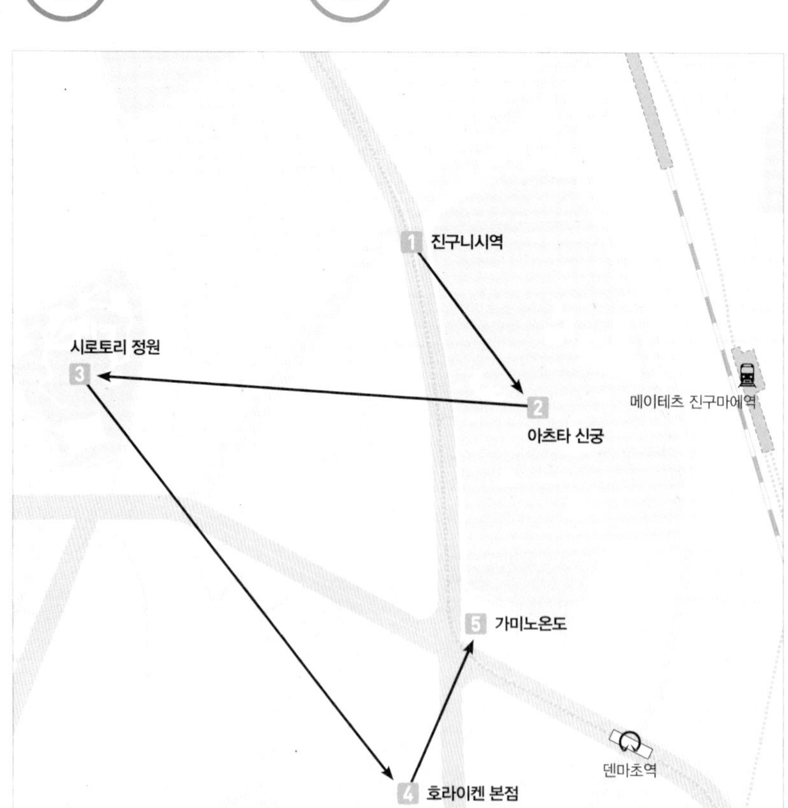

여행 방법

푸른 숲과 고즈넉한 사원들. 아츠타 신궁에서는 그저 발길 닿는 대로 움직이며 산책을 즐기면 된다. 아츠타 신궁이 역사적인 가치가 있는 곳이긴 하지만, 대단한 볼거리가 있는 곳은 아니므로 둘러보는 시간은 한 시간이면 충분하다. 오히려 아츠타 신궁에서 도보 10분 거리에 있는 시로토리 정원에 시간을 조금 더 투자하는 것이 낫다. 예쁘게 꾸며놓은 정원과 작은 폭포를 바라보면서 쉴 수 있는 정자, 정갈한 산책로 등 나고야의 대표 정원 도쿠가와엔과는 또 다른 아기자기한 맛을 느낄 수 있다. 이왕이면 두 명소를 오전에 둘러본 후 점심시간에 맞추어 호라이켄으로 가는 것도 괜찮다. 히츠마부시를 먹기 위해 이곳을 여행하는 사람도 있을 정도로 맛이 훌륭하다.

아츠타 신궁 熱田神宮

MAP 8Ⓑ Ⓓ

위치 메이조센 진구니시역 2번 출구에서 도보 10분 주소 名古屋市熱田区神宮1-1-1 오픈 08:30~16:30 요금 무료, 보물관 300엔 전화 052-671-4151 홈피 www.atsutajingu.or.jp

예부터 아츠타상이란 애칭으로 불리며 나고야 사람들에게는 마음의 고향으로 자리 잡고 있는 신궁으로, 소망이 이루어지기를 기원하는 참배객들과 여행자들을 포함해서 매년 600만 명이 넘는 방문객이 찾는 나고야의 대표적인 명소이다. 무려 1,900년 전 처음 건축되었는데, 제2차 세계대전 중 대부분이 화재로 소실되었고 지금 건물은 1955년에 재건한 것이다.

아츠타 신궁은 총 4천여 점의 국보와 문화유산을 소장하고 있는 일본 문화재의 보고로, 구사나기 검(구사나기노미츠루기 草薙神剣)은 아츠타 신궁에서 만날 수 있는 가장 대표적인 유물이다. 구사나기 검은 야타의 거울(야타노카가미 八咫鏡), 야사카니의 곡옥(야사카니노마가타마 八尺瓊勾玉)과 함께 일본에서 왕위 계승을 상징하는 3개의 신기 중 하나다.

일본 건국신화에는 세 명의 신이 등장한다. 그들은 태양의 신 아마테라스, 달의 신 츠쿠요미, 바다의 신 스사노오다. 구사나기 검은 그중 바다의 신 스사노오와 관계가 깊다. 이즈모 出雲라는 나라의 공주가 머리가 여덟 개인 거대한 뱀, 야마타노오로치 八岐大蛇에게 위협을 당하는 모습을 본 스사노오는 곧바로 뛰어들어 그녀를 구출한다. 이때 야마타노오로치를 베어 죽이면서 사용한 검이 바로 구사나기의 검이라고 전해진다.

Zoom in

본궁 本宮

시제를 비롯한 아츠타 신궁의 모든 행사를 진행하는 중앙 신전. 아마테라스와 스사노오 등 건국 신화와 관련된 신을 모시는 곳이라 그런지 일본 3대 신궁 중 하나인 미에현의 이세 신궁의 본궁과 비슷한 구조로 되어 있다. 시간만 잘 맞으면 본궁에서 제사를 지내는 모습도 볼 수 있다.

오오쿠스 大楠

일본 신사에는 나쁜 귀신을 쫓는다고 하여 녹나무를 많이 심는데, 아츠타 신궁도 예외는 아니다. 신사 경내에 유독 큰 일곱 그루의 녹나무가 있다. 그중 우측 사진 속 녹나무는 나고야에서도 손꼽힐 정도로 크고 일본을 대표하는 승려이자 진언종의 창시자인 고보 弘法 대사가 심은 것으로 전해져 특히 유명하다. 수령이 무려 천 년을 넘는 신목 神木으로 아츠타 신궁를 찾는 사람들이 소원을 비는 장소이기도 하다.

아츠타 신궁 문화전 熱田神宮文化殿

1층에는 아츠타 신궁의 대표적인 유물 구사나기의 검을 비롯해서 수많은 문화재를 보관하고 있는 보물관, 2층에는 신도 神道에 관한 자료를 소장하고 있는 아츠타문고가 있다. 특히, 보물관에서는 상설 전시 외에 다양한 기획전도 하고 있으니 관심이 있으면 둘러보자.

료에이카쿠 龍影閣

1878년 일왕이 아이치현을 방문했을 때 만들어진 건물로 역사적인 가치가 높다. 원래 쇼나이 공원 庄内公園에 있었는데, 1968년 메이지유신 100주년을 기념하여 유신 관련 자료와 함께 아츠타 신궁에 헌납되었다. 현재 일왕이 머물렀던 거실을 보존하고 있다.

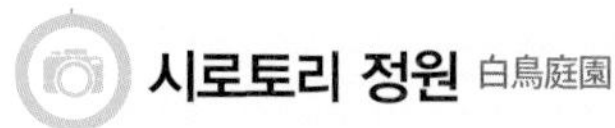

시로토리 정원 白鳥庭園

MAP 8Ⓐ

위치 〉 메이조센 진구니시역 4번 출구에서 도보 10분 주소 〉 名古屋市熱田区熱田西町2-5 오픈 〉 09:00~17:00 요금 〉 300엔, 중학생 이하 무료 전화 〉 052-681-8928 홈피 〉 www.shirotori-garden.jp

1989년 나고야에서 열린 세계 디자인 박람회에서 일본 정원을 테마로 만든 전시관을 3년 동안 재정비해서 오픈한 정원. 한가운데에 큰 연못을 배치한 지천회유식 池泉回遊式 일본 정원으로, 아이치현을 중심으로 한 일본 중부 지역을 모티브로 삼아 만들었다. 장인의 손길로 나무 한 그루, 돌 하나의 배치까지 고려하며 조경에 힘을 쏟았다고 한다. 실제로 산책로를 걷다보면 군더더기 없이 깔끔하게 정리된 풍경에 놀라게 된다. 도쿠가와엔이 거칠고 호쾌한 멋을 뿜어내는 정원이라면, 시로토리 정원은 정갈하고 다소곳한 분위기를 은은하게 내뿜는 정원이라고 말할 수 있겠다.
정원 규모가 크지는 않지만, 곳곳에 멋진 풍경들이 있어 산책 시간을 조금 여유 있게 잡아두는 것이 좋다. 특히, 정문 쪽에 위치한 작은 계곡과 폭포 앞 작은 정자에서 시원한 물소리를 듣고 있노라면 시간 가는 줄 모른다. 일본 사람들도 희귀하게 생각하는 전통 음향 장치 스이킨쿠츠 水琴窟 역시 빼놓을 수 없는 볼거리. 물방울이 떨어지는 소리를 이용한 장치인데, 음색이 무척 맑고 깨끗하다. 그밖에도 물 위에 떠 있는 듯한 다실, 세이우테이 清羽亭 등 다양한 볼거리를 즐길 수 있다.
참고로, 진구니시역에서 바로 간다면 북문, 아츠타 신궁을 먼저 둘러보고 시로토리 정원으로 이동한다면 정문으로 입장하는 편이 동선을 짜기 좋다.

가미노온도 紙の温度

MAP 8Ⓓ

위치 메이조센 덴마초역 1번 출구에서 도보 3분 주소 名古屋市熱田区神宮2-11-26 오픈 09:30~17:30 휴무 일요일, 연말연시 전화 052-671-2110 홈피 www.kaminoondo.co.jp

종이 장인이 한 땀, 한 땀 정성을 들여 만든 와시 和紙(전통 일본 종이) 전문점. 일본 전국의 유명한 와시는 물론, 엄청난 종류의 세계 전통 종이와 관련 아이템을 진열하고 판매한다. 큰 규모는 아니지만, 가게로 들어가면 수많은 종이의 양에 일단 놀라고, 그 많은 종류의 종이 아래에 꼼꼼하게 설명 문구를 달아놓은 것에 연이어 놀란다. 일본어가 가능하면 하나하나 읽어가면서 구경하는 재미가 있다. 전통 종이 전문점이라 해서 오래된 재래 종이만 있는 것은 아니다. 선물용으로 좋은 카드, 편지지, 부채 등 일반 종이의 질감으로는 느끼기 힘든 특별한 감촉과 디자인으로 수놓은 아이템들도 다양하다.

호라이켄 본점 蓬莱軒本店

MAP 8Ⓓ

위치 지하철 메이조센 덴마초역 4번 출구에서 도보 5분 주소 名古屋市熱田区神戸町503 오픈 11:30~14:00, 16:30~20:30 휴무 수요일 전화 052-671-8686 홈피 www.houraiken.com

나고야 최고의 명물 요리 우나기 히츠마부시 鰻ひつまぶし 전문점. 장어구이를 싫어하는 사람도 맛있게 먹을 수 있다는 장어덮밥의 전설. 다소 과장된 표현이지만 호라이켄의 히츠마부시(3,600엔)는 그만큼 독특하고 강렬하다. 보통 장어덮밥이라고 하면 단순히 둥근 사발에 담아 먹는 우나동 うな丼과 사각용기에 담아 먹는 우나주 うな重를 생각하는데, 히츠마부시는 히츠 櫃(나무 그릇)에 잘게 썬 장어를 올려두고 김, 파, 와사비 등의 야쿠미 薬味와 함께 섞어먹는 것이 특징이다. 숯불향이 은은하게 배어 있는 장어구이 자체가 별미라 밥과 장어만 먹어도 한 그릇이 순식간에 사라진다. 나고야 제일의 히츠마부시 전문점답게 본점은 항상 많은 사람들로 붐비기 때문에 무조건 일찍 가는 것이 답이다.

박력 넘치는 돌고래쇼를 볼 수 있는 항구 여행지

나고야항 名古屋港

전형적인 항구의 모습을 볼 수 있는 나고야항. 나고야항을 찾은 방문객이 가장 선호하는 나고야항 수족관을 비롯하여, 해양박물관, 남극관측선 후지, 밤을 환상적으로 수놓는 대관람차, 공원 등 다양한 엔터테인먼트 시설이 있어 항구로서의 기능뿐만 아니라 가족 단위 여행객들을 위한 테마 공간으로도 손색이 없다. 가나야마역에서 지하철 메이코센을 이용하면 나고야코역까지 15분 정도 걸리므로, 부담없이 다녀올 수 있다.

▶ 나고야항 어떻게 다니면 좋을까?

나고야항 수족관은 일본 중부 지역 최대 규모를 자랑하는 곳이라 제대로 둘러보려면 두 시간 정도는 잡아야 한다. 입구에서 받은 팸플릿을 보면서 나고야항에서 보고 싶은 명소를 가늠해보고 동선을 구상한 다음 이동하는 편이 넓은 부지의 나고야항을 효율적으로 둘러보는 방법이 되겠다. 여유가 되면 나고야 해양박물관, 남극관측선 후지, 포트 빌딩 최상층에 있는 전망실 등도 함께 둘러보자.

시설 공통권〉 나고야항 수족관, 나고야 해양박물관, 남극관측선 후지, 포트 빌딩 전망대 이용
요금〉 어른 2,400엔, 초등학생 · 중학생 1,200엔

▶ 나고야항 주요 명소

나고야항 수족관 名古屋港水族館

위치〉 메이코센 나고야코역 3번 출구에서 도보 7분 주소〉 名古屋市港区港町1-3 오픈〉 09:30~17:30 휴무〉 월요일 요금〉 어른 2,000엔, 초 · 중학생 1,000원 전화〉 052-654-7080 홈피〉 www.nagoyaaqua.jp

일본 중부 지역 최내 규모를 자랑하는 나고야항의 대형 아쿠아리움. 400종이 넘는 바다 생물을 3만 마리 가깝게 전시하고 있는 무지막지하게 커다란 수족관이다. 관내는 '남극으로의 여행'을 테마로 꾸민 남관과 '35억 년의 아득히 먼 여행-다시 바다로 되돌아간 동물들'을 테마로 삼는 북관으로 나뉜다.

남관은 일본의 남극관측선이 일본에서 남극까지 이동하는 동선에 있는 다섯 개의 수역과 그곳에 살고 있는 바다 생물을 전시하고, 북관은 범고래와 돌고래 등 바다 포유류를 위주로 사육하며 돌고래 쇼를 진행한다. 북관의 테마를 생각하면 고래를 사육하고 돌고래 쇼를 진행하는 건 다소 아이러니한 대목. 관내 일부 지역에선 플래시 촬영을 금지하고 있으므로 유의하자.

나고야 해양박물관 名古屋海洋博物館

위치〉 메이코센 나고야코역 3번 출구에서 도보 5분 주소〉 名古屋市港区港町1-9 오픈〉 09:30~17:00 휴무〉 월요일 요금〉 나고야 해양박물관 · 전망실 · 남극관측선 후지 각 300엔(초 · 중학생 200엔), 3개 시설 공통권 700엔(초 · 중학생 400엔) 전화〉 052-652-1111 홈피〉 pier.nagoyaaqua.jp

나고야항 포트 빌딩 ポートビル 3층에 자리한 나고야 해양박물관에서는 나고야항의 역사와 항구에서 취급하는 화물에 대한 상세한 설명을 듣고 다양한 해양 산업 관련 체험을 경험할 수 있다. 특히 박물관의 입체모형을 뜻하는 디오라마 diorama로 만든 각종 선박 모형을 전시하고 있어 보는 눈이 즐겁다. 박물관 옆에는 남극관측선 후지 ふじ를 과거 모습 그대로 재현해 두었고, 지상 53m 높이의 전망대도 있으므로 여유가 된다면 방문해보자.

이누야마

犬山

이누야마는 아이치현 북서부에 자리 잡고 있는 작은 도시로, 예부터 교통과 물류, 정치의 요지로 번창해 왔다. 전국시대에는 전투의 무대가 되었고 에도시대에는 영주의 성을 중심으로 형성된 성하마을 조카마치 城下町가 발전하여, 지금도 그 역사의 발자국이 많이 남아 있다. 풍부한 자연관경과 문화유산을 가진 이누야마는 도시 여행에서 느낄 수 없는 소소한 감동을 경험할 수 있는 여행지다. 특히, 확 트인 전경이 아름다운 이누야마성 犬山城과 아기자기한 정원이 있는 우라쿠엔 有楽苑은 지나칠 수 없는 볼거리.

이누야마
이렇게 여행하자

가는 방법

이누야마역은 아이치현 일대를 주름잡는 거대 사철 메이테츠 名鉄로 편리하게 갈 수 있다. 메이테츠 나고야역이나 메이테츠 가나야마역에서 쾌속특급을 타면 30분밖에 걸리지 않아 시내에서 멀리 떨어져 있다는 느낌이 들지 않는다. 메이테츠 열차의 편도 요금은 550엔이다.

여행 방법

핵심 여행지는 이누야마성과 그 주변으로 펼쳐져 있는 성하마을, 그리고 국보 다실 조안이 있는 일본 정원 우라쿠엔이다. 이누야마역에서 내려 거리를 구경하며 이누야마성으로 이동하자. 특히 성하마을의 메인 스트리트인 혼마치도리에는 개성 넘치는 가게와 전시관이 많다.

사철

메이테츠 이누야마역
메이테츠 이누야마유엔역

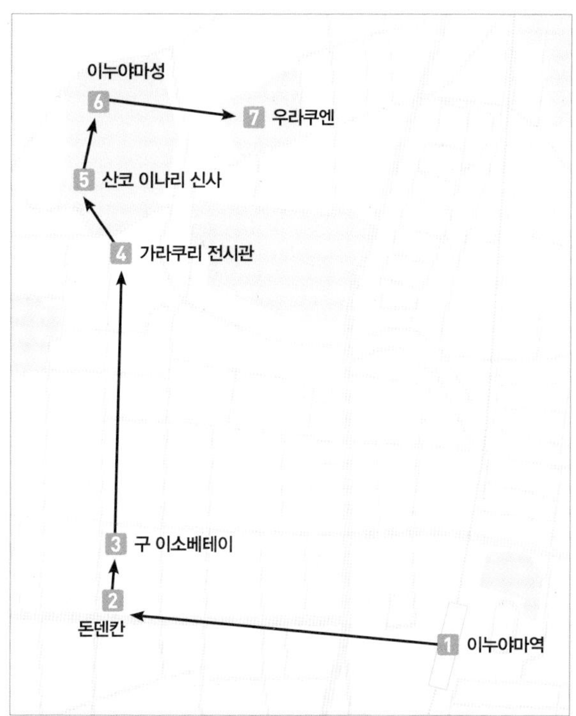

돈덴칸 どんでん館

MAP 9Ⓔ

위치 메이테츠 이누야마역 서쪽 출구에서 도보 10분 주소 犬山市大字犬山字東古券62 오픈 09:00~17:00 요금 100엔, 중학생 이하 무료 전화 0568-65-1728

매년 4월 첫째 주말에 개최하는 국가 중요무형민속문화재 이누야마 축제 犬山祭에 사용하는 거대한 수레 네 량을 전시하고 이누야마 축제를 언제나 체험할 수 있도록 꾸민 전시관이다. 수레는 높이 8m, 무게 3톤으로 산처럼 크고 무겁다 하여 쿠루마야마 車山라 불리며, 보는 순간 그 화려하고 웅장한 위용에 압도된다. 겉보기엔 네 량 모두 비슷해 보이지만, 정교한 옷칠과 화려한 금박, 그리고 무수히 달려 있는 제등의 양식과 모양이 수레에 따라 조금씩 달라 그 차이를 비교해가며 보는 묘미가 있다. 2층 전시관에는 이누야마의 역사를 한눈에 볼 수 있는 다양한 시설을 전시하고 있다. 그중에서도 축제의 모습을 그대로 재현한 종이공예와 축제 때 입는 긴주반 金襦袢은 빼놓지 말고 봐야할 볼거리. 긴주반은 한 벌에 무려 300~400만 엔을 호가하는 화려한 의상으로, 옛날에는 남자 아이가 태어나면 친정에서 이 옷을 보냈다고 한다.

구 이소베테이 旧磯部邸

MAP 9Ⓔ

위치 메이테츠 이누야마역 서쪽 출구에서 도보 10분 주소 犬山市犬山東古券72 오픈 09:00~17:00 휴무 연말연시 요금 무료 전화 0568-65-3444

이누야마성 정문에서 이어지는 혼마치도리 本町通에 있어 에도시대부터 포목상으로 크게 번영한 이소베 가문의 저택. 에도막부 말기에 지어진 저택은 앞에서는 2층 건물로 보이지만, 뒤에서는 단층 건물로 보이는 독특한 구조로 이런 형태의 가옥을 '반코 2층 バンコ二階'이라 부른다고 한다. 또, 입구가 굉장히 작고 좁은 반면 내부는 작은 뜰과 손님방, 창고까지 있을 정도로 넓은 점도 특이하다. 이는 대문 크기에 비례해 세금 징수액을 결정했던 에도시대 당시 제도와 연관이 깊다. 좋게 말하면 주민들의 지혜가 돋보이는 건축양식이지만, 한편으로 교묘한 세금 포탈의 수단이었던 셈이다. 유별난 가옥 구조를 활용한 기획 전시를 진행하기도 하므로 기회가 되면 둘러보자.

시로토마치 뮤지엄 城とまちミュージアム

MAP 9Ⓒ

위치 메이테츠 이누야마역 서쪽 출구에서 도보 15분 주소 犬山市大字犬山字北古券8 오픈 09:00~17:00 요금 100엔, 중학생 이하 무료 전화 0568-62-4802

시로토마치 뮤지엄은 이누야마를 방문하는 사람들과 옛 문화를 함께 공유하고 발전시켜 나가자는 취지로 1987년에 개관했다. 이누야마성 남쪽에 자리 잡고 있으며, 본관은 이누야마성의 덴슈가쿠를 본 떠 만든 지붕과 성의 석벽을 본 떠 만든 외부 벽면을 가지고 있다. 천장이 높아 시원한 홀에는 에도시대의 이누야마성과 성하마을을 그대로 재현한 대규모 미니어처가 있어 당시 마을의 구조를 한 눈에 볼 수 있다. 일반 전시실에는 이누야마의 역사, 문화, 산업, 관광에 관한 다양한 문화유산과 과거 이누야마성의 주인이었던 나루세 瀨家 가문 소유의 고문서와 미술공예품을 함께 전시한다.

가라쿠리 전시관 からくり展示館

MAP 9Ⓒ

위치 메이테츠 이누야마역 서쪽 출구에서 도보 15분 주소 犬山市大字犬山字北古券69-2 오픈 09:00~17:00 휴무 연말연시 요금 100엔, 중학생 이하 무료 전화 0568-62-4802

가라쿠리 인형 からくり人形(꼭두각시인형, 태엽인형) 전시관. 무려 100년 전에 만든 에도시대의 대표적인 가라쿠리 인형인 차하코비닌교 茶運び人形(차 나르는 인형)의 실물을 볼 수 있다는 점이 매력적이다. 또한, 가라쿠리 인형을 직접 눈앞에서 움직이며 설명해주는 공연도 진행한다. 공연은 통상 토요일과 일요일, 그리고 공휴일 오후 2시에 시작한다. 단, 전시관 사정에 따라 공연 시간이 변동되는 경우가 있으므로, 방문할 계획이라면 홈페이지를 통해 일정을 미리 확인하자.

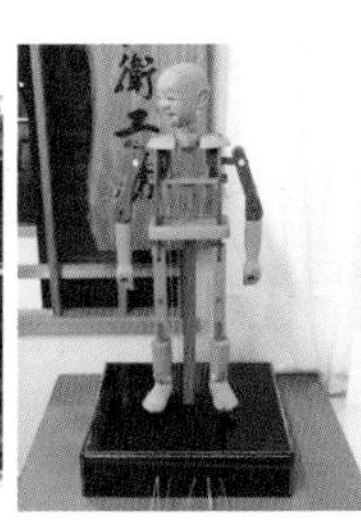

산코 이나리 신사 三光稲荷神社

MAP 9Ⓒ

위치 메이테츠 이누야마유엔역 서쪽 출구에서 도보 20분 주소 犬山市犬山北古券41-1 오픈 24시간 전화 0568-61-0702

이누야마성이 있는 시로야마 城山의 초입에 자리 잡고 있는 유구한 역사의 신사. 확실하지 않지만 1500년대 후반에 창건했다는 설이 유력하다. 오다 노부나가 織田信長의 숙부인 오다 노부야스 織田信康의 두터운 비호를 받았으며, 이후 이누야마성주 나루세 가문의 보호 아래 번영했다. 태평성대, 풍작, 상업 번영, 교통안전 등에 효험이 있다 하여 다른 지역에서도 많은 참배객들이 모여든다. 규모가 비교적 작고 유명한 볼거리는 없지만, 이누야마성으로 가는 길목에 있으므로 부담 없이 가볍게 둘러볼 만하다.

하리츠나 신사 針綱神社

MAP 9Ⓒ

위치 메이테츠 이누야마유엔역 서쪽 출구에서 도보 20분 주소 犬山市北古券65-1 오픈 09:00~15:30 전화 0568-61-0180 홈피 haritsunajinja.com

산코 이나리 신사를 지나 이누야마성 쪽으로 조금 올라가면 오른쪽으로 보이는 작은 신사. 창건 연도를 정확하게 알 수 없지만, 927년에 만든 법전 〈연희식 延喜式〉에 이름이 나오는 것으로 보아 최소 1,000년 전부터 이누야마에 자리 잡고 있었다는 것을 알 수 있다. 예부터 순산, 액막이, 장수 등에 효험이 있다 하여 정월이나 대보름이 되면 이누야마뿐만 아니라 전국에서 많은 참배객들이 찾아온다고 한다. 하리츠나 신사는 규모가 비교적 작지만 경내에 수많은 벚나무가 심어져 있어, 봄이면 흐드러지게 핀 아름다운 벚꽃으로 하얗게 물든 풍경이 꽤 그럴듯하다.

이누야마성 犬山城

MAP 9Ⓐ

위치 메이테츠 이누야마역 서쪽 출구에서 도보 20분 주소 犬山市大字犬山字北古券65-2 오픈 09:00~17:00 휴무 연말연시 요금 어른 550엔, 초 · 중학생 110엔 전화 0568-61-1711 홈피 inuyama-castle.jp

이누야마성은 기소가와 주변 높이 약 88m 정도의 언덕에 자리 잡고 있으며 백제성 白帝城이라는 별칭을 지닌 성이다. 원래 있던 작은 성을 오다 노부나가 織田信長의 숙부인 오다 노부야스 織田信康가 보수하여 증축했는데, 이때 건축 자재는 가나야마성 건물의 일부를 해체하여 가져왔다고 한다. 에도시대에는 오와리번 尾張藩에서 보낸 가신이 입성하여 나루세 마사나리 成瀬正成 이후 9대가 성주로 생활했다. 성 내부에는 나루세 가문이 재단법인에 양도한 화려한 문화재 여러 점을 전시하고 있다.

규모는 크지 않지만 아담한 산책로와 성 주변의 조경이 잘 어우러져 멋스런 분위기를 연출하는 이누야마성은 덴슈카쿠 天守閣가 아름답기로도 유명하다. 이누야마성의 덴슈카쿠는 일본에서 가장 오래된 목조 덴슈카쿠로 알려져 있어 역사적 · 건축학적 가치 역시 뛰어나다. 현재 남아 있는 4층 규모의 덴슈가쿠는 과거 성주였던 나루세 마사나리가 1617년 보수 공사를 마친 이후 수많은 전란 속에서도 불타지 않고 지금까지 원형을 온전히 보전하고 있다. 실내로 들어가면 마치 커다란 다락방에 들어온 듯한 구조로 이루어진 목조 건축의 멋을 느낄 수 있고, 한 층 한 층 가파른 계단을 올라 4층 망루에 도착하면 기소가와 木曽川와 이누야마시의 멋진 전경을 감상할 수 있다.

우라쿠엔 有楽苑

MAP 9Ⓐ

위치 메이테츠 이누야마유엔역 서쪽 출구에서 도보 10분 주소 犬山市御門先1 오픈 3월 1일~7월 14일 · 9월 1일~11월 30일 09:00~17:00, 7월 15일~8월 31일 09:00~18:00, 12월 1일~2월 말 09:00~16:00 요금 1,000엔 전화 0568-61-4608 홈피 www.m-inuyama-h.co.jp/urakuen/

오다 노부나가의 친동생이 만든 아름다운 정원으로, 이누야마성에서 10분 정도 걸어가면 만날 수 있다. 규모는 크지 않지만 아기자기하고 아름답게 꾸민 산책길 사이로 국보 다실 조안 如庵, 중요문화재인 구 쇼덴인서원 旧正伝院書院, 오사카 덴마에 있던 전통 다실을 복원한 겐안 元庵 등 귀중한 문화유산을 감상할 수 있다. 특히, 국보로 지정된 다실 조안은 일본 다도의 선구자였던 오다 우라쿠사이 織田有楽斎가 만든 공간으로, 일본 다도 문화와 역사에 있어 가장 중요한 건축물 중 하나로 손꼽인다. 일본 정부에서도 그 가치를 인정하여 1936년 다실 조안을 국보로 지정했다.

참고로, 추가 요금을 내면 구 쇼덴인서원에서 가볍게 차 한 잔의 여유를 가질 수 있다. 우라쿠엔에서만 맛볼 수 있는 전통 과자와 차를 지방특산물인 이누야마야키 犬山焼로 만든 도기 세트에 담아 내오는데, 한가롭게 아름다운 정원 풍경을 감상하면서 맛볼 수 있어 매력적이다.

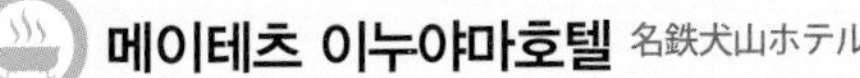

메이테츠 이누야마호텔 名鉄犬山ホテル

MAP 9Ⓐ

위치 메이테츠 이누야마유엔역 서쪽 출구에서 도보 10분 주소 犬山市犬山北古券107-1 요금 호텔 투숙객은 온천 이용 무료, 관내에서 식사한 경우 별도 온천 입장료 930엔 전화 0568-61-2211 홈피 www.m-inuyama-h.co.jp

'백제의 탕 白帝の湯'으로 유명한 이누야마 온천을 즐길 수 있는 온천호텔. 이누야마성과 이누야마유엔역 사이에서 기소가와 木曽川를 따라 형성된 이누야마 온천은 대형 온천에 비해 규모는 작지만 피부를 매끄럽게 만들어주는 깨끗하고 투명한 알칼리성 광천수 '백제의 탕'이 일본 전역에 알려지면서 전국적인 온천 명소가 되었다. 백제의 탕은 피부미용은 물론 신경통, 근육통, 관절염, 오십견 등 각종 통증을 완화시켜주는 데도 탁월한 효과가 있다고 한다.

이누야마 온천 지역에는 10개 정도의 온천 료칸과 호텔이 있다. 가장 유명한 곳은 메이테츠 이누야마호텔이다. 객실에서 이누야마성과 기소가와의 풍경을 즐기거나 호텔 앞에 있는 우라쿠엔을 산책할 수 있다. 무엇보다 이누야마호텔의 가장 큰 매력은 원천에서 직접 온천수를 끌어다 쓰는 이누야마 온천 '백제의 탕'을 체험할 수 있다는 점이다. 온천을 본격적으로 즐기고 싶다면 호텔의 패키지 상품을 이용하는 것도 괜찮다.

주효야 이누야마안 壽俵屋 犬山庵

MAP 9Ⓔ

위치 메이테츠 이누야마역 서쪽 출구에서 도보 13분 주소 犬山市犬山西古券15 오픈 10:00~17:00 전화 0568-62-2244 홈피 fusomoriguchi.co.jp

독특한 유부초밥 이나리즈시 稲荷寿司가 인기인 츠케모노 漬物 전문점. 소금이나 초된장 등에 절인 채소를 일컫는 츠케모노는 반찬으로 먹는 경우가 대부분이지만, 이곳에서는 이나리즈시와 김초밥 속에 들어가는 재료로 쓰인다. 생소한 조합에 어떤 맛일지 상상을 하기 어렵지만, 궁합이 의외로 잘 맞는다. 전통적인 츠케모노 제조 방법을 우직하게 고수하며 합성 첨가물이나 화학 조미료는 일제 사용하지 않아 재료 본연의 맛을 살리는 데 집중했다고 한다.

주효야의 대표 메뉴는 무절임 모리구치즈케 守口漬와 장어, 그리고 유부초밥의 환상적인 조화를 느낄 수 있는 모리우나리 守うなり(210엔). 매장에 앉아 편안하게 먹을 수도 있지만, 테이크아웃으로도 주문할 수 있으므로 이곳에서 구매한 후 여행을 즐기면서 출출할 때 간식으로 먹기에 더할 나위 없다. 이외에도 모리구치즈케가 들어가 감칠맛이 일품인 부드러운 소프트아이스크림 ソフトdeもりぐち(350엔)을 비롯해 다양한 식사 메뉴를 판매한다. 식사 메뉴는 760엔부터 시작하니 간단하게 즐기기에 부담스럽지 않다.

야마다고헤이 모치텐 山田五平餅店

MAP 9Ⓒ

위치 메이테츠 이누야마역 서쪽 출구에서 도보 10분 주소 犬山市東古券776 오픈 11:00~16:30 휴무 월요일 전화 0568-61-0593 홈피 jfsoft.web.fc2.com/yamada-gohei/

이누야마 성하마을에 위치한 명물 떡꼬치 당고 団子 전문점. 이미 일본 현지의 매스컴과 잡지에 여러 차례 소개되었을 만큼 이름난 맛집이다. 가게 문을 연 지 무려 120년이나 된 야마다고헤이 모치텐은, 2014년 새 단장하여 재개장했으나 지금도 여전히 에도시대의 정취가 남아 있는 곳으로 전통 당고를 맛볼 수 있다. 모든 떡을 수작업으로 만드는 야마다고헤이의 당고는 일반 떡보다 훨씬 졸깃하며, 비법 소스는 독특하면서도 중독성이 강하다.

이곳의 핵심 메뉴는 세 개의 당고를 함께 구워낸 당고카타 だんご型 (100엔)와 한 개를 크게 구워낸 와라지카타 わらじ方(150엔) 단 두 가지이므로 크게 고민할 필요 없이 주문할 수 있다. 3분 정도 구워낸 당고를 양념장에 푹 찍어 먹는 맛이 일품. 여름에는 소프트아이스크림과 빙수, 겨울에는 나고야에서도 맛보기 위해서 찾아온다는 고구마를 판매한다고 하니 기회가 된다면 맛봐도 좋겠다.

도후카페 우라시마 豆腐カフェ浦嶌

MAP 9Ⓒ

위치 메이테츠 이누야마역 서쪽 출구에서 도보 10분 주소 犬山市犬山東古券726-2 오픈 09:00~16:00 휴무 화요일 전화 0568-27-5678

나고야를 소개하는 잡지에 단골손님처럼 항상 소개되는 이누야마의 두부요리 전문점. 개점한 지 어느덧 150여 년이 흘렀지만 여전히 모던하면서도 일본 전통의 아름다움을 한껏 살린 인테리어는 주변 성하마을의 풍경과 묘하게 조화를 이룬다. 오랜 기간 두부가게를 해 온 오너의 본가에서 만드는 최상급 두부를 들여와 요리한 음식과 디저트는 건강에도 좋고 맛 또한 뛰어나다. 인기 메뉴는 일품 두부요리와 밥, 국, 조림 반찬, 두부 덴가쿠 豆腐田楽 등이 함께 나오는 다마테바코 런치 玉手箱ランチ(1,620엔). 다만, 수량이 한정되어 있으므로 너무 늦지 않게 방문하여 주문하는 것이 좋다.

고토부키야 ことぶき家

MAP 9Ⓒ

위치 메이테츠 이누야마유엔역 서쪽 출구에서 도보 10분 주소 犬山市犬山北古券11－1 오픈 11:15~17:00(겨울철 11:15~16:30) 휴무 수요일 전화 0568－62－0302

작은 가마솥에 생선, 채소, 버섯 등을 넣고 맛술과 간장, 가쓰오부시 등으로 맛을 내어 지은 밥 가메마시 釜めし를 맛볼 수 있는 음식점. 주문과 동시에 밥을 짓기 때문에 대기 시간이 다소 필요하지만, 갓 지은 따끈따끈하고 신선한 밥을 먹을 수 있다. 대표 메뉴는 이누야마의 특산물로 유명한 은어조림이 들어간 아유가마메시 鮎釜めし(1,400엔). 나고야 명물인 키시멘 きしめん(750엔)도 괜찮다.

혼마치사료 本町茶寮

MAP 9Ⓔ

위치 이누야마역 서쪽 출구에서 도보 10분 주소 愛知県犬山市大字犬山字東古券673 오픈 11:00~17:00 휴무 수요일 전화 050-5885-0478

시선을 강탈하는 일명 병아리 빙수 후와후와카키고오리 ふわふわかき氷(500엔)를 판매하는 디저트 카페이자 찻집. 병아리 빙수의 종류는 딸기 · 복숭아 · 망고 · 우유 · 말차맛 등 다양하고 종류마다 색상도 다르다. 귀여운 모습의 병아리 빙수는 폭신폭신한 식감으로 마치 솜사탕을 먹는 것 같다. 이외에도 이누야마의 명물 요리 덴가쿠 정식 炙り田楽定食(1,100엔)과 일본식 단팥죽 젠자이 恋ぜんざい(750엔)도 판매한다.

일본 근대 건축 문화를 맛보다

메이지무라 明治村

주소 犬山市内山1 오픈 3월~7월 22일 · 9월 · 10월 09:30~17:00, 7월 23일~8월 31일 10:00~17:00, 11월 09:30~16:00, 12월~2월 10:00~16:00 휴무 1월~2월 매주 월요일, 부정기 휴무(홈페이지 확인 필수) 요금 어른 1,700엔, 고등학생 1,000엔, 초, 중학생 600엔 전화 0568-67-0314 홈피 www.meijimura.com

이누야마시 근교의 아름다운 호수 이루카이케 入鹿池를 끼고 있는 100만 평방미터 넓이의 매력 넘치는 테마파크. 일본 메이지시대는 문호를 개방하고 제국주의 열강의 문물과 제도를 적극 수용해 근대화의 사상적 · 물질적 토대를 마련한 시기로, 일본사에서 아스카시대와 나라시대에 필적할 만큼 중요한 의미를 지닌다. 일본 건축사에서 보면 메이지시대는 에도시대로부터 계승한 뛰어난 목조건축양식과 새롭게 도입한 서양 건축양식을 융합해 일본 근대 건축의 틀을 만든 시기다. 하지만, 동시에 지진과 같은 각종 자연재해와 전쟁, 그리고 고도성장기의 무분별한 개발 때문에 작품과도 같은 많은 건축물이 소실된 시기이기도 하다. 사라져가는 과거 문화 건축물의 가치를 사람들에게 널리 알리고 보존하기 위해서 설립한 것이 바로 메이지무라이다. 1965년 3월 18일에 개장한 메이지무라에는 현재 일본 주요문화재 열 개, 아이치현 유형문화재 지정 한 개가 자리하고 있다. 일본 전 국토는 물론이고 멀리는 시애틀, 하와이, 브라질에 있는 역사적인 건축물을 이축해온 것으로 유명하다.

▶ 메이지무라 어떻게 가면 좋을까?

이누야마역 동쪽 출구로 나가면 보이는 버스정류장에서 메이지무라행 버스를 타면 20분 만에 메이지무라 정문에 도착한다. 요금은 편도 420엔. 버스는 30분에 한 대씩 운행하며, 막차 시간은 오후 4시 58분이다. 메이지무라에서 이누야마역으로 돌아오는 버스도 마찬가지로 30분에 한 대씩 운행하며, 막차는 오후 5시 45분에 출발한다.

참고로, 나고야에서 곧바로 메이지무라로 가는 버스도 있다. 나고야역 바로 옆에 있는 메이테츠 버스 센터에서 출발해서 사카에를 거쳐 메이지무라에 도착하는 동선으로, 매일 오전 2회 운행을 한다. 요금은 편도 960엔.

▶ 메이지무라 주요 시설

메이지무라에는 1초메에서 5초메까지 다섯 마을에 걸쳐 총 67개의 건축물과 각종 시설이 있다. 원내가 워낙 부지가 워낙 넓고 많은 건축물이 한자리에 모여 있기 때문에 메이지무라의 모든 건축물을 다 둘러보려면 하루를 꼬박 투자해도 부족할 정도다. 보통 이누야마는 당일 코스로 오는 경우가 많기 때문에 메이지무라에 머물 수 있는 시간은 3~4시간 정도. 그러므로 꼭 볼만한 가치가 있거나 중요문화재로 지정된 건물을 위주로 둘러보는 선택과 집중이 필요하다.

6번지

성 요하네스교회당 聖ヨハネ教会堂

구 소재지 〉 교토 가와라마치도리
건설 연대 〉 메이지 40년(1907)

교토의 가와라마치도리에 지어진 프로테스탄트 일파의 일본성공회 교회로 2층은 회당, 1층은 학교와 유치원으로 사용했다. 중세 유럽의 로마네스크 양식과 고딕 양식을 섞은 외관으로, 정면 좌우에 높은 첨탑이 있어 매력적인 전경을 연출한다. 1층은 벽돌, 2층은 목조로 만들었으며, 지붕에는 가벼운 금속판을 깔아 지진에 대비했다. 십자형 평면의 회당 내부는 첨탑에 있는 아치형 창이 열려 밝고 온화한 분위기이다.

12번지

철도국 신바시공장 鉄道局新橋工場

구 소재지 〉 도쿄 시나가와
건설 연대 〉 메이지 22년(1889)

메이지 신정부는 정치 안정을 위해 교토와 도쿄를 하나로 잇는 철도가 필요하다고 판단하고 철도 건설에 박차를 가한다. 메이지 5년(1872) 신바시-요코하마 구간에서 일본 최초의 증기기관차가 달리기 시작했고, 메이지 7년 오사카-고베 구간이 개통하며 동서의 기점을 만들었다. 이곳 신바시공장은 당시 철도 관공서의 모습을 그대로 재현하여, 근대 일본 철조건축물의 기술과 역사를 알아보는 데 더할 나위 없는 귀중한 자료로 여겨진다.

13번지

미에현청사 三重県庁舎

구 소재지 〉 미에현 츠시
건설 연대 〉 메이지 12년(1879)

메이지시대 당시 관청 건축의 전형적인 모습을 보여주는 청사로 메이지 9년 도쿄에 건설한 내무성 청사를 본떠 만든 것이다. 폭이 54m에 이르는 대형 목조 건물로, 현관을 축으로 해서 좌우 대칭 구조로 만든 본격 서양식 청사다. 건물 설계는 미에현을 대표하는 근대 건축가 시미즈 도리하치 清水義八를 중심으로 진행되었다.

16번지

히가시야마나시군야쿠쇼 東山梨郡役所

중요 문화재

구 소재지 〉 야마나시현 야마나시시
건설 연대 〉 메이지 18년(1885)

외국 문화에 상당히 개방적인 인물이었던 야마나시 현령 山梨県令 후지무라 시로 藤村紫朗가 적극적으로 추진하여 건설한 청사. 정면 현관 위에 베란다를 만들고 중앙부를 중심으로 좌우 대칭 구조를 이룬다. 미에현청사와 함께 도쿄 내무성으로 대표되는 당대 관청 건축양식의 특징을 잘 보여준다.

18번지

도마츠케 주택 東松家住宅

중요 문화재

구 소재지 〉 나고야시 나카무라구
건설 연대 〉 메이지 34년(1901)

나고야 중심부에 있던 3층 목조 상점. 무사가 아니면 3층 이상의 건물을 올리지 못한다는 에도시대의 금지령과 다이쇼시대 시가지 건축물법의 영향으로 일본 고층 목조 건축의 시대는 50년에 불과하다. 그 중에서도 도마츠케 주택은 정면을 바로 3층까지 올린 일본 건축사에 그 유래를 찾기 힘든 구조로, 고층 상점 건축의 선구라고 할 수 있다.

21번지

삿포로 전화교환국 札幌電話交換局

중요 문화재

구 소재지 〉 삿포로 오도리
건설 연대 〉 메이지 31년(1898)

1876년 미국에서 발명가 벨이 유선전화 실용화에 성공하며 통신 수단의 비약적인 진보를 이루던 시기에 개국 開國한 일본은 1877년에 곧바로 도쿄와 요코하마에서 전화 교환 업무를 개시했다. 이후 서서히 전국으로 보급하기 시작, 1898년 삿포로에도 전화교환국이 들어섰다. 삿포로 전화교환국은 외벽을 두꺼운 석벽으로 두르고, 내부는 대부분 목조로 꾸며 동서양의 건축양식을 적절하게 조합했다.

▶▷ 3초메 ▶▷

27번지

사이온지긴모치 별장 「자교소」 西園寺公望別邸「坐漁荘」

구 소재지 〉 시즈오카현 시미즈시
건설 연대 〉 다이쇼 9년(1920)

12대에 이어 14대 일본의 총리를 역임한 사이온지 긴모치가 정계에서 물러난 후 시미즈 항구 근처의 오키츠 興津 해안에 세운 별장. 낮은 담 안쪽으로 보이는 나지막한 2층 건물에는 현관, 부엌, 다다미방 등이 오밀조밀하게 들어서 있다. 전형적인 근대 일본식 목조 건물이지만, 1929년에 양실과 탈의실을 겸비한 욕실, 서양식 양변기를 설치한 화장실 등을 증축하여 서양 건축양식이 가미된 매력적인 별장으로 재탄생되었다.

31번지

나가사키 거류지 25번관 長崎居留地二十五番館

구 소재지 〉 나가사키 미나미야마테
건설 연대 〉 메이지 22년(1889)

나가사키의 유명 명소 중 하나인 미나미야마테의 외국인 거류지에 있던 25번지 건물. 최초 거주자였던 콜더 Colder는 스코틀랜드 출신으로, 1867년 일본에 방문하여 메이지시대 조선 산업 발전에 큰 공을 세운 인물이다. 건물 외관은 다른 외국인 거류지의 저택들과 비교해서 크게 다른 점이 없지만, 실내의 목조 골조에 회반죽을 발라 방한, 방음에 특히 신경을 많이 쓴 점이 독특하다. 또한, 2단으로 되어 있는 멋진 지붕의 모습도 매력적이다.

68번지

시바카와 마타에몬 저택 芝川又右衛門邸

구 소재지 〉 효고현 니시노미야시
건설 연대 〉 메이지 44년(1911)

오사카 출신의 유명 상인 시바카와 마타에몬이 지냈던 별장으로 교토대학 건축학과를 창설한 다케다 고이치 武田五一가 설계를 맡았다. 다케다 고이치는 유럽 유학을 마치고 돌아와 일본 전통 방식에 서구 문화를 가미한 스타일의 건축물을 많이 지었다. 이 저택 역시 아르누보 양식과 일본 건축양식을 융합한 양옥으로 일본 교외 주택의 선구자격인 존재로 평가받는다.

▶▷ 4초메 ▶▷

37번지

나고야 에이주 병원 名古屋衛戍病院

아이치현 유형문화재

구 소재지〉 나고야시 나카구
건설 연대〉 메이지 11년(1878)

서양식 병원을 확충하겠다는 정부 계획에 따라 만든 육군의 위수병원. 당시 서양 종합병원의 전형적인 모습에 따라 여섯 동의 병동이 안뜰을 둘러싸는 구조로 지어졌다. 단, 본격적으로 서양 건축양식을 도입한 것은 아니고, 일본풍의 간결한 디자인을 살려 병원 자체의 목적에 맞도록 설계했다.

46번지

우지야마다 우체국 宇治山田郵便局

중요 문화재

구 소재지〉 미에현 이세시
건설 연대〉 메이지 42년(1909)

1870년 도쿄 에도바시에 일본 최초의 우체국이 들어서고 근대 우편 사업이 개시되면서 전국적으로 우체국들이 지어지기 시작했다. 시대의 흐름에 발맞추어 우지야마다 우체국도 1872년에 개국했다. 처음에는 네 평 남짓한 작은 관공서였지만 업무가 늘어나면서 이전에 이전을 거듭 1909년에 이세시에 현재의 건물을 짓게 되었다. 중앙에 원추형 돔의 지붕을 세운 멋진 서양식 우체국으로, 현관 양쪽으로 우뚝 솟아 있는 두 개의 탑이 매력적이다.

49번지

구레하자 呉服座

중요 문화재

구 소재지〉 오사카부 이케다시
건설 연대〉 메이지 25년(1892)

에도시대 건축양식의 자취가 남아 있는 가부키 극장. 목조 2층 건물로, 무대와 객석 부분에 커다란 맞배지붕을 올린 것이 특징이다. 입구 바로 위에는 극장답게 신파, 만담, 가부키 등 다양한 그림 간판을 내걸고 있으며, 삼각형 모양의 맞배지붕 앞쪽에는 작은 망루를 세워 독특함을 더했다. 시간제로 내부를 견학할 수 있는데, 비싼 좌석과 저렴한 좌석이 구분되어 있는 것이 흥미롭다.

▶▷ 5초메

51번지

성 자비에르 천주당 聖ザビエル天主堂

구 소재지 〉 교토 가와라마치
건설 연대 〉 메이지 23년(1890)

근대 일본에서 기독교 전도에 힘썼던 성 프란시스코 자비엘을 기념하여 만든 가톨릭교회. 하얀색 외벽이 깨끗하고 고풍스러운 분위기를 연출하며, 정면 입구 바로 위에 있는 둥근 스테인드글라스도 인상적이다. 기본 구조는 벽돌과 목조의 혼용했다. 외벽은 벽돌을 중심으로, 내부의 기둥과 지붕 뼈대 등은 목조로 구성하고 있다. 실내로 들어가면 단아한 외관과는 달리 제법 화려하고 다양한 장식들을 볼 수 있다. 특히, 빛을 통해 아름다운 음영을 보이는 스테인드글라스는 빼놓을 수 없는 볼거리다.

56번지

다이묘지 성바오로 교회당 大明寺聖パウロ教会堂

구 소재지 〉 나가사키현 니시소노기군
건설 연대 〉 메이지 12년(1879)

나가사키 최초의 교회인 오우라천주당 건설에 참여했던 건축가가 만든 교회. 내부는 고딕 양식으로 만들었지만, 외관은 종루를 제외하면 거의 보통 농가와 다름없는 평범한 모습이다. 기독교 금제의 영향을 확인할 수 있어 흥미롭다. 일단 실내로 들어가면 아치 형태의 화려한 곡선미와 짜임새 있는 구성, 밝고 고풍스러운 분위기에 놀라게 된다. 특히, 일반적으로 교회 부지나 주변 바위산에 동굴을 파내어 만드는 '루르드의 동굴'을 실내에 설치해둔 점이 독특하다.

67번지

데이코쿠호텔 중앙현관 帝国ホテル中央玄関

구 소재지 〉 도쿄 치요다구
건설 연대 〉 다이쇼 12년(1923)

20세기 건축계의 거장, 미국의 프랭크 로이드 라이트 Frank Lloyd Wright가 설계하여 4년 동안 건설한 데이코쿠호텔의 중앙 현관. 중심부에 입구, 대식당, 극장 등 공공시설을 두고 좌우로 객실을 배치했다. 다양하고 멋진 공간 구성으로 당시의 평면적인 건축양식에서 입체적인 건축양식으로 발전을 꾀했다는 점에서 세계적으로도 중요한 건축 작품으로 평가받는다. 기하학적인 조각이 들어가 있는 외관도 훌륭하지만, 메인 로비의 화려한 모습 또한 매력적이다.

PLUS AREA

세토

瀬戸

나고야에서 동쪽으로 20km 남짓 떨어져 있는 세토는 1,000년의 역사를 자랑하는 도자기와 다양한 전통 문화를 지닌 작은 도시다. 특히, 에도시대에 요업 窯業 기술이 비약적으로 발전하여 세토에서 만든 도자기가 일본 전국으로 퍼지면서 세토는 일약 도자기의 도시로 자리매김하게 되었다. 대도시처럼 화려한 쇼핑 거리는 없지만, 정감을 느낄 수 있는 아기자기한 골목길과 일본을 대표하는 도자기 상점가를 산책하듯 둘러볼 수 있어 한나절 산책 코스로 더없이 좋은 여행지다.

세토
이렇게 여행하자

가는 방법 사카에마치역에서 출발하는 메이테츠 세토센을 이용하면 35분 만에 갈 수 있다. 사카에마치역은 오아시스 21 바로 옆에 있는 메이테츠 선절역으로, 지하철 사카에역과 연결되어 있다. 목적지 오와리세토역은 종착역이므로 편하게 가면 된다. 편도 요금은 450엔이다.

여행 방법 세토모노 상점가와 세토구라, 마네키네코 박물관 등 오와리세토역 주변 명소만 둘러본다면 3시간 정도로 충분하다. 다만, 세토 최고의 명소인 도자기 산책로 가마가키노코미치까지 간다면 1~2시간을 더 추가해야 한다.

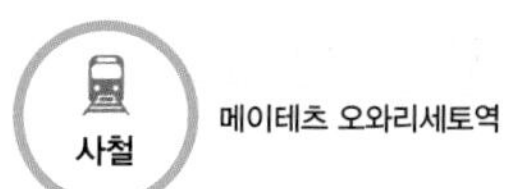

메이테츠 오와리세토역

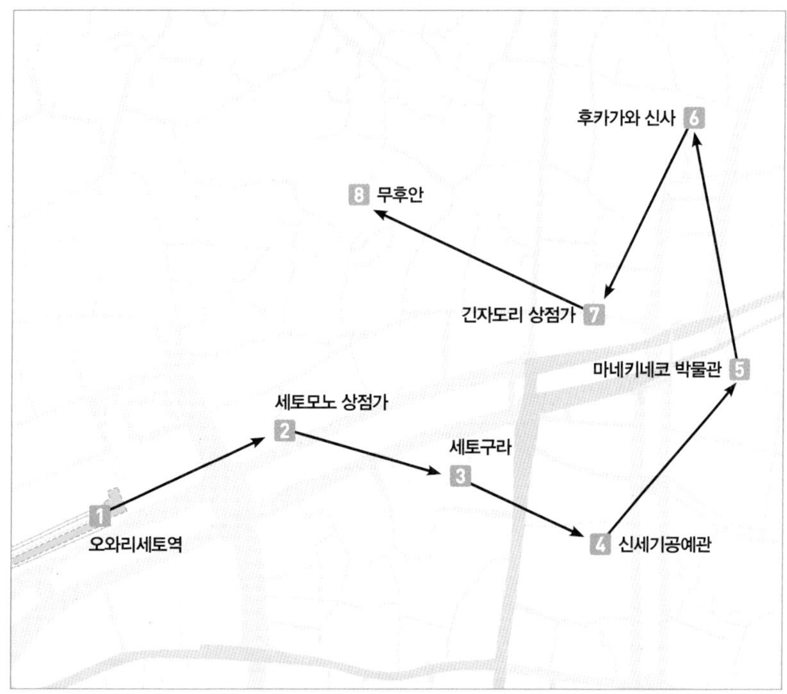

세토모노 상점가 せともの商店街

MAP 10ⓒ

위치 오와리세토역에서 도보 2분 주소 瀬戸市栄町 오픈 10:00~17:00(가게마다 다름) 휴무 월 · 화요일에 쉬는 가게가 많음

세토시를 동서로 가로지르는 세토가와 瀬戸川를 따라 형성되어 있는 약 1km 길이의 도자기 상점가. 도자기 상점가라고 해서 처음부터 끝까지 도자기 가게만 일렬로 쭉 늘어서 있지는 않고, 강변을 따라 특색 있는 가게들이 제법 들어서 있어 재미있게 구경할 수 있다. 일반적으로 가정에서 사용하는 식기에서 호화로운 작품 수준의 도자기까지 다양한 종류의 도자기를 볼 수 있다. 세토시 주변에 도자기 원료로 쓰이는 양질의 점토와 규사가 많이 있어 완성된 도자기의 품질 또한 뛰어나다.

추천 상점은 예쁜 디자인의 식기류가 많은 세토몬야 せともんや와 가네추도기 鐘忠陶器, 그리고 메이지시대부터 이어온 전통과 역사를 자랑하는 마루이치코쿠부 상점 丸一国府商店이다. 잘 찾아보면 괜찮은 가격대의 선물용 도자기 세트를 구할 수 있다. 또한, 외부 매대에는 다기 세트, 머그컵, 접시 등 저렴하면서도 실용적인 가정용품이 많으니 잘 둘러보자.

참고로, 상점가 명칭인 '세토모노'는 '세토의 물건'을 말하는데, 세토의 도자기가 워낙 유명하기 때문에 세토의 물건하면 바로 도자기를 떠올리게 되어 세토모노가 세토 도자기를 뜻하는 고유명사처럼 된 것이라고 한다.

세토구라 瀨戸蔵

MAP 10Ⓓ

위치 오와리세토역에서 도보 5분 주소 瀨戸市蔵所町 1-1 오픈 08:30~21:30 휴무 매월 넷째 월요일 요금 500엔(세토구라 뮤지엄) 전화 0561-97-1555

세토시의 산업 관광과 시민 교류를 지원하는 복합 시설로 세토 여행의 중심지라고도 할 수 있다. 세토 도자기에 대한 모든 것을 알려주는 세토구라 뮤지엄을 비롯해서 간단한 식사를 할 수 있는 음식점, 다양한 도자기용품을 판매하는 세라믹 플라자가 있다. 핵심은 단연 약 1,000년 이상의 역사를 지닌 세토 도자기의 변천사를 소개하고 있는 세토구라 뮤지엄. 과거에 사용하던 석탄 가마와 공장, 세토 거리의 옛 풍경을 그대로 재현한 테마 공간과 다양한 도자기를 만날 수 있어 도자기에 관심이 있다면 시간 가는 줄 모르고 둘러보게 된다.

신세기공예관 新世紀工芸館

MAP 10Ⓓ

위치 오와리세토역에서 도보 7분 주소 瀨戸市南仲之切町81-2 오픈 10:00~18:00 휴무 화요일 요금 무료 전화 0561-97-1001

세토의 도예 문화를 한층 더 발전시키고 지역 예술 교류를 활성화한다는 취지로 1999년에 건립한 문화시설. 1914년에 건설한 구 세토도자기진열관을 개축 및 복원한 2층 목조 건물이다. 건물 내부는 세 개의 갤러리, 전시 공간과 교류 공간, 그리고 공방으로 이루어져 있다. 주로 도자기와 유리공예품을 전시하거나 판매하며, 모두 무료 입장하여 자유롭게 둘러볼 수 있다. 제법 볼만한 것들이 많으므로 세토구라나 마네키네코 박물관과 함께 일정에 넣어도 괜찮다. 참고로, 월 1회 청소 및 점검을 하는 날에는 오전에 문을 열지 않는 경우도 있으므로 주의하자.

마네키네코 박물관 招き猫ミュージアム

MAP 10Ⓑ

위치 오와리세토역에서 도보 8분 주소 瀬戸市薬師町2 오픈 10:00~17:00 휴무 화요일, 연말연시 요금 300엔 전화 0561-21-0345 홈피 www.luckycat.ne.jp

일본 최대 규모의 컬렉션을 자랑하는 마네키네코 박물관. 예쁜 서양식 2층 건물로, 개성 넘치는 마네키네코 상품을 판매하는 1층의 아트홀과 마네키네코의 역사와 문화 그리고 다양한 컬렉션을 볼 수 있는 2층의 뮤지엄으로 이루어져 있다. 워낙 많은 종류의 마네키네코와 관련 상품을 보유하고 있어 귀여운 소품을 좋아하는 사람이라면 가볼 만하다. 마네키네코란 일명 행운을 부르는 고양이로 한 쪽 앞발을 들고 있는 것이 특징이다. 왼발을 올리고 있으면 손님, 오른발을 올리고 있으면 돈을 부른다고 여긴다. 고양이 색깔에도 각각 다른 의미가 있다. 흰색은 행운을 의미하고 핑크는 연애운, 노란색은 금전운, 은색은 장수를 뜻한다. 검은색은 나쁜 귀신을 쫓고, 붉은색은 병을 쫓는다고 한다.

후카가와 신사 深川神社

MAP 10Ⓑ

위치 오와리세토역에서 도보 8분 주소 瀬戸市深川町11 오픈 09:00~16:00 전화 0561-82-2764 홈피 seto-fukagawashrine.com/

771년 창건 이후 오랜 기간 세토시의 수호신 역할을 해온 전통 신사. 경내에는 세토 도자기의 부흥을 이끌었던 도조 도시로 陶祖 藤四郎가 만든 조형물이 곳곳에 자리한다. 특히, 활력의 상징인 신마 神馬와 개성 넘치는 모습을 한 박견 狛犬이 유명하다. 도예의 신이라 불리는 장인이 만들어서인지 이들에게 소원을 빌면 잘 이루어진다고 전해지면서 매년 정초에는 새해맞이 참배객들로 엄청나게 붐빈다고 한다. 규모는 크지 않지만, 아기자기한 볼거리도 있고 눈이 시원한 녹음으로 둘러싸여 있어 신사 앞 상점가에서 식사를 하고 가볍게 둘러보기에 좋다.

 긴자도리 상점가 銀座通り商店街

MAP 10Ⓑ

위치 오와리세토역에서 도보 5분 주소 瀬戸市朝日町 오픈 10:00~17:00(가게마다 다름) 휴무 수요일에 쉬는 가게가 많음 홈피 www.seto-ginza.com/index.html

세토시에서 가장 번화한 아케이드 상점가로, 도자기 거리 안쪽에 있다. 주말에는 사람들이 제법 많고 가게도 대부분 문을 열지만, 평일에는 상당히 썰렁한 편이라 '번화가'라는 표현과는 다소 어울리지 않는다. 식품과 패션잡화 등을 판매하는 상점이 몰려있는 일반 상점가와 다른 특징은 도자기 마을의 상점가답게 도자기 관련 상품이 눈에 띄게 많다는 점이다. 잘 찾아보면 엄청 귀여운 아이템을 저렴한 가격에 구할 수 있다. 최근에는 전통시장을 살리자는 취지로 젊은이들이 운영하는 독특한 음식점과 상점이 하나둘씩 늘어나고 있어 활기찬 느낌이 강해지고 있는 추세다.

 무후안 無風庵

MAP 10Ⓐ

위치 오와리세토역에서 도보 8분 주소 瀬戸市仲切町51 오픈 10:00~15:00 휴무 수요일 전화 0561-88-2542

긴자도리 상점가에서 나와 마을 사이 언덕길을 따라 올라가다 보면 나지막한 산등성이에 오두막집이 하나 나온다. 일본 근대 공예의 선구자였던 후지이 다츠키치 藤井達吉의 작품들을 전시하는 갤러리 무후안이다. 다만, 갤러리라고 하기에는 작품의 수가 너무 적어 정말 순식간에 둘러볼 수 있다. 다실의 기능도 하고 있으므로 편안하게 앉아서 차 한 잔의 여유를 즐기고 가는 풍경 좋은 곳으로 이해하면 편하다. 무후안 밖에 있는 작은 잔디 광장에서 마을을 내려다보면서 유유자적 쉬는 것도 괜찮은 선택이다.

가마가키노코미치 窯垣の小径

MAP 10Ⓓ

위치 오와리세토역에서 도보 25분 주소 瀬戸市仲洞町 오픈 24시간 전화 0561-85-2730

가마 도구를 쌓아 올려 만든 기하학적인 문양의 벽과 담이 아름다운 골목길. 옛날에는 가마에서 구운 도자기를 나르던 길이었다고 한다. 알록달록 이기자기한 문양들과 때로는 작품처럼 절묘하게 만든 도자기 담벼락을 볼 수 있는 공간으로 사진을 찍으며 산책하기에는 그만이다. 산책 코스는 총 400m 정도로 길지 않기 때문에 여유 있게 걸어도 30분이면 충분하다. 하지만, 시간을 조금 더 투자해서 때로는 산책 코스에서 벗어난 작은 골목길로 들어가 시골의 정취를 느껴보는 것도 괜찮다. 여유가 된다면, 품격 높은 천장화를 볼 수 있는 호센지, 도예가들의 작품을 만날 수 있는 갤러리, 그리고 세토 도자기의 역사와 문화를 한눈에 볼 수 있는 자료관도 함께 둘러보도록 하자.

Zoom in

호센지
宝泉寺

위치 오와리세토역에서 도보 25분 주소 瀬戸市寺本町30 오픈 24시간 전화 0561-82-2316

가마가키노코미치가 시작하는 길목에 위치한 사찰. 1252년에 건립된 유서 깊은 곳으로 도중에 화마에 휩쓸려 소실되기도 했지만, 1648년 재건하여 오늘날에 이르고 있다. 본당의 천장을 화려하게 장식한 천장화가 유명한데, 500년 이상 지났는데도 예전의 색조를 그대로 간직하고 있다. 또, 시 지정문화재로 선정된 도자기로 만든 16나한상 十六羅漢像도 놓치지 말고 봐야 할 볼거리라고 할 수 있다.

가마가키노코미치 자료관
窯垣の小径資料館

위치 오와리세토역에서 도보 30분 주소 瀬戸市仲洞町39 오픈 10:00~15:00 휴무 수요일 전화 0561-85-2730

메이지시대 후기 세토 지역에서 만들었던 도자기와 혼교야키 本業焼를 굽던 가마터를 예전 모습 그대로 보존하여 개축한 자료관. 다양한 도자기를 구경하면서 세토의 역사와 문화를 온몸으로 느낄 수 있는 재미있는 체험 시설이다. 자료관 자체가 고풍스러운 옛 민가 형태라 그냥 둘러보기만 해도 일본의 근대 생활상이 엿보인다. 특히, 도자기로 만든 욕실과 화장실은 그냥 지나치지 말고 살펴보길 추천한다.

가마가키노코미치 갤러리
窯垣の小径ギャラリー

위치 오와리세토역에서 도보 28분 주소 瀬戸市仲洞町31 오픈 기획전 개최 시에 한하여 개관 10:00~16:00 전화 0561-85-2730 홈피 ennokai88.blog.fc2.com/

에도시대 후기에 건설한 가마터를 복원하여 만든 도자기 갤러리. 정면 중앙에 2층 기와집이 있고 양옆으로 창고와 가마터가 있는 전형적인 세토 민가의 구조를 갖추고 있다. 입구로 들어가면 생각보다 넓은 공간에 놀라게 된다. 도자기에 관심이 없더라도 주변 분위기가 괜찮으므로 한번 둘러볼 만하다.
단, 갤러리는 기획전이 열릴 때에 한하여 부정기적으로 개관하므로, 방문하기 전 홈페이지에서 일정을 미리 확인하자.

우나기타시로 うなぎ田代

MAP 10Ⓑ

위치 오와리세토역에서 도보 7분 주소 瀬戸市深川町13 오픈 11:30~15:00, 16:00~19:00 휴무 월요일 전화 0561-82-3036

도자기로 유명한 세토에서는 옛날부터 가마에서 불을 지피던 직공들의 영양 보충을 위해 장어요리를 많이 먹었다고 한다. 그 영향 때문인지 지금도 세토에는 장어요리 전문점이 많다. 그중에서도 특별히 맛있는 장어요리를 먹을 수 있는 곳이 바로 우나기타시로. 세토에 가는 이유가 이곳의 장어덮밥을 먹기 위해서라는 사람도 있을 정도로 맛이 뛰어나다.

맛의 비결은, 즉석에서 바로 잡아 손질한 싱싱한 장어, 최고급 숯, 장어구이 달인의 손길, 그리고 비법 양념 정도를 들 수 있다. 이 모든 과정을 생생하게 바로 앞에서 지켜볼 수 있는 것도 매력적이다. 대표 메뉴인 우나동 나미 鰻丼並(2,700엔)는 장어 한 마리 분량이 올라간다. 장어가 워낙 크고 두툼해 밥을 추가해서 먹으면, 성인 남성이라도 한 그릇만으로 충분히 배부르다. 따끈따끈한 쌀밥 위에 올라간 두툼한 장어구이 여섯 조각은 보기만 해도 군침이 돈다. 겉은 바삭하고 속은 부드러운, 굽기의 기본이 되어 있는 장어구이는 장어 본연의 맛과 양념 맛이 적절하게 조화를 이룬다. 장어구이만으로 배를 채우고 싶다면 한 마리 반 분량의 우나동 죠 鰻丼上(3,700엔)를 주문하자.

한가지 아쉬운 점은 현지에서 워낙 유명한 곳이라 항상 많은 사람들로 붐빈다는 것. 대기 중인 사람들이 있으면 종업원에게 이름과 인원수를 얘기하고 기다려야 한다.

가와무라야 가에이 川村屋賀栄

MAP 10Ⓓ

위치 오와리세토역에서 도보 4분 주소 瀬戸市栄町25
오픈 08:30~18:00(재료 소진 시 종료) 휴무 화요일
전화 0561-84-2221

창업 100년의 오랜 전통을 자랑하는 일본 전통 과자 전문점. 세토모노 상점가에 있는 도자기 가게들을 구경하면서 걸어가다 보면 오랜 세월의 흔적을 느낄 수 있는 예스러운 건물이 나타난다. 가와무라야 川村屋라고 써진 가게 입구의 노렌 暖簾도 왠지 고풍스럽다. 실내로 들어가면 아기자기한 진열장에 맛있는 전통 과자들이 쭉 늘어서 있는데, 하나같이 입맛을 자극한다. 딸기의 맛을 극한까지 끌어올린 이치고다이후쿠 イチゴ大福(180엔), 절제된 단맛의 팥소가 일품인 네코만주 猫饅頭(140엔), 가게의 명물로 오랫동안 인기를 누려온 술떡, 세토가와만주 瀬戸川饅頭(100엔)는 기본적으로 먹어야 할 품목들이다. 테이크아웃을 하면 예쁜 포장지에 정성껏 담아준다. 만주는 유통 기한이 비교적 길어서 선물용으로도 그만이다.

시안 志庵

MAP 10Ⓑ

위치 오와리세토역에서 도보 5분 주소 瀬戸市栄町12
오픈 11:00~15:00, 17:00~21:30 휴무 화요일 전화 0561-82-3051 홈피 www.sian.co.jp

세토는 원래 장어요리와 야키소바가 명물인 고장이지만, 시안은 맛있는 수타 소바 하나로 지역 명물 가게가 된 맛집이다. 국수 전문점이라고는 생각하기 힘든 세련된 분위기의 근사한 현대식 건물과 접객 매너 만점의 친절한 점원들까지 있어 대접받는 느낌이 제대로 든다.

대표 메뉴는 니하치 소바 二八そば(밀가루와 메밀의 비율이 2:8인 소바)와 벚꽃이 만개한 모습을 응용한 새우튀김이 함께 나오는 사쿠라에비카키아게자루 桜エビのかき揚げざる(1,500엔). 은은한 메밀향을 품고 있는 매끄러운 소바면과 바삭바삭한 새우튀김의 조화가 일품이다.

PLUS AREA

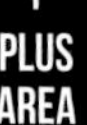

도코나메

常滑

아이치현 서부에 위치한 소도시 도코나메는 일본 최대 규모의 도자기 산지로 유명하다. 1,000년의 역사를 가진 도코나메 도자기는 일본의 옛 6대 가마터 중에서도 가장 큰 규모를 자랑한다. 에도막부 말기 중국 기술을 도입해 가마를 만들면서 대량 생산을 시작했고, 메이지시대부터 본격적으로 도기관(도자기 토관)과 타일을 생산하면서 전국 굴지의 도자기 생산지로 성장했다. 지금은 다기와 식기 같은 생활용품이나 마네키네코 등의 민예품을 활발하게 생산하면서 제2의 부흥을 꿈꾸고 있다.

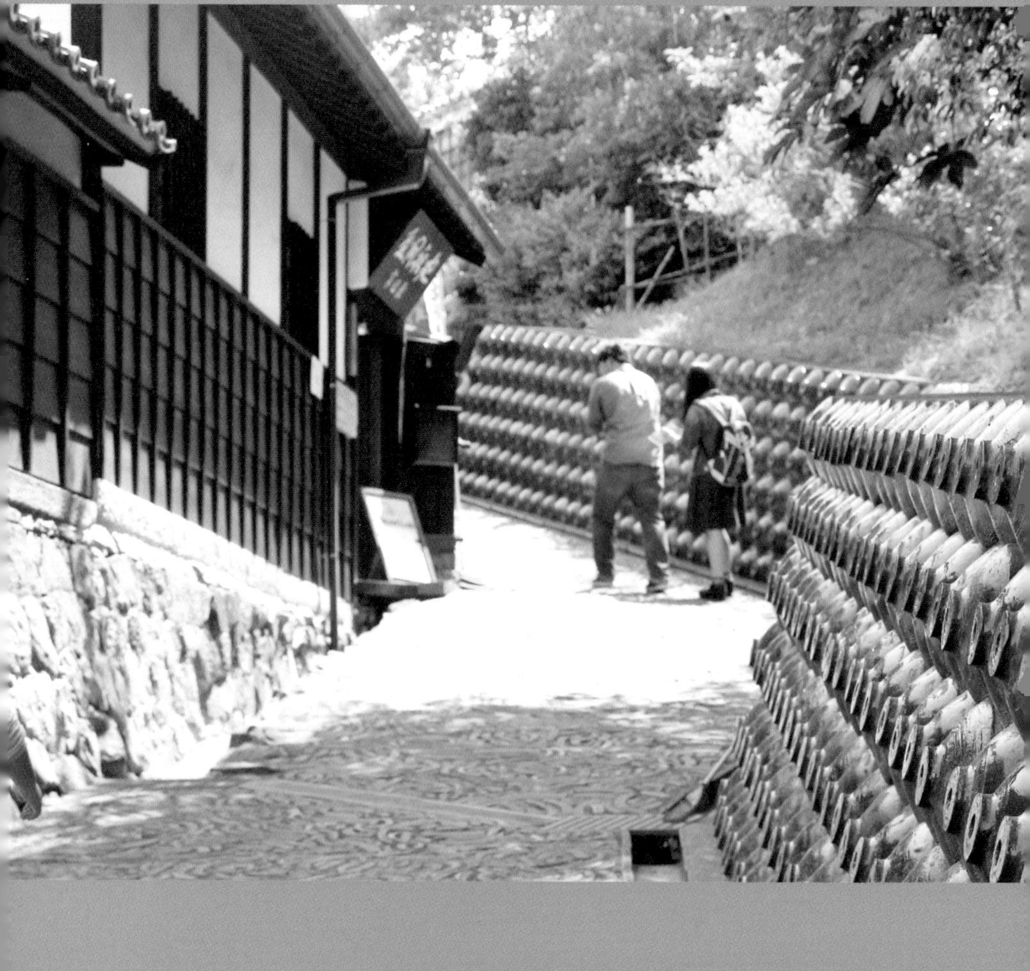

도코나메
이렇게 여행하자

가는 방법

도코나메까지는 메이테츠 나고야역에서 중부국제공항 방면 전철을 타면 된다. 뮤 스카이를 제외하고 급행 急行, 준급행 準急, 보통 普通 등 아무 전철을 타도 상관없지만, 이왕이면 역마다 서는 보통 전철보다 준급행 이상을 타는 것을 추천한다. 급행 기준으로 나고야역에서 도코나메역까지는 40분 정도 소요되며 요금은 660엔이다. 도코나메에서 바로 중부국제공항으로 간다면, 편도요금 310엔을 미리 챙겨두는 편이 좋다.

여행 방법

도코나메역에 도착하면 일단 관광안내소에 방문해 도코나메 산책로가 자세히 나와 있는 지도를 챙기도록 한다. 작은 동네라 길을 찾는데 큰 어려움은 없지만, 시간을 허투루 쓸 수는 없으니 지도를 보고 미리 확인을 하는 게 좋다.

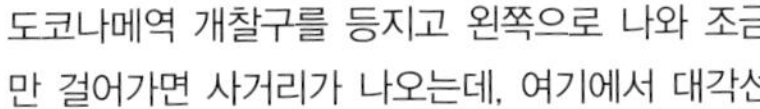

도코나메역 개찰구를 등지고 왼쪽으로 나와 조금만 걸어가면 사거리가 나오는데, 여기에서 대각선 방면으로 건너가면 여행자들을 맞이하는 도자기 고양이들을 만날 수 있다. 각각 다른 모습을 한 고양이들이 벽에 쭉 늘어서 있는 아기자기한 풍경을 보면서 3분 정도 걸어가면 산책로의 시작인 도자기 회관이 보인다. 도자기 회관을 살짝 둘러보고 왔던 길로 다시 10m가량 되돌아가면 왼쪽으로 도자기 산책로가 시작된다. 도자기 산책로는 외길이면서 50m 간격으로 표지판이 있으므로 길을 잃을 걱정은 없다. 산책로는 다시 도자기 회관으로 이어지므로 돌아가는 길은 걱정하지 않아도 된다.

TIP 캐리어 보관 방법

여행 첫날이나 마지막 날 여행을 하는 경우가 많으므로 대부분의 여행자들은 커다란 캐리어를 가지고 도코나메역에 도착한다. 코인로커에 넣어두면 편하긴 하지만 크기에 따라 들어가지 않을 경우 난감할 수 있다. 그럴 때는 역무원에게 바로 얘기를 하자. 스미마셍, 니모츠 아츠케테 쿠다사이 すみません, 荷物預けてください, 이렇게 말하면 크기에 상관없이 친절하게 짐을 맡아준다. 요금은 420엔으로 대형 코인로커보다 저렴하다. 짐을 맡기면 보관증을 하나 주는데, 여행을 마치고 돌아와서 보여줘야 하므로 잃어버리지 않도록 잘 보관하자.

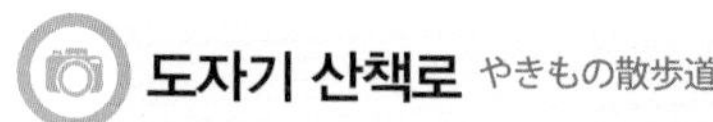

도자기 산책로 やきもの散歩道

위치 메이테츠 도코나메역에서 도보 8분 주소 常滑市栄町3-8 오픈 09:00~17:00 전화 0569-35-2033(도자기 회관)

벽돌로 만든 굴뚝이 있는 가마, 옛날 도자기 공장, 도자기를 이용한 언덕길 등 독특한 분위기와 감성을 느낄 수 있는 고즈넉한 길, 도코나메 도자기 산책로는 이미 우리나라 여행자들 사이에서도 제법 알려진 명소다. 중부국제공항에서 전철로 두 정거장, 10분 정도 떨어진 거리에 있어 나고야에 온 첫날이니 마지막 날 공항과 연계해서 가면 비용과 시간을 줄일 수 있나. 산책로는 1.6km 길이의 A코스와 4km 길이의 B코스가 있다. 통상 여행자가 도코나메에서 머무는 시간이 2~3시간 정도인데, B코스는 산책에만 오롯이 시간을 투자해야 제대로 둘러볼 수 있어, 여행 일정이 촉박한 여행자 대부분은 부담이 적은 A코스를 선호한다. 비행기 시간 때문에 보통 첫날과 마지막 날을 대충 보내는 경우가 많은데, 나고야 여행에서는 도코나메를 일정에 넣어 여행 첫날을 여유롭게 시작하거나, 여행 마지막 날을 알차게 마무리하여 추억에 남는 여행을 만드는 것도 나쁘지 않다.

TIP 산책로 번호 표지판

도자기 산책로에는 약 50m 간격으로 표지판이 설치되어 있어 길을 잃을 염려가 적다. 주요 스폿의 명칭과 거리, 방향을 써둔 표지판으로 1번부터 25번까지 차례대로 따라가면 편하게 둘러보면서 산책할 수 있다. 다만, 동네가 크지 않기 때문에 순서대로 표지판을 찾는 게 귀찮거나 일정에 여유가 있다면 그냥 발길 닿는대로 다녀도 무방하다.

Zoom in

도코나메 마네키네코도리

とこなめ招き猫通り

위치 메이테츠 도코나메역에서 도보 5분

도자기 회관으로 가는 언덕길에 위치한 마네키네코 스트리트. 39개의 마네키네코가 벽에서 얼굴을 내밀고 있다. 각기 다른 표정과 특별한 의미를 가지고 있어 하나하나 구경하면서 가는 재미가 각별하다. 일본에서 생산하는 마네키네코 중 약 80%가 도코나메에서 만들어지는 만큼 완성도도 높아 거리의 전시관 같은 분위기를 자아낸다.

도자기 회관

陶磁器会館

위치 메이테츠 도코나메역에서 도보 8분 주소 常滑市栄町3-8 오픈 09:00~17:00 전화 0569-35-2033

도코나메 도자기 산책로의 출발점. 관내에는 다양한 도자기 제품을 볼 수 있는 갤러리가 있으며, 수준 높은 작품과 귀여운 장식품 등을 구입할 수 있는 상점도 갖추고 있다. 화장실도 들를 겸 본격적인 산책을 시작하기 전에 잠시 둘러보고 가기에 나쁘지 않다.

미마모리네코 도코냥
見守り猫「とこにゃん」

위치 메이테츠 도코나메역에서 도보 10분

도코냥이라는 애칭으로 도코나메를 지키고 있는 거대한 마네키네코. 폭 6.3m, 높이 3.2m의 엄청난 크기를 자랑하며, 얼굴을 빼쭉 내밀고 있는 모습이 귀여워서 많은 여행자들의 사랑을 받고 있다. 도코나메 마네키네코도리가 끝나는 지점에 위치한 육교 위에 있다. 산책로 도중(5번 표지판 확인)에 편하게 들렀다 갈 수 있는 샛길이 있으니 나중에 보는 게 낫다.

해상운송 중개자 다키타 저택
廻船問屋 瀧田家

위치 메이테츠 도코나메역에서 도보 20분 주소 常滑市栄町4-75 오픈 09:30~16:30 휴무 연말연시 요금 200엔, 중학생 이하 무료 전화 0569-36-2031

에도시대부터 메이지시대에 걸쳐 해상 운송업을 하던 다키타 가문의 저택을 복원한 곳. 산책로가 저택 마당과 뒷문으로 이어져 있어 일부분은 무료로 관람할 수 있다. 예쁜 구조물과 화장실이 있어 잠시 쉬었다 가기에 좋다. 시간 여유가 된다면 200엔을 투자해서 저택 구석구석을 구경하고 가는 것도 괜찮다.

도칸자카
土管坂

위치 메이테츠 도코나메역에서 도보 23분 오픈 09:30~16:30(도칸자카 휴게소) 휴무 월요일(도카자카 휴게소)

도코나메 도자기 산책로를 대표하는 아름다운 토관 언덕길. 19세기 말 메이지시대에 만든 토관과 20세기 쇼와시대 초기의 소주병으로 벽을 세운 것뿐인데, 이게 의외로 운치가 있다. 길바닥에는 미끄럼 방지를 위해 토관을 소성할 때 사용하고 버린 폐자재를 묻어두었다. 환경과 사람을 생각하는 지혜를 엿볼 수 있는 곳으로, '아름다운 일본의 역사적 풍토 100선'에 선정되기도 했다.

전시 공방관
展示工房館

위치 메이테츠 도코나메역에서 도보 25분
주소 常滑市栄町6-145 오픈 10:00~16:00
휴무 연말연시 요금 무료 전화 0569-35-0292

노보리가마 바로 옆에 있는 도자기 공방. 가마 양쪽 입구에서 불을 넣는 독특한 방식의 굽기 과정을 견학할 수 있고 도자기 만들기 체험도 할 수 있다. 주변에 앉아서 쉴 수 있는 공간과 화장실, 자판기 등이 있고, 위치상으로 산책로의 중간 지점이라 잠시 휴식을 하고 가기에 좋다.

노보리가마(도에이 가마)
登窯(陶栄窯)

위치 메이테츠 도코나메역에서 도보 25분

국가 중요유형문화재로 지정되어 있는 일본 근대화의 산업 유산. 노보리가마는 말 그대로 비스듬한 경사가 있는 오름식 가마를 말하며, 일본에서 현재까지 남아 있는 것은 이곳 도에이 가마(1887년 무렵부터 1974년까지 실제로 사용했던 일본 최대 규모의 오름식 가마)가 유일하다고 한다. 경사각 17도, 여덟 개의 소성 가마, 높이가 다른 열 개의 굴뚝이 있는 것이 특징이다. 가마 내부를 견학할 수도 있는데, 의외로 상당한 규모를 갖추고 있어 놀라움을 준다.

도자기 상점가
陶彫のある商店街

위치 메이테츠 도코나메역에서 도보 30분

노보리가마 견학을 마치고 길을 따라 조금 더 가다보면 하나둘씩 도자기 상점들이 나타나기 시작한다. 가게마다 독창적인 작품들을 전시해두고 있어, 그저 구경하는 것만으로도 눈이 즐겁다. 귀여우면서 가격도 저렴한 작은 도자기 소품도 많이 있으니 잘 찾아보자. 도자기 상점가를 지나면 산책로의 출발점인 도자기 회관이 나온다.

NEARBY CITY

주변 도시 가이드

가나자와

다카야마

시라카와고

HOW TO GO

가나자와 가는 방법

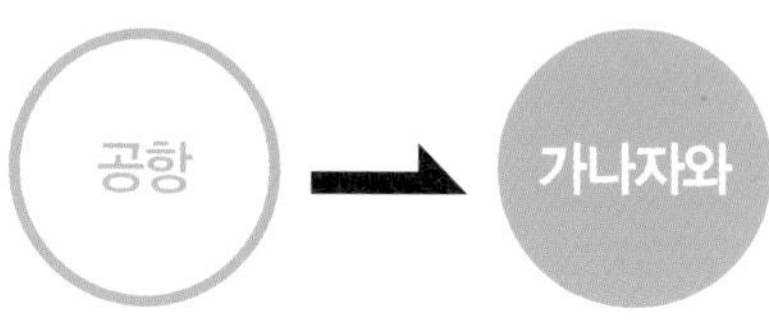

우리나라에서 곧장 가나자와로 갈 경우 고마츠공항에서 가는 것이 가장 편리하다. 도야마공항에서도 가나자와로 이동할 수 있지만, 한 번에 가는 교통편은 없다.

고마츠공항에서 가는 방법

리무진버스를 이용하면 가나자와 시내까지 편하게 이동할 수 있다. 공항에서 나와 왼쪽으로 조금만 가면 버스 티켓을 구입할 수 있는 자동판매기가 있다. 가나자와역까지 요금은 1,130엔이고 1번 승강장에서 탑승한다.

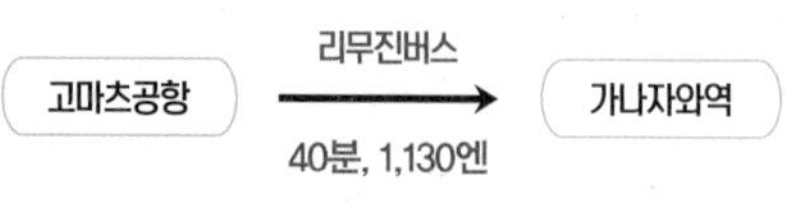

도야마공항에서 가는 방법

도야마공항에서 가나자와까지 한 번에 가는 교통편은 없다. 먼저 도야마역까지 버스를 타고 이동한 후 가나자와역으로 가는 IR 이사카와 철도를 이용하면 된다. 신칸센을 이용하면 가나자와역까지 30분이면 도착하지만, 편도 요금이 2,810엔으로 비교적 비싼 편이다.

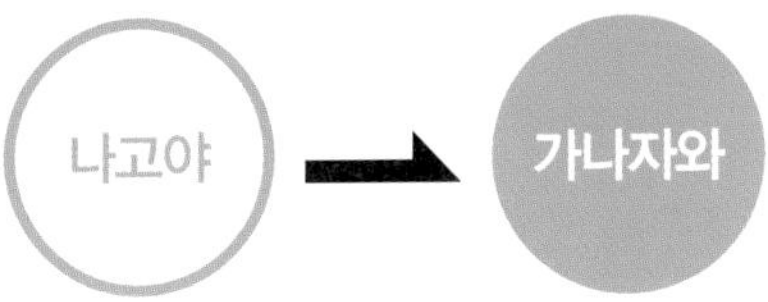

나고야에서 가나자와로 가는 방법은 고속버스와 JR 열차가 있다. 고속버스는 JR 열차에 비해 상대적으로 이동 시간이 길지만 쇼류도패스를 이용할 경우 교통비를 절약할 수 있다.

메이테츠 고속버스

메이테츠 고속버스는 메이테츠 버스 센터에서 출발해 JR 나고야역에 정차한 후 가나자와로 향한다. 나고야에서 곧장 가나자와로 가지 않고 시라카와고를 경유해 이동하며 총 이동 시간은 약 4시간이다. 편도 요금은 4,180엔, 왕복 요금은 6,700엔이며, 왕복 승차권의 유효 기간은 4일이다. 메이테츠 버스 센터에서 출발하는 가나자와행 고속버스의 첫차 출발 시간은 7시 30분이며, 11시 30분과 13시 30분을 제외하고 한 시간 간격으로 운행한다. 가나자와에서 나고야로 향하는 고속버스의 첫차 출발 시간은 6시 30분이며, 10시 30분과 12시 30분을 제외하고 한 시간 간격으로 버스를 운행한다. 가나자와와 시라카와고 또는 다카야마를 함께 여행할 경우, 3일 동안 고속버스를 자유롭게 이용할 수 있는 쇼류도패스를 활용하면 교통비를 훨씬 절약할 수 있다.

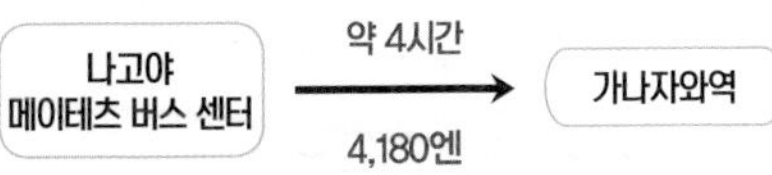

JR 특급 시라사기

JR 시라사기 しらさぎ는 JR 나고야역과 JR 가나자와역을 잇는 JR 특급열차로 상행선과 하행선 모두 하루 여덟 번 운행하며 출발지에서 도착지까지 소요 시간은 약 3시간이다. 일반객실 자유석 기준 편도 요금은 6,810엔이다.

JR 나고야역 → (약 3시간 / 6,810엔) → JR 가나자와역

TIP 다카야마 · 호쿠리쿠 지역 관광 교통패스

호쿠리쿠 지역을 여행할 때 매우 유용한 교통패스. 나고야에서 도야마를 잇는 JR 열차 노선, 도야마에서 가나자와를 잇는 호쿠리쿠 신칸센, 그리고 가나자와에서 간사이공항을 왕래하는 JR 노선을 탑승할 수 있다. 시라카와고를 경유해 가나자와와 다카야마를 연결하는 일부 고속버스도 탑승할 수 있어 활용도가 높다. 5일간 유효하며 가격은 14,000엔이다. 구체적인 활용 방법은 아래 홈페이지를 참조하자.

홈피 touristpass.jp/ko/takayama_hokuriku/

CITY TRAFFIC
가나자와 시내교통

지하철과 노면전차가 없는 가나자와에서 가장 유용한 교통수단은 버스다. 15분 간격으로 주요 관광지를 순회하는 가나자와 주유버스와 일반 노선버스로는 가기 힘든 곳을 연결하는 후랏토버스가 특히 유용하다.

노선버스

가나자와 시내를 망라하는 일반 버스. 보통 가나자와역에서 시내 중심부인 고린보, 가타마치 사이를 이동할 때나 주유버스와 후랏토버스로는 갈 수 없는 교외 지역을 이동할 때 이용한다. 노선도는 가나자와역에 있는 안내소에서 얻을 수 있다. 1회 승차 요금은 200엔이며 이동 거리에 따라 요금이 늘어난다.

가나자와 주유버스

가나자와 주유버스 周遊バス는 가나자와역 동쪽 출구 7번 승강장에서 출발해서 히가시차야가이, 겐로쿠엔, 고린보, 오미초 시장 등 인기 명소 주변에 정차한다. 오전 8시 30분에서 오후 6시까지 15분 간격으로 운행한다. 왼쪽(반시계 방향)으로 순회하는 초록색 버스와 오른쪽(시계 방향)으로 순회하는 붉은색 버스가 있으므로 가고자 하는 명소와 동선을 확인해보고 이용하는 게 좋다. 1회 승차 요금은 200엔. 호쿠테츠 버스 1일 승차권으로도 탑승할 수 있다.

겐로쿠엔 셔틀버스

겐로쿠엔 셔틀버스 兼六園シャトルバス는 가나자와역 동쪽 출구 6번 승강장에서 출발해 겐로쿠엔과 가나자와 성 공원, 21세기 미술관을 돌아 다시 가나자와역으로 이동한다. 노선은 가나자와 주유버스와 대동소이하며, 가나자와 주유버스는 정차하지 않는 세이손카쿠와 이시카와 현립 미술관 앞에 정차한다. 20분 간격으로 운행하며 1회 승차 요금은 평일 200엔, 주말 및 공휴일 100엔. 호쿠테츠 버스 1일 승차권으로도 이용할 수 있다.

TIP 호쿠테츠 버스 1일 승차권

호쿠테츠 버스 1일 승차권 北鉄1日フリー乗車券은 노선버스는 물론, 가나자와 주유버스와 겐로쿠엔 셔틀버스를 하루 동안 무제한 탑승할 수 있는 교통패스다. 세 버스 모두 1회 승차 요금이 200엔이므로 세 번 이상 버스를 탑승할 계획이라면 무조건 구입하자. 패스를 제시하면 주요 명소의 입장권 할인도 받을 수 있다. 입장료를 할인 받을 수 있는 명소는 패스를 구입할 때 받는 팸플릿을 참고하자. 가격은 500엔이며 가나자와역 동쪽 출구 앞에 있는 교통안내소(버스티켓 창구) 또는 차내에서 구입할 수 있다.

※ 정기관광버스, 고속버스, 가나자와 후랏토버스, JR 버스, 마치버스는 탑승 불가

가나자와 후랏토버스

노선버스와 관광버스가 지나지 않는 가나자와 골목 길을 지나는 버스. 총 네 개 노선이 있으며, 주요 지점에서 다른 노선으로 갈아탈 수 있다. 오전 8시 30분부터 오후 6시까지 15분 간격으로 운행한다. 1회 승차 요금은 100엔이며, 승차시 선불로 지급한다.

마치버스

토 · 일 · 공휴일에만 운행하는 100엔 버스. JR 가나자와역에서 출발해서 오미초 시장, 고린보, 가타마치, 가나자와 21세기 미술관, 겐로쿠엔을 지나 다시 JR 가나자와역으로 돌아오는 노선으로, 요금이 저렴한 만큼 이용 구간은 한정되어 있다. JR에서 운영하는 버스 노선으로, 호쿠테츠 버스 1일 승차권으로는 이용할 수 없다.

택시

가나자와역이나 고린보, 겐로쿠엔 등 주요 지역에는 대기하고 있는 택시들이 많고, 거리에서도 어렵지 않게 택시를 잡을 수 있다. 가나자와의 주요 관광지는 3~4km 이내의 시가지에 집중되어 있기 때문에 다른 도시에 비해 택시 요금이 크게 부담되는 수준은 아니다.

택시 탑승 시 주요 관광까지의 소요 시간 및 요금

출발	도착	소요 시간	요금
가나자와역	오미초 시장	5분	690엔
	겐로쿠엔	13분	1,250엔
	21세기 미술관	12분	1,170엔
	히가시차야가이	10분	1,090엔
	나가마치 무사 저택지	8분	850엔

※ 상기 요금은 택시회사 및 도로 사정에 따라 바뀔 수 있습니다.

KANA

가나자와
金沢

일본 금박 공예품의 99%를 만든다고 알려진 금박의 요람. 전쟁과 자연재해의 피해가 적어 에도시대의 문화와 유적이 잘 보존되어 있는 여행지로 '제2의 교토'라 불리기도 한다. 화려한 염색 기법 카가유젠加賀友禅을 활용하여 만드는 기모노와 일본 3대 과자 생산지로 꼽히는 가나자와의 화과자는 여행에서 빼놓을 수 없는 백미다.

가나자와
이렇게 여행하자

가는 방법

나고야 메이테츠 버스 센터에서 고속버스를 타거나 JR 나고야역에서 JR 특급열차 시라사기를 타면 나고야에서 가나자와로 이동할 수 있다. 쇼류도패스 3일 승차권을 사용할 경우 3일 동안 자유롭게 고속버스를 이용할 수 있으므로 나고야와 가나자와뿐 아니라 다카야마와 시라카와고를 둘러볼 여행자라면 꼭 구매하자.

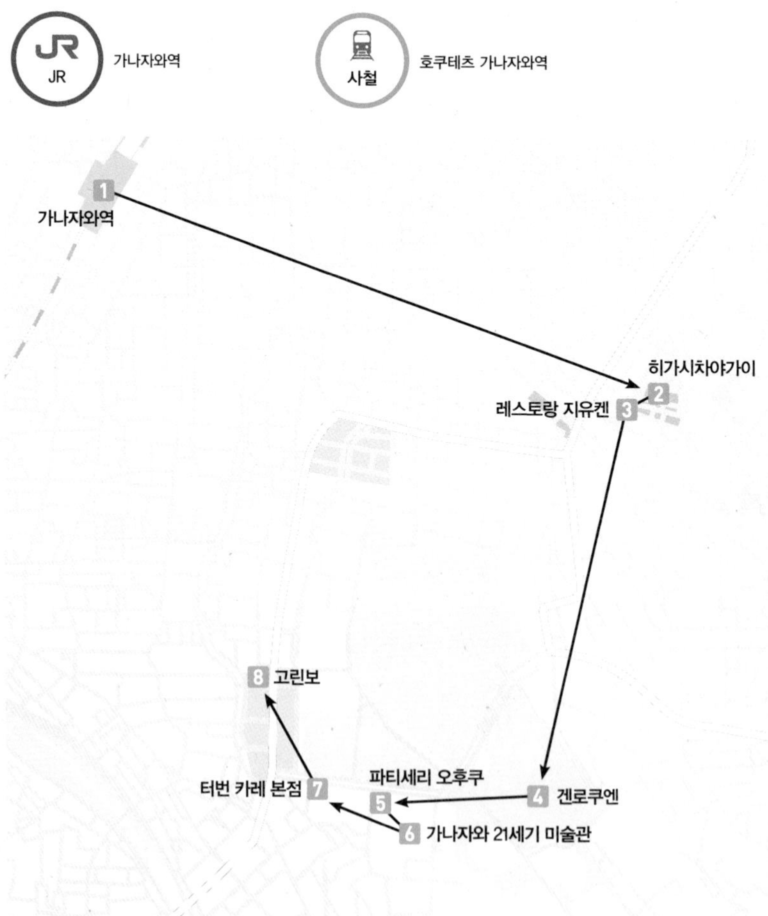

여행 방법

가나자와는 전통문화의 정취와 현대예술의 감각이 공존하는 여행지다. 일본 3대 정원으로 꼽히는 겐로쿠엔과 에도시대의 풍경이 그대로 남아 있는 거리 히가시차야가이, 독특한 외관이 개성 넘치는 21세기 미술관 등이 대표적인 명소다. 이들 명소를 두루 보고 싶다면 가나자와 주유버스를 적극 활용하자. 가나자와 동쪽 출구 7번 승강장에서 탑승할 수 있고, 히가시차야가이, 겐로쿠엔, 21세기 미술관과 나가마치 무사 저택지 등 가나자와의 주요 명소 주변에 모두 정차한다. 500엔에 판매하는 호쿠테츠 버스 1일 승차권을 구매하면 하루 동안 자유롭게 이용할 수 있다.

가나자와역 주변

독특한 외관을 뽐내는 모테나시돔과 츠즈미몬으로 유명한 가나자와역은 가나자와 교통의 중심이자 여행의 출발점이다. 주변에 쇼핑거리와 맛집이 밀집해 있어 끼니를 해결하고 대표적인 명소인 히가시차야가이 또는 오미초 시장을 방문하기 좋다.

JR 가나자와역 JR 金沢駅

MAP 11①

주소 石川県金沢市木ノ新保町1-1 전화 076-261-1717 홈피 jr-odekake.net

오사카, 도쿄, 나고야 등 주요 지역과 가나자와를 연결하는 호쿠리쿠 北陸 지역 최대의 터미널이자 가나자와 교통의 중심지. 호쿠리쿠 신칸센이 개통하면서 주변 지역까지 깔끔하게 정비하여, 단순한 역 건물이 아닌 가나자와를 대표하는 하나의 명소로 자리 잡았다. 특히, 역 앞 광장에 있는 모테나시돔 もてなしドーム과 츠즈미몬 鼓門은 빼놓지 말아야 할 볼거리. 모테나시돔은 눈과 비가 많이 오는 가나자와에서 '역에서 내리는 사람에게 우산을 건네는, 배려하는 마음'을 표현한 돔 광장으로, 무려 3,000장이 넘는 유리를 사용하여 만들었다. 츠즈미몬은 일본의 전통 예능인 노가쿠에서 쓰는 북을 본떠 만든 두 개의 기둥에 완만한 곡선미를 연출한 지붕을 걸친 거대한 문으로, 전통과 혁신이 공존하는 거리, 가나자와를 상징한다. 또한, 역 주변에는 대형 쇼핑몰 가나자와 포러스와 가나자와 하쿠반가이가 있어 활기찬 번화가의 분위기를 느끼기에 충분하다.

가나자와 포러스 金沢フォーラス

MAP 11①

위치 JR 가나자와역 동쪽 출구에서 도보 1분 주소 石川県金沢市堀川新町3-1 오픈 10:00~21:00 전화 076-265-8111
홈피 www.forus.co.jp/kanazawa

2006년에 오픈한 7층 규모의 백화점. 포러스는 '우리를 위해'를 의미하는 영어 'For us'를 조합한 조어다. 말 그대로 현대인의 감성을 자극하는 화제성 있는 숍, 지역 사회와 밀접한 관련이 있는 숍 등 고객들이 원하는 전문전인 상점을 충실하게 갖추고 있다. 1층에는 애프터눈 티 리빙 Afternoon Tea LIVING과 마리메코 Marimekko, 4층과 5층에는 각각 X-Large와 무인양품 無印良品 등 한국인들에게도 익숙한 중저가 브랜드가 많다. 6층에는 프랑스빵으로 호평을 받는 인기 베이커리 비고 BIGOT와 가나자와 최고의 회전 스시 전문점인 모리모리 스시를 비롯해 다양한 맛집이 모여 있는 식당 거리가 형성되어 있다.

무엇보다 가나자와 포러스는 JR 가나자와역과 가나자와 버스정류장 앞이라는 좋은 입지에 자리하며 1층에는 스타벅스도 있어, 버스나 열차를 기다리면서 쇼핑에서 먹방까지 한 자리에서 해결할 수 있다는 점이 가장 매력적이다.

Zoom in

모리모리스시
もりもり寿し

위치 가나자와 포러스 6층 오픈 11:00~22:00
휴무 부정기 휴무 전화 076-265-3510

JR 가나자와역 바로 옆에 있는 가나자와 포러스 6층에 있는 회전스시 전문점. 적당한 가격으로 신선하고 맛있는 스시를 맛볼 수 있고 교통도 편리해서 언제나 많은 사람들로 북적거린다. 가게에 도착해서 제일 먼저 해야 할 일은 대기표를 뽑는 것. 식사 시간에는 한 시간 가까이 기다릴 때도 있다. 모리모리스시에서 꼭 맛봐야 하는 스시는 가나자와 명물 노도구로 アカムツ 스시. 가격은 비싸지만 적당히 기름지면서도 담백한 스시의 진미를 맛볼 수 있다. 고르기 힘들 때는 식권자판기에 있는 오늘의 추천 요리 중에서 선택하면 실패할 확률이 줄어든다. 예산은 1인당 2,000~3,000엔 정도.

히가시차야가이 ひがし茶屋街

MAP 11Ⓑ

위치 가나자와 주유버스 하시바초(히가시 · 가즈에마치차야가이) 정류장에서 도보 3분 주소 石川県金沢市東山1 전화 076-232-5555(가나자와시 관광협회)

에도시대 게이샤들이 손님을 맞던 고급 요정 거리. 옛 일본의 정서가 그대로 남아 있는 가나자와의 대표 명소다. 교토의 유명한 게이샤 거리 기온 祇園과 비슷한 느낌을 준다. 에도시대에는 기본적으로 2층 건물이 금지되어 있었지만, 요정만은 예외로 2층 건축이 허용되어 이곳의 풍경은 일본의 다른 거리와 사뭇 다르다.

일찍이 가나자와의 동쪽 지역은 전통과 격식을 자랑하는 문인과 부유한 상인들의 사교장이었다. 지금도 그 때의 영화로웠던 분위기를 이어가며 조용히 영업을 하고 있는 요정이 있어 종종 게이샤의 모습을 볼 수도 있다. 고집스럽게 전통을 지키고 있는 찻집과 과자점, 특산품을 판매하는 상점들을 구경하는 재미가 있어, 많은 여행자들의 발걸음을 유혹하는 히가시차야가이는 높은 문화적 가치를 인정받아 2001년 중요전통건조물 보존 지구로 지정되었다.

Zoom in

하쿠이치

箔一

주소 石川県金沢市東山１丁目15−4 오픈 09:00~18:00 전화 076-253-0891 홈피 kanazawa.hakuichi.co.jp

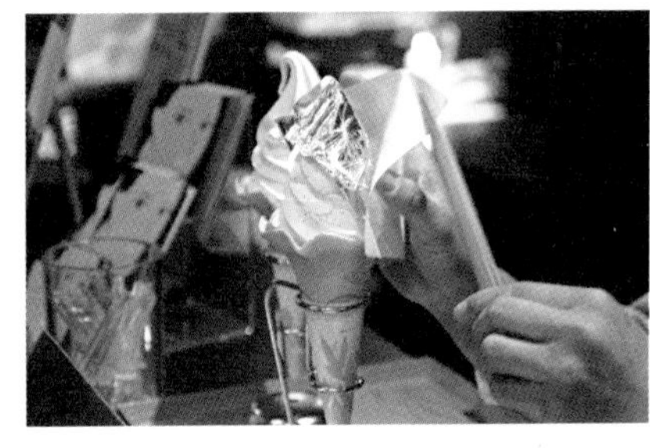

원래는 일반적인 금박 제품 전문점이었는데, 금박 한 장을 소프트 아이스크림에 통째로 덮는다는 기발한 아이디어 하나로 순식간에 히가시차야가이를 대표하는 명물 가게가 되었다. 히가시차야가이의 골목길 초입에 있는 데다, 항상 많은 사람들로 북적거리기 때문에 쉽게 찾을 수 있다. 아이스크림 자체는 맛있지만, 891엔이라는 가격은 아무래도 부담스러울 수 있다.

구레하

久連波

주소 石川県金沢市東山１丁目24−3 오픈 10:00~18:00 휴무 수요일 전화 076-253-9080 홈피 higashi-kureha.com

말차와 전통 과자를 먹으며 히가시차야가이의 풍경을 즐길 수 있는 곳. 1층에서는 부채와 손수건 등 다양한 생활용품과 기모노를 판매하고 2층에서는 간단한 식사와 차, 디저트를 제공한다. 멋스러운 다다미방에서 에도시대 풍류를 느끼고 싶다면 말차와 달콤한 명품 화과자가 함께 나오는 맛차토조나마가시 抹茶と上生菓子(800엔)를 주문해 보자. 화과자 양에 비해 가격이 높은 편이지만, 가나자와가 일본 3대 화과자 생산지인 만큼 한 번쯤은 맛보는 것이 좋다.

소신

素心

주소 石川県金沢市東山１丁目２４−１ 오픈 10:00~18:00 휴무 수요일 전화 076-252-4426 홈피 krf.co.jp

구레하 바로 옆에 있는 카페. 외관은 전통 찻집이지만, 내부로 들어가면 분위기 있는 현대식 카페로 신구 문화의 조화로움이 엿보인다. 메뉴도 케이크와 화과자, 젠자이 등 과거와 현재가 뒤섞인 퓨전이다. 여름에는 시원한 빙수 카키고오리 かき氷(700엔), 겨울이라면 따뜻하고 달콤한 일본식 단팥죽 젠자이 ぜんざい(740엔)를 추천한다.

오미초 시장 近江町市場

MAP 11Ⓕ

위치 가나자와 주유버스 무사시가츠지 · 오미초이치바 정류장에서 도보 1분(에무자 입구 기준) 주소 石川県金沢市上近江町50 오픈 07:00~17:00(매장마다 다름) 휴무 1월 1일~4일 전화 076-231-1462 홈피 www.ohmicho-ichiba.com

280년 역사를 자랑하는 가나자와의 대표 재래시장. 싱싱한 해산물을 비롯하여 다양한 품목을 저렴하게 공급하고 있으며, 맛있기로 소문난 카가 加賀 지방의 채소와 과일 그리고 가공품까지 모두 갖추고 있다. 시끌벅적한 시장 안으로 들어가면, 계절에 맞는 식재료를 팔면서 최고의 요리법까지 상세히 일러주는 친절한 일본 상인들을 만나볼 수 있다. 시각과 청각, 후각을 모두 만족시키는 오미초 시장에는 총 180여 개의 점포가 개성 넘치는 상술을 펼치고 있어, 여느 거리와는 또 다른 즐거움을 맛보며 산책하기 좋다.

왁자지껄한 분위기의 시장을 제대로 구경하려면 조금 일찍 서두르는 것이 좋다. 신선한 해산물을 판매하는 점포는 오전 9시면 문을 닫기 시작하고, 오후 3시가 지나면 매장이 하나둘씩 문을 닫는다.

오미초 시장에서 비교적 저렴한 가격에 해산물을 구입하고 싶다면, 오후 4시에서 5시 사이를 노려보는 것도 방법이다. 가게 문을 닫기 직전, 매장에서 떨이로 판매하는 생선회나 굴, 새우 등을 비교적 저렴한 값에 살 수 있다. 연말연시를 제외하고 오미초 시장의 정기휴일은 별도로 지정되어 있지 않고 각 매장마다 상이하지만, 대체로 수요일에 쉬는 곳이 많다.

Zoom in

이키이키테이
いきいき亭

위치 가나자와 주유버스 무사시가츠지 · 오미초이치바 정류장에서 도보 3분 주소 石川県金沢市青草町88 近江町いちば館 1F 오픈 07:00~17:00 휴무 목요일, 부정기 휴무 전화 076-222-2621

가나자와 앞바다에서 잡은 신선한 생선회와 새우, 관자 등이 잔뜩 올라간 해산물 덮밥 카이센동 海鮮丼으로 유명한 오미초 시장의 대표 맛집. 2009년 오픈 당시부터 한결같이 "좋은 재료가 맛을 결정한다." 는 믿음으로 요리를 하기 때문에 언제 가더라도 최고의 카이센동을 맛볼 수 있다. 그런 노력에 대한 보상으로 2014년에 개최한 제1회 전국 돈부리 경연대회에서는 카이센동 부문 금상을 수상하기도 했다. 추천 메뉴는 신선한 해산물이 듬뿍 올라가 있는 이키이키 테이동 いきいき亭丼(2,000엔). 양이 많지 않은 사람이라면 미니 가나자와동 ミニ金沢丼(1,500엔)을 주문하면 된다. 아쉬운 점은 카운터석 10개밖에 없는 작은 규모라 식사시간에는 통상 30분에서 한 시간을 기다려야 한다.

 야마상스시
山さん寿司

위치 가나자와 주유버스 무사시가츠지 · 오미초이치바 정류장에서 도보 3분 주소 石川県金沢市下近江町68 오픈 07:30~19:00 휴무 부정기 휴무 전화 076-221-0055 홈피 www.yamasan-susi.com

이키이키테이와 함께 카이센동의 양대 산맥을 이루는 맛집. 오미초 시장에서 빼놓지 말고 가봐야 하는 맛집으로 손꼽히며 가나자와 관광자료에 단골처럼 등장한다. 추천 메뉴는 압도적인 비주얼의 카이센동 海鮮丼(2,700엔). 문어, 연어, 참치, 오징어, 게, 연어알, 성게, 단새우 등 누구나 좋아하는 해산물이 듬뿍 올라가 남녀노소 모두에게 사랑받는다. 비주얼은 조금 떨어지지만 맛은 결코 뒤지지 않는 오마카세동 おまかせ丼(1,620엔)도 인기. 좌석이 제법 넉넉한 편이라 여러 명이 함께 이용할 수 있어 편리하다.

저먼 베이커리 ジャーマンベーカリー

MAP 11①

위치 JR 가나자와역 햐쿠반가이 린토 주소 石川県金沢市木ノ新保町1-1 오픈 07:00~20:00 휴무 연중무휴 전화 076-260-3795 홈피 german.co.jp

JR 가나자와역에는 개찰구가 있는 중앙 통로를 기준으로 좌우에 잡화점과 카페가 있는 린토 Rinto, 선물가게와 맛집이 줄지어 있는 안토 あんと, 그리고 드럭스토어와 마트 등이 밀집한 안토니시 あんと西까지 세 가지 콘셉트로 구성된 쇼핑 거리 햐쿠반가이 百番街가 있다. 저먼 베이커리는 햐쿠반가이 린토에 자리한 유명 베이커리다. 누구나 좋아할 수밖에 없는 달달한 빵이 매장 내 한가득이라 골라먹는 재미가 있다. 그중에서도 꼭 먹어봐야 하는 빵은 시오빵 塩パン(1개 100엔, 3개 280엔). 짭짤한 소금이 버터의 풍미와 절묘하게 어우러진다. 샌드위치도 기본 이상이고, 커피도 저렴하고 맛있어서 간단한 아침 식사를 하기에도 그만이다. 가타마치 상점가에 지점이 있다.

고고 카레 ゴーゴーカレー

MAP 11①

위치 JR 가나자와역 햐쿠반가이 안토 주소 石川県金沢市木ノ新保町1-1 金沢百番街 あんと 오픈 10:00~22:00 전화 076-256-1555

터번 카레와 함께 가나자와 블랙 카레의 양대 산맥. JR 가나자와역 안토에 있어 접근성이 뛰어난데, 그래서 이곳에서 내건 재미있는 캐치프레이즈가 있다. "고고 카레라면, 주문하고 55초 만에 제공!! 여기서 역 개찰구까지 55초 만에 도착!!" 5라는 숫자를 이용해서 절묘하게 라임을 맞춘 것(5는 일본어로 '고'). 가게 내부 한쪽 벽면을 가득 채운 킹콩 얼굴이 강한 임팩트를 내뿜는 고고 카레는 젊은 감각의 카레 전문점으로 가게 내부 분위기도 색다르다. 고고 카레의 대표 메뉴 역시 로스카츠 카레ロースカツカレー(중 800엔). 돈카츠 맛은 비슷하지만, 카레가 터번 카레보다 조금 더 자극적이라 매운맛을 좋아하는 사람에게는 이곳이 입맛에 더 맞을 수 있다. 100엔을 추가하면 더 맵게도 가능하다.

멘야타이가 麺屋大河

MAP 11Ⓘ

위치 JR 가나자와역 동쪽 출구에서 도보 5분 주소 石川県金沢市堀川町6-3 오픈 11:30~15:00, 17:30~23:00(일 · 공휴일 11:30~15:00) 휴무 월요일(월요일이 공휴일이면 화요일 휴무) 전화 076-260-7737 홈피 ja-jp.facebook.com/

미소 라멘 전문점. 원래 미소 라멘은 삿포로가 유명하지만, 그에 못지않은 궁극의 미소 라멘을 맛볼 수 있는 곳이 멘야타이가다. 초라한 외관과 좁은 카운터석만 있는 실내 분위기만 보면 다소 실망할 수도 있겠지만, 탱탱한 면발과 구수한 국물의 조화로운 맛을 보면 그런 생각은 순식간에 사라진다. 기본 미소 라멘 味噌ラーメン(700엔)도 맛있지만, 오징어 먹물이 들어가 국물 맛에 깊이를 더한 쿠로미소 라멘 黒味噌ラーメン(750엔), 고소하고 부드러운 미소 츠케멘 味噌つけめん(800엔), 매콤한 맛이 일품인 아카미소 라멘 赤味噌ラーメン(780엔) 등 어느 것을 선택해도 실패하지 않는 수준급 라멘이다.

레스토랑 지유켄 レストラン自由軒

MAP 11Ⓑ

위치 가나자와 주유버스 하시바초(히가시 · 가즈에마치차야가이) 정류장에서 도보 3분 주소 石川県金沢市東山1-6-6 오픈 11:30~15:00, 16:30~21:30 휴무 화요일, 셋째 월요일 전화 076-252-1996 홈피 jiyuken.com

1909년에 창업하여 100년 넘게 히가시차야 거리의 맛집으로 당당하게 서 있는 양식 레스토랑. 20세기 초반에 지은 듯한 예스러운 건물에 붙어 있는 '自由軒'이라는 간판이 왠지 모를 믿음을 준다. 흥미를 유발하는 지유켄의 메뉴판은 다른 음식점과의 차별 요소 중 하나. 삽화에 정겨운 설명을 곁들여 쉽게 음식을 고를 수 있도록 배려했다. 지유켄 최고의 인기 메뉴는 플레이트 세트 プレートセット(1085엔). 독특한 맛의 오므라이스와 크로켓, 샐러드가 은빛 플레이트에 푸짐하게 담겨 나온다. 육즙이 살아있는 등심구이를 얹은 비프테키동 ビフテキ丼(1545엔)도 별미다.

가나자와 21세기 미술관 주변

개성 넘치는 가나자와 21세기 미술관 주변으로 일본의 3대 정원으로 손꼽히는 겐로쿠엔과 푸르른 정경이 인상적인 가나자와성 공원이 모여 있어 가나자와 최고의 문화 명소로 알려져 있다. 각종 디저트 카페와 맛집이 미술관을 중심으로 산재해 있어 골라가며 맛보기에 좋다.

가나자와 21세기 미술관 金沢21世紀美術館

MAP 11Ⓖ

위치〉 가나자와 주유버스 히로사카 · 21세기 미술관 정류장에서 바로 주소〉 石川県金沢市広坂1-2-1 오픈〉 10:00~18:00 휴무〉 전람회존 월요일 · 연말연시, 교류존 연말연시 요금〉 360엔, 특별전은 1,000엔 전화〉 076-220-2800 홈피〉 www.kanazawa21.jp

위에서 바라보면 둥근 원반 같은 독특한 건물 구조와 유리로 만든 벽이 인상적인 미술관으로, 통통 튀는 재기 발랄한 전시가 가득하다. 가나자와대학 부속 중학교 · 초등학교 · 유치원이 있던 장소에 2004년 10월 9일 개관했으며, 수많은 관광객이 몰리는 일본 3대 정원 겐로쿠엔 兼六園, 가나자와 중심부에 위치한 가나자와성 공원 金沢城公園과도 가까워 함께 둘러보기에 좋다. 관내는 1980년 이후에 제작된 일본 국내외의 작품을 중심으로 회화, 조각, 디자인, 사진, 영상 등 폭넓은 분야의 미술품을 전시하고 있는 유료 공간과 아트 라이브러리, 뮤지엄숍 등이 있는 무료 공간으로 나뉘어져 있다. 무료 공간에서도 다양한 작품을 감상할 수 있어 매력적이다. 가나자와 최대의 번화가인 가타마치 片町나 고린보 香林坊에서 산책삼아 걸어갈 수 있는 거리라 부담없이 둘러볼 수 있는 것도 장점이다.

또한, 미술관 주변에는 가나자와 시립 나카무라 기념 미술관, 이시카와 현립 미술관, 이시카와 현립 역사박물관 등이 모여 있어 멋진 문화 명소를 만들고 있다.

오야마 신사 尾山神社

MAP 11Ⓖ

위치 가나자와 주유버스 미나미초 · 오야마 신사 정류장에서 도보 3분 주소 石川県金沢市尾山町11-1 오픈 24시간 전화 076-231-7210 홈피 www.oyama-jinja.or.jp

네덜란드풍의 건축물이 시선을 사로잡는 독특한 외관의 신사. 카가번 加賀藩 초대 번주 마에다 도시이에 前田利家와 그의 아내를 모시는 곳이다. 얼핏 보기에는 일본 전역 어디서나 볼 수 있는 신사와 별반 차이가 없는 것 같지만, 도편수 츠다 요시노스케 津田吉之助가 일본 전통 양식에 서양의 유리공예를 접목하여 건축한 신몬 神門은 다른 곳에서는 볼 수 없는 독특함을 가지고 있다. 신몬 3층에 있는 스테인드글라스는 밤이면 영롱한 등불을 밝힌다. 옛날에는 동해를 항해하는 배들이 이 등불을 등대 삼아 방향을 가늠했다고 한다. 그밖에 에도시대의 정원 양식을 고스란히 간직한 아름다운 연못 정원이 제법 볼만하다.

가나자와성 공원 金沢城公園

MAP 11Ⓖ

위치 가나자와 주유버스 겐로쿠엔시타 · 가나자와조 정류장에서 도보 5분 주소 石川県金沢市丸の内1-1 오픈 3월 1일~10월 15일 07:00~18:00, 10월 16일~2월 말 08:00~17:00 요금 공원 무료(단, 히시야구라 · 고짓켄나가야 · 하시즈메몬 츠즈키야구라 입관료 310엔) 전화 076-234-3800 홈피 www.pref.ishikawa.jp/siro-niwa/kanazawajou

가나자와성은 1583년 초대 번주 마에다 도시이에 前田利家가 입성한 이후 3세기에 걸쳐 마에다 가문이 본성으로 사용한 곳이다. 원래는 약 30만 평방미터 부지에 20여 개의 망루를 가진 거대한 성이었는데, 여러 차례 화재를 겪으면서 천수각을 비롯한 주요 성곽은 모두 전소되고 말았다. 도중에 여러 차례 재건을 했지만, 현재는 산노마루 三の丸의 이시카와몬 石川門과 중요문화재인 산짓켄나가야 三十間長屋만 남아 있다. 한때 가나자와대학의 캠퍼스로 사용된 적도 있지만, 이후 공원으로 정비하여 예전 시설을 복원하고 꽃과 나무를 심어 지금은 시민들의 휴식처로 사랑받고 있다.

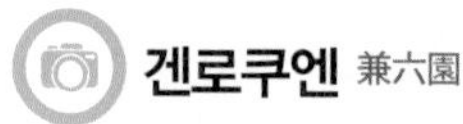

겐로쿠엔 兼六園

MAP 11Ⓖ

위치 가나자와 주유버스 겐로쿠엔시타 · 가나자와조 정류장에서 도보 5분 주소 石川県金沢市丸の内1-1 오픈 3월 1일~10월 15일 07:00~18:00, 10월 16일~2월 말 08:00~17:00 요금 310엔 전화 076-234-3800 홈피 www.pref.ishikawa.jp/siro-niwa/kenrokuen

미토 水戸의 가이라쿠엔 偕楽園, 오카야마 岡山의 고라쿠엔 後楽園과 함께 일본 3대 정원으로 손꼽히는 곳이다. 1676년에 5대 번주였던 마에다 츠나노리 前田綱紀가 가나자와성 외곽의 일부를 정비하면서 만든 것이 겐로쿠엔만의 시초였으며, 13대 번주 마에다 나리야스 前田斉泰가 현재 모습으로 재정비했다. 겐로쿠엔이란 이름은 광대 宏大, 유수 幽邃, 인력 人力, 고색창연 蒼古, 그리고 수천 水泉과 조망 眺望까지 여섯 가지 뛰어난 아름다움을 지녔다는 데에서 비롯되었다고 전해진다. 에도시대의 대표적인 정원 양식인 회유림천식 回遊林泉式으로 만들어졌으며, 아름다운 꽃과 나무, 연못 등 다양한 풍경을 감상할 수 있어 사시사철 멋진 산책을 즐길 수 있다.

나가마치 무사 저택지 長町武家屋敷跡

MAP 11Ⓚ

위치 가나자와 주유버스 고린보 정류장에서 도보 7분 주소 石川県金沢市長町 전화 076-232-5555 홈피 www.nagamachi-bukeyashiki.com

나가마치 무서 저택지는 에도시대 무사들이 살던 저택을 비교적 온전하게 보존하고 있는 공간이다. 좁은 골목길을 따라 여유롭게 걸어가나 보면 흙으로 만든 담에 둘러싸인 무사들의 저택 약 20여 채가 줄지어 서 있는 풍경을 만날 수 있다. 에도시대 당시의 모습이 그대로 보존되어 있는 곳도 많아 독특한 분위기를 느낄 수 있다. 대부분의 무사 저택은 지금도 그 자손들이 주거용으로 사용하고 있다.

거리를 대표하는 곳은 마에다 가문이 입성한 후 12대를 이어온 유서 깊은 노무라 野村 가문의 저택으로, 저택 내부를 일반에게도 공개하고 있다. 집안으로 들어가면 수령이 400년 이상 된 정원수와 정원을 에워싸고 흐르는 물줄기, 다실 등 에도시대 당시 무사들의 생활상을 엿볼 수 있다. 그밖에도 다양한 볼거리가 있는 무사 주택이 몇 군데 더 있으니 산책 삼아 천천히 둘러보도록 하자.

고린보 香林坊

MAP 11Ⓚ

위치 가나자와 주유버스 고린보 정류장에서 바로 주소 石川県金沢市香林坊

가나자와 최고의 번화가. 다이와 백화점 香林坊大和과 도큐 스퀘어 東急スクエア, 아트리오 アトリオ 등 대형 쇼핑몰과 다양한 명품 매장이 늘어서 있어 수많은 쇼핑족들이 모여든다. 고린보는 가나자와성과 가깝다는 지리적인 이점을 활용하여 에도시대부터 주변의 하시바초, 오와리초와 함께 상점가로 번영을 누렸다. 1923년 가타마치 片町에 미야이치 백화점, 1930년에 무사시가츠지 武蔵ヶ辻에 미츠코시 백화점이 차례로 생기면서 한동안 침체기를 맞았던 적도 있었으나, 1986년 시가지 재개발 사업의 일환으로 다양한 상점을 유치하고 쇼핑몰과 명품 매장이 생기면서 호텔까지 하나둘 들어서자 고린보는 다시금 가나자와 최고의 번화가로 거듭났다. 고린보 주변에 21세기 미술관과 겐로쿠엔, 가나자와성 공원, 오야마 신사 등 가나자와의 인기 명소가 인접해 모여 있으므로 가나자와 여행의 거점으로 삼아도 무방하다.

다테마치 스트리트 タテマチストリート

MAP 11Ⓖ

위치 가나자와 주유버스 가타마치 정류장에서 도보 3분 주소 石川県金沢市竪町 홈피 www.tatemachi.com

가나자와에서 가장 감각적인 쇼핑 거리. 고린보를 둘러보고 가타마치 北町 상점가로 가다가 가타마치 1초메에서 맥도날드 매장이 있는 왼쪽 거리로 들어서면, 모두가 멋스러운 옷차림을 하고 자기 개성을 물씬 풍기는 모습이 시야에 포착된다. 바로 가나자와의 힙스터들이 활보하는 매력만점의 쇼핑 거리, 다테마치 스트리트다.

가나자와 파티오 PATIO처럼 제법 규모가 있는 쇼핑몰에서 아기자기한 숍까지 젊은 세대를 위한 아이템들이 즐비하게 늘어서 있다. 특히, 가나자와 파티오에는 우리나라에서도 인기가 많은 자라 ZARA, 100엔숍 세리아 Seria, 마니아 취향의 개성 넘치는 이색 서점 빌리지 뱅가드 Village Vanguard 등 다양한 상점이 있어 재미있게 둘러볼 수 있다. 거리를 돌아다니다 보면 감각적인 인테리어의 가게를 많이 발견할 수 있어서 굳이 쇼핑을 하지 않더라도 눈이 즐거워진다. 다테마치 스트리트의 총 길이는 500m 남짓으로 천천히 산책하듯 구경하더라도 30분에서 한 시간이면 충분히 살펴볼 수 있으므로 부담없이 들러보자.

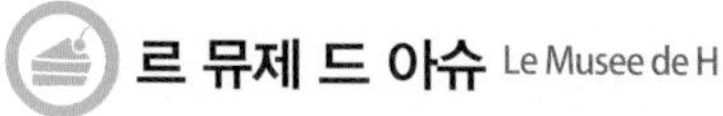

르 뮤제 드 아슈 Le Musee de H

MAP 11Ⓖ

위치 가나자와 주유버스 히로사카 · 21세기 미술관 정류장에서 도보 6분 주소 石川県金沢市出羽町2-1 石川県立美術館内
오픈 10:00~19:00 전화 076-204-6100 홈피 le-musee-de-h.jp

이시카와 현립 미술관 안에 있는 명품 베이커리 카페. 23세, 최연소로 전국 양과자 기술 경영대회에서 우승을 차지한 천재 파티세 츠지구치 히로노부 辻口博啓가 만든 곳이나. 초록빛으로 우거진 숲을 바라보며 향기 좋은 커피 한 잔과 달콤한 케이크 한 조각의 사치를 누릴 수 있어, 여행으로 지친 심신을 달래기에 좋다. 인기 있는 메뉴는 엔도넛 N ドーナツ(162엔). 벌꿀, 딸기, 호박 등 여섯 종류의 맛이 있다. 커피와 함께 먹으면 금상첨화. 각양각색의 케이크는 하나같이 모두 맛있으므로 취향대로 선택하면 된다. 여유가 된다면 최고급 일본차와 전통 과자를 코스로 맛볼 수 있는 콘셉트 G コンセプトG(2,430엔)도 추천한다.

파티세리 오후쿠 PATISSERIE OFUKU

MAP 11Ⓖ

위치 가나자와 주유버스 히로사카 · 21세기 미술관 정류장에서 도보 2분 주소 石川県金沢市広坂広坂1-2-13 오픈 10:00~18:00(일요일 10:00~17:00) 휴무 매주 월요일, 격주 화요일 전화 076-231-6748 홈피 ofuku.business.site

1919년 창업한 화과자 전문점 오후쿠켄 お婦久軒을 이어받은 4대 오너가 리뉴얼 오픈한 디저트 카페. 현재 오너인 니시카와 카이토 西川開人 씨는 세계적인 호텔 체인 만다린 오리엔탈 도쿄에서 수석 파티셰를 역임할 정도로 실력파. 그가 직접 고안한 레시피로 만든 케이크는 뭐 하나 빠짐없이 모두 수준급이다.

아담한 규모의 가게 안으로 들어가면 진열대에 옹기종기 모여 있는 쇼트케이크, 타르트, 티라미수, 푸딩 등 다양한 종류의 디저트에 눈길을 빼앗긴다. 가격은 300~500엔대로 가성비가 뛰어난 편. 1층에서 선불로 주문을 하고 나선형 계단(몹시 가파르니 주의)을 올라 2층으로 가서 자리를 잡으면 음료가 마련되는 대로 가져다준다. 창가 자리에 앉으면 멋진 전망은 덤으로 즐길 수 있다. 따스한 햇살, 푸르른 나무, 미술관 옆 카페에서 즐기는 커피 한 잔과 케이크. 파티세리 오후쿠는 소소한 여행의 행복을 선물한다.

츠보미 つぼみ

MAP 11Ⓖ

위치〉 가나자와 주유버스 고린보 정류장에서 도보 7분 주소〉 石川県金沢市柿木畠3-1 오픈〉 11:00~19:00 휴무〉 수요일
전화〉 050-5872-8636 홈피〉 tsubomi-kanazawa.jp

일본 전통 디저트 카페. 교토, 마츠에와 함께 일본 3대 화과자 생산지로 손꼽히는 가나자와에는 많은 전통 과자 전문점이 있는데, 츠보미는 특히 젊은 세대에게 압도적으로 환영받고 있다. 21세기 미술관과 다테마치 스트리트 옆의 좋은 입지 조건, 전통을 고수하면서도 트렌드에 어울리는 맛을 찾아낸 노력이 인기의 비결이다. 대표 메뉴는 전통 일본 디저트 구즈키리・아즈키젠자이 세트くずきり・あずきぜんざいセット(1,080엔). 구즈키리는 칡가루를 물에 녹여 익힌 후 얇고 넓적한 면으로 만들어 달콤한 시럽에 찍어 먹는 전통 디저트인데, 몰캉몰캉한 식감의 면과 시럽이 잘 어울린다. 아즈키젠자이는 단팥죽의 일종으로 고급스러운 단맛이 일품. 여름이라면 산처럼 쌓아올린 빙수에 쌉쌀한 말차 시럽을 부어가면서 먹는 말차빙수 맛차아즈키 抹茶小豆(860엔)를 추천한다. 말차 시럽과 빙수 안에 있는 단팥의 조화가 절묘하다. 단, 언제 방문하더라도 늘 대기자가 있을 수 있다. 가게에 도착하면 우선 대기가 필요한지 확인하고, 대기자 명단에 이름을 올려두도록 하자.

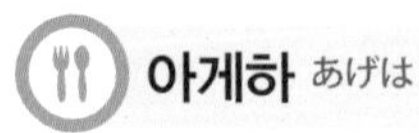

아게하 あげは

MAP 11Ⓖ

위치 가나자와 주유버스 고린보 정류장에서 도보 5분 주소 石川県金沢市広坂1-1-28 広坂パレス 1F 오픈 11:30~15:00, 18:00~22:00 휴무 월 · 화요일 전화 090-8260-2995

일본 가정식 백반과 카이센동으로 유명한 가나자와 최고의 숨은 맛집. 좌석은 카운터 10석뿐인데다 현지인들 사이에서도 워낙 인기가 높은 곳이라 언제 방문하더라도 통상 30분 이상 기다려야 한다. 흔히 접할 수 있는 카이센동보다 추천하고 싶은 메뉴는 가게의 대표 메뉴 아게하고젠 あげは御膳(1000엔). 장인의 손길로 제대로 숙성시킨 생선회를 메인으로 간단한 밑반찬과 미소 된장국으로 알려진 미소시루 味噌汁가 최고급 일식집의 그것과 별반 차이가 없을 정도로 정갈하게 나온다. 특히, 네리모노 ねり物(300엔)를 추가하면 바로 앞에서 만들어주는 어묵 사츠마아게 さつま揚げ와 푸딩 같은 부드러운 식감을 자랑하는 카이센만주 海鮮まんじゅう를 맛볼 수 있으니 꼭 함께 주문해서 맛보도록 하자. 카이센만주는 자가이모 카쿠니이리 じゃがいも角煮入り(다랑어가 들어간 감자), 가보차 우나기이리 かぼちゃうなぎ入り(장어가 들어간 호박), 하마구리 はまぐり(대합), 가나자와 명물 노도구로 のど黒(눈볼대), 미소버터 호타테 みそバターほたて(미소버터 가리비), 아카이카 あかいか(오징어) 중에서 취향에 맞게 하나를 선택하면 된다. 밥이 조금 남았을 때 생선살이 들어 있는 밑반찬 김치를 살짝 올리면, 별미 오차즈케로 만들어 먹을 수도 있다.

노도구로메시혼포 이타루 のど黒めし本舗 いたる

MAP 11Ⓖ

위치〉 가나자와 주유버스 고린보 정류장에서 도보 7분 주소〉 石川県金沢市柿木畠2-8 오픈〉 12:00~14:30, 17:30~21:00
휴무〉 일요일 전화〉 076-233-1147 홈피〉 www.itaru.ne.jp/kakinoki.htm

가나자와 명물 노도구로 のどぐろ를 돌솥덮밥으로 요리하는 음식점. 노도구로는 한반도 남부 해안과 제주도 해안 등지에서 어획하는 생성 눈볼대를 말한다. 눈볼대는 기름기가 많고 특유의 고소한 맛이 있어 미식가들 사이에선 인기가 꽤 높은 생선 중 하나다.

노도구로메시혼포 이타루는 유명 맛집 이타루가 창업 28주년을 기하여 새롭게 개점한 노도구로메시 전문점이다. 실내는 전형적인 이자카야 분위기를 풍기는데, 이곳을 방문한 사람들이 가장 많이 찾는 음식이자 노도구로메시혼포 이타루의 대표 메뉴는 2,800엔에 제공하는 노도구로메시 のど黒めし(2,800엔). 숯불에 구은 노도구로를 돌솥밥 위에 올린 것이 전부인 것처럼 보이지만, 깊은 바다 내음과 은은한 숯불향이 적절한 조화를 이루어 노도구로가 낼 수 있는 최고의 맛을 자랑한다.

식사 시간에는 대기 인원이 비교적 많은 편이므로, 오픈 시간보다 조금 일찍 가는 것을 추천한다. 직원들이 간단한 영어회화를 할 수 있고, 영어 메뉴판을 따로 준비해 두고 있어 편안한 마음으로 주문할 수 있다는 점도 이곳의 장점이다.

히라미빵 ひらみぱん

MAP 11Ⓚ

위치 가나자와 주유버스 고린보 정류장에서 도보 6분 주소 石川県金沢市長町1-6-11 오픈 08:00~11:00, 12:00~14:00, 14:00~16:00(카페), 18:00:22:30 휴무 월요일 전화 076-221-7831 홈피 www.hiramipan.com

분위기 있는 카페에서 맛보는 프랑스식 아침. 예쁜 상점이 많은 고린보 인근의 상점가 세세라기도리 せせらぎ通り 끝자락에 있는 히라미빵은 프랑스 소도시를 떠올리게 하는 소박하고 여유로운 분위기의 카페다. 복고풍 유리창, 약간은 투박한 테이블, 은은한 조명이 감각적으로 조화를 이루며 아늑한 분위기를 연출한다. 모닝세트(1,260엔)는 두 종류. 음료는 커피나 홍차 중에서 하나를 고르고 메인은 크로크마담 Croque madame과 키슈 Quiche 중에서 선택하면 된다. 샐러드는 메인 요리와 한 접시에 같이 나온다. 두 메뉴 모두 수준급이라 어느 쪽을 선택해도 후회하지 않는다. 단, 주문을 받은 직후 조리를 시작하므로 15~20분 정도 느긋하게 기다리는 여유가 필요하다. 매장 규모는 작지만 현지인과 여행자 모두에게 인기 있는 가게이기에 기본 30분 대기는 필수다. 일찍 가지 못한다면 적어도 식사 시간을 피해서 가는 것이 좋다.

터번 카레 본점 ターバンカレー本店

MAP 11Ⓖ

위치 가나자와 주유버스 고린보 정류장에서 도보 4분 주소 石川県金沢市広坂1-1-48 ウナシンビル 1F 오픈 11:00~19:00(토 · 일요일 11:00~16:00) 휴무 연말연시 전화 076-265-6617 홈피 www.turbancurry.com

1971년에 개업한 터번 카레 본점은 가나자와를 대표하는 카레 전문점이다. 이곳은 일명 블랙 카레로 유명한데, 비법 카레 양념으로 채소가 녹을 만큼 푹 끓여내기 때문에 일반 카레보다 풍미가 가득하고 농후한 맛을 낸다. 카레만 먹어보면 살짝 짜다고 느낄 수 있지만, 채 썬 양배추, 돈카츠와 함께 먹으면 적당히 간간하다. 대표 메뉴는 두툼하고 부드러운 돈카츠를 올린 로스카츠 카레 ロースカツカレー(중 780엔)지만, 조금 더 다양한 맛의 하모니를 느껴보려면 L 세트(880엔)를 주문하도록 하자. 육즙이 가득한 소시지와 햄버그, 돈카츠 3종 세트는 블랙 카레와 찰떡궁합이다.

함정과 트릭이 난무하는 닌자의 사원

묘류지 妙立寺

위치 〉 가나자와 주유버스 히로코지 정류장에서 도보 5분 주소 〉 石川県金沢市野町1-2-12 오픈 〉 09:00~16:30 휴무 〉 1월 1일, 사찰 법요일 요금 〉 1000엔, 초등학생 700엔 전화 〉 076-241-0888 홈피 〉 www.myouryuji.or.jp 지도 〉 MAP 11Ⓛ

데라마치 사원군 寺町寺院郡에 위치한 이색적인 사찰. 정식 명칭 묘류지보다 닌자의 사원이라는 뜻의 닌자데라 忍者寺라는 이름으로 더 알려져 있다. 닌자가 이곳에 거주해서 붙여진 이름은 아니다. 1643년 지어진 묘류지는 당시 이 지역을 통치하던 마에다 도시츠네 前田利常가 적의 급습을 대비한 방패막이로 만들었다고 한다. 적에게 혼란을 주기 위해 지어진 묘류지는 밖에서 보면 2층 건물로 보이지만 실제로는 4층 구조로 지어졌으며, 계단 · 문 · 벽 사이사이에 온갖 기발한 함정을 설치해두었고, 이 때문에 닌자데라라고 불리게 됐다.

묘류지 관람은 가이드 한 명이 10명 정도의 관람객을 이끌고 지정된 동선을 따라 이동하면서 이십여 개의 특별한 볼거리에 대해 설명해주며 진행한다. 모두 일본어로 해설하는데, 사전에 외국인이라고 소개하면 볼거리의 특징과 구조를 자세하게 설명한 가이드북을 제공한다. 한국어판도 있으니 관람을 시작하기 전에 꼭 부탁하도록 하자. 아쉽게도 함정과 트릭은 비밀유지가 관건이기에, 관람 도중 사진 촬영이 절대 금물이다. 묘류지 관람은 100% 예약제이므로 갈 계획이 있다면 반드시 예약을 해야 하며, 예약은 전화로만 가능하다.

가나자와에서 만나는 색다른 여행

가나자와 미술관 산책

가나자와에는 아기자기하면서도 볼거리가 풍부한 미술관과 박물관이 도보 5분 내외 거리에 모여 있다. 역사와 예술, 그리고 문화에 관심이 있는 여행자에겐 그 어떤 명소보다 가나자와의 미술관과 박물관을 산책하듯이 둘러보는 여행이 더할 나위 없는 만족을 제공할 수 있겠다.

이시카와 현립 미술관 石川県立美術館

위치 가나자와 주유버스 히로사카 · 21세기 미술관 정류장에서 도보 6분 주소 石川県金沢市出羽町2-1 오픈 09:30~18:00 휴무 전시품 교체 기간, 연말연시 요금 360엔 전화 076-231-7580 홈피 www.ishibi.pref.ishikawa.jp

고미술에서 일본화, 유채화, 조각, 공예 등의 현대미술까지 이시카와현과 관련이 있는 작품들을 중심으로 다양하고 풍부한 수집품을 전시하고 있는 미술관. 원래 해군이 주둔하던 관사를 개장해서 1945년에 개관했지만, 점령군에게 접수되고 이후 1983년 현재 위치로 이전하면서 이시카와 현립 미술관이라는 명칭으로 부르기 시작했다. 관내에는 수많은 미술품과 함께 가치 높은 문화재도 전시되어 있다. 그중 에도시대의 유명한 도예가 노노무라 닌세이 野々村仁清가 만든 국보 이로에키지코로 色絵雉香炉와 중요문화재인 이로에메스키지코로 色絵雌雉香炉는 빼놓지 말고 보아야 한다.

가나자와 시립 나카무라 기념 미술관 金沢市立中村記念美術館

위치 가나자와 주유버스 히로사카 · 21세기 미술관 정류장에서 도보 3분 주소 石川県金沢市本多町3-2-29 오픈 09:30~17:00 휴무 전시품 교체기간, 연말연시 요금 300엔, 고등학생 이하 무료 전화 076-221-0751 홈피 www.kanazawa-museum.jp/nakamura

나카무라 주조 주식회사의 사장이었던 나카무라 씨가 "미술품은 한개인의 것이 아니라 국민의 보물이다."라는 신념으로 오랜 기간 수집해온 미술품을 제공하고 쇼와시대 초기에 지은 나카무라 가문의 주택을 현재 위치로 이축하여 1966년 5월 개관한 미술관이다. 이후 1975년 7월 가나자와시에 기증하여 가나자와 시립 나카무라 기념 미술관으로 재발족한 뒤 지금에 이르고 있다. 관내에는 중요문화재가 포함된 다도 미술의 명품을 중심으로 서예, 회화, 칠기, 도자기 등 다양한 미술품을 전시하고 있다. 또한, 미술관 정원에는 아름다운 다실이 있어 멋진 풍정을 연출한다.

이시카와 현립 역사박물관 石川県立歴史博物館

위치〉 가나자와 주유버스 히로사카 · 21세기 미술관 정류장에서 도보 8분 주소〉 石川県金沢市出羽町3-1 오픈〉 09:00~17:00 휴무〉 전시품 교체 기간, 연말연시 요금〉 교류체험관 무료, 역사발견관 300엔, 카가혼다박물관 400엔, 공통권 500엔 전화〉 076-262-3236 홈피〉 ishikawa-rekihaku.jp

푸른 잔디 위로 예쁜 붉은색의 벽돌 건물 세 동이 나란히 있는 풍경은 가나자와 미술관 산책의 백미다. 건물들은 원래 육군 병기고로 사용하다가 제2차 세계대전이 끝난 후에는 가나자와 미술공예대학이 사용했다. 이후 건축 당시의 모습을 복원하고 전시 설비를 확충하면서 1986년 이시카와 현립 역사박물관으로 재탄생했다. 역사적 건축물의 보존과 박물관으로서의 가치를 인정받아 1990년에는 국가 중요문화재로 지정되고 이듬해에는 일본 건축학회상을 수상하기도 했다. 박물관은 모두 세 동으로 이루어져 있는데, 이시카와현의 역사와 문화를 알려주는 역사발견관(1동), 안내데스크와 뮤지엄숍, 갤러리가 있는 교류 체험관(2동), 카가혼다 박물관(3동)이 각기 다른 다양한 전시를 하고 있다.

이시카와 현립 노가쿠도 石川県立能楽堂

위치〉 가나자와 주유버스 히로사카 · 21세기 미술관 정류장에서 도보 8분 주소〉 石川県金沢市石引4-18-3 오픈〉 09:00~16:30 휴무〉 연말연시, 공휴일 요금〉 견학 무료 전화〉 076-264-2598

우리에겐 생소하지만, 세계 무형문화유산에 등록된 일본의 가면 음악극 노가쿠 能楽 무대를 볼 수 있는 공연장. 가나자와는 에도시대부터 서민들 사이에서도 노가쿠가 성행하던 도시였다. 호쇼 宝生식 노가쿠가 유명해서 '카가호쇼 加賀宝生'라는 말이 생겨날 정도였다. 카가호쇼는 현재 가나자와의 무형문화재로 지정되어 있다. 공연이 없는 날에는 사무실에 요청을 하면 누구든지 실내를 견학할 수 있다. 노가쿠에 사용하는 가면과 장식물, 실제로 공연을 하는 무대 등을 볼 수 있다. 노가쿠에 대해 더 자세히 알고 싶다면 가나자와 21세기 미술관 옆에 있는 가나자와 노가쿠 미술관 金沢能楽美術館(300엔)에 가보도록 하자.

TAKAYAMA

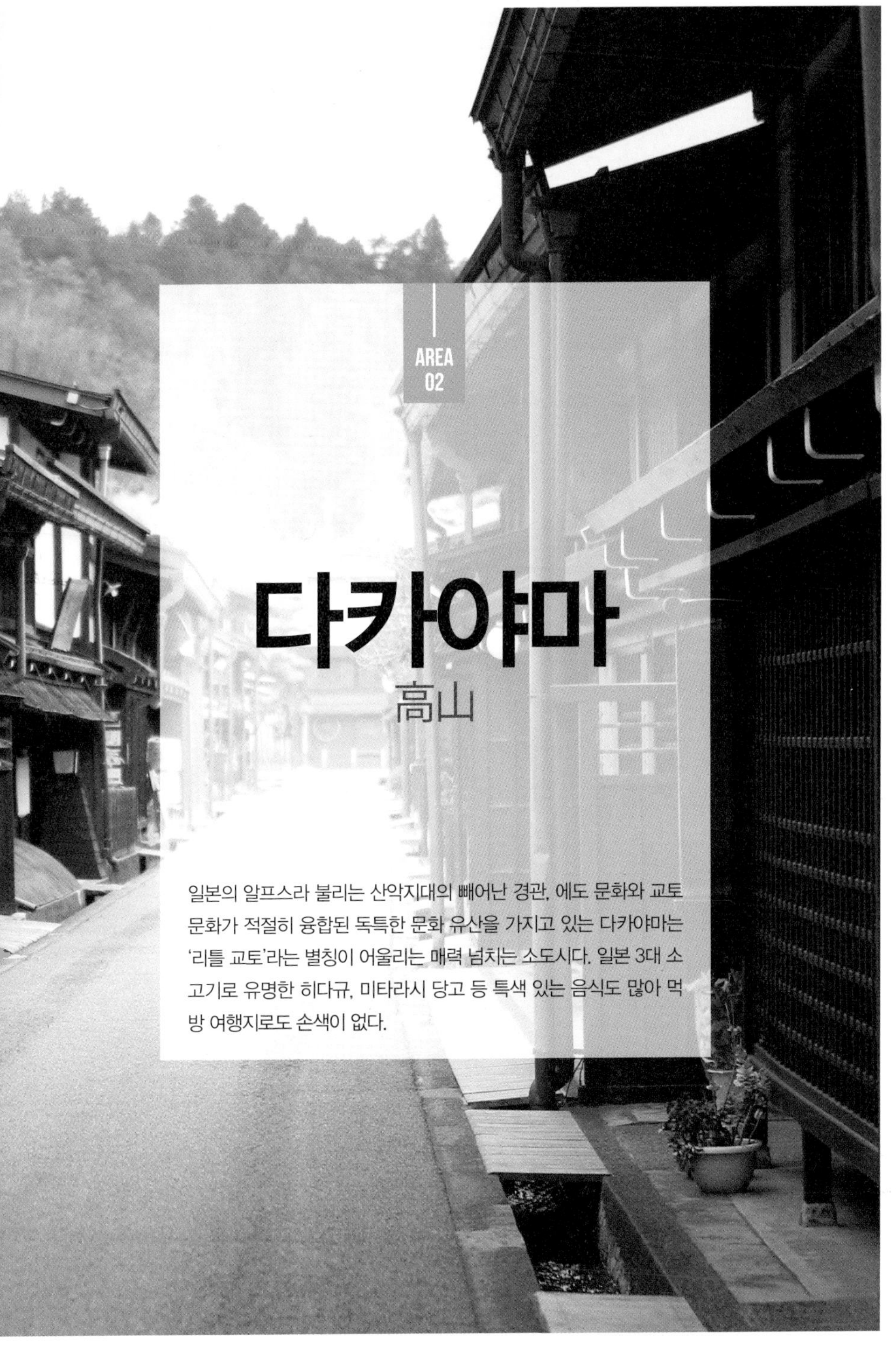

AREA 02

다카야마
高山

일본의 알프스라 불리는 산악지대의 빼어난 경관, 에도 문화와 교토 문화가 적절히 융합된 독특한 문화 유산을 가지고 있는 다카야마는 '리틀 교토'라는 별칭이 어울리는 매력 넘치는 소도시다. 일본 3대 소고기로 유명한 히다규, 미타라시 당고 등 특색 있는 음식도 많아 먹방 여행지로도 손색이 없다.

다카야마
이렇게 여행하자

가는 방법

JR 특급열차 히다를 탑승하거나 다카야마행 고속버스를 타면 나고야에서 다카야마로 이동할 수 있다. JR 특급열차은 JR 나고야역 매표기로 표를 구매하여 주오기타구치 中央北口로 입장하면 탈 수 있고, 소요 시간은 약 2시간 20분, 편도 요금은 5,830엔이다. 고속버스는 메이테츠 버스터미널 7번 승강장에서 출발하며 소요 시간 약 2시간 45분, 편도 요금은 2,980엔이다.

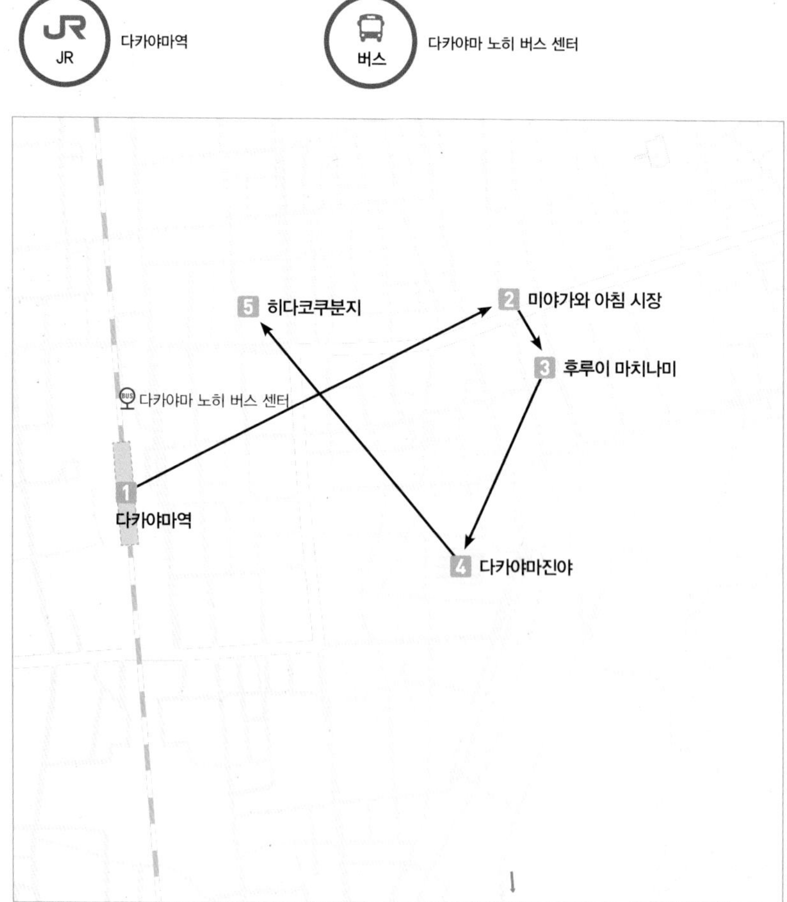

여행 방법

여행을 시작하기 전 JR 다카야마역 앞에 있는 여행안내소에 들러 다카야마 관광 지도를 얻도록 한다. 주요 명소는 모두 도보로 둘러볼 수 있는 거리에 있지만, 미리 위치를 확인하고 대략적인 동선을 머릿속으로 그려본 후 출발하는 것이 좋다. 도중에 점심식사를 하고 천천히 마을 전체를 둘러보는 데는 4~5시간 정도 잡으면 된다. 여행을 마치고 돌아갈 때는 JR 다카야마역 또는 역 옆에 있는 다카야마 노히 버스 센터에서 목적지가 표시되어 있는 승강장 번호를 확인하고 기다렸다가 탑승하자.

1 다카야마 노히 버스 센터

➤ 도보 15분

2 미야가와 아침 시장 p.245

➤ 도보 3분

3 후루이 마치나미 p.244

▼ 도보 1분

4 히다콧테규 p.251

◀ 도보 1분

5 쥬게무 p.249

◀ 도보 8분

6 다카야마진야 p.246

▼ 도보 10분

7 히다코쿠분지 p.248

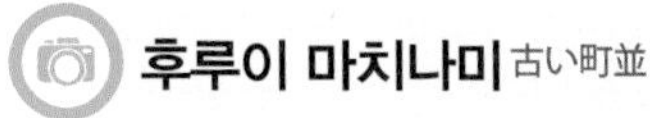

후루이 마치나미 古い町並

MAP 12Ⓑ

위치 JR 다카야마역에서 도보 13분 주소 岐阜県高山市上三之町 전화 0577-32-3333 홈피 kankou.city.takayama.lg.jp

다카야마을 상징하는 대표적인 명소. JR 다카야마역을 등지고 10분 정도 걸어가면 시내 중심부를 동서로 가르는 미야가와 宮川가 나오고, 다리를 건너면 옛 풍경이 그대로 남아 있는 100년 이상 된 건물들이 거리 양쪽으로 늘어서 있는 고색창연한 거리를 만날 수 있다. 거의 모든 여행자가 이곳을 보기 위해 다카야마를 방문한다고 해도 과언이 아니다. 후루이 마치나미는 '오래된 마을의 모습'이라는 뜻으로, 크게 이치노마치 一之町, 니노마치 二之町, 산노마치 三之町 세 구역으로 나눌 수 있다. 에도 시대의 집들이 가장 많이 남아 있는 곳은 산노마치다. 소고기초밥 히다규 니기리 스시, 고로케, 미타라시 당고 등 다카야마의 명물 먹거리도 이곳에 모여 있으므로 하나씩 맛보면서 거리를 구경하면 야무진 식도락 여행을 만들 수 있다.

미야가와 아침 시장 宮川朝市

MAP 12Ⓑ

위치 JR 다카야마역에서 도보 15분 주소 岐阜県高山市下三之町 오픈 4월~10월 06:00~12:00, 11월~3월 07:00~12:00
전화 0577-32-3333 홈피 www.asaichi.net

노토반도 能登半島의 와지마 輪島 아침 시장, 규슈의 요부코 呼子 아침 시장과 함께 일본 3대 아침 시장으로 유명한 다카야마의 거리다. 미야가와 강변을 따라 50여 개의 점포가 줄을 지어 늘어서 있다. 채소와 과일은 물론이고, 다카야마 특산품이나 전통 장신구 등 다양한 상품을 좌판에 늘어놓고 손님을 불러 모은다.

도시의 대표적인 시장을 살펴보면, 그 도시의 문화와 정취를 온전히 느낄 수 있다. 생필품과 상품을 사고파는 시장은 도시에 활력을 불어넣는 동체이기 때문이다. 점포 대부분을 현지 주민이 운영하고 있는 미야가와 아침 시장도 예외는 아니다. 이곳엔 소박하면서도 시끌벅적한 시골 장터의 매력이 살아 숨 쉰다. 단, 아침 시장답게 오전 11시면 문을 닫는 상점이 하나둘씩 있으므로, 다카야마에 방문하면 가장 먼저 이곳을 방문해보자. 바로 옆이 다카야마 제일의 명소 후루이 마치나미이므로 연계해서 둘러보기에도 괜찮다.

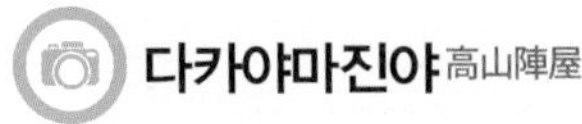

다카야마진야 高山陣屋

MAP 12Ⓓ

위치 JR 다카야마역에서 도보 7분 주소 岐阜県高山市八軒町1-5 오픈 3월~10월 08:45~17:00, 11월~2월 08:45~16:30
휴무 12월 29일 · 31일, 1월 1일 요금 430엔 전화 0577-32-0643

현존하는 유일한 에도시대 관청으로, 1692년부터 1969년까지 주요 업무인 재판과 납세 관리를 비롯한 다양한 행정 업무를 실제로 집행했던 공간이다. 다카야마는 산림자원과 금, 은, 구리 등의 지하자원이 풍부해서 에도막부의 경제적인 기반을 지탱했었다. 자금이 모이는 장소였던 만큼, 다카야마진야의 규모는 다른 지역의 관청 규모보다 비교적 큰 편이었다. 현재 다카야마진야 부지에는 관청뿐만 아니라 관리가 생활하던 저택 공간과 공물을 수납하던 창고까지 자리하고 있어, 들어가서 둘러보면 생각보다 큰 규모에 놀라게 된다. 한국에 일명 '미슐랭 가이드'로 유명한 프랑스의 여행가이드 시리즈 〈미쉐린 가이드 Michelin Guide〉에서 박물관이나 자연경관 등 여행지 정보를 담아 발간하는 〈그린가이드 Green Guide〉에도 소개되었을 만큼 입장료가 아깝지 않은 볼거리다.

히에 신사 日枝神社

MAP 12Ⓓ

위치 JR 다카야마역에서 도보 25분 주소 岐阜県高山市城山156 오픈 24시간 전화 0577-32-0520

애니메이션 영화 〈너의 이름은〉의 실제 배경으로 알려진 신사. 중심 명소에서 한참 떨어진 곳에 있어 방문하는 일반 여행자는 드물었다. 이후 영화를 재밌게 본 사람들이 영화의 실제 배경을 찾아다니는 성지순례 여행을 다녀오면서 알려졌고, 이제는 부러 이곳을 찾아오는 여행자가 조금씩 늘고 있는 추세다. 흔히 영화에서는 실물보다 훨씬 더 멋있게 나오기 때문에 실제로 배경지를 찾아가서 실망하는 경우가 많은데, 히에 신사는 영화 못지않게 그럴싸한 풍경을 보여주는 명소다. 하늘 높이 시원하게 뻗어 있는 삼나무, 이끼가 살짝 낀 고즈넉한 분위기의 석등, 영화에서 나온 붉은색 도리이 鳥居 등 곳곳에 볼거리가 산재해 있다. 특히, 천연기념물로 지정된 높이 39m, 둘레 7m의 거대한 삼나무는 추정 수령 1,000년이 넘은 신목으로 쉽게 볼 수 없는 명물이다.

히다코쿠분지 飛騨国分寺

MAP 12Ⓐ

위치 JR 다카야마역에서 도보 7분 주소 岐阜県高山市総和町1-83 오픈 09:00~16:00 요금 경내 무료(본당 보물전 300엔) 전화 0577-32-1395 홈피 hidakokubunji.jp

나카야마역에서 도보 5분이 채 걸리지 않을 성도로 도심과 가까운 자리에 위치한 고찰. 무로마치시대에 건립되었다고 알려진 히다코쿠분지는 오랜 역사에 비해 경내 규모가 크지는 않지만, 중요문화재로 지정되어 있는 본당과 종루문, 삼중탑 등 가치 있는 문화유산과 수령 1,250년이 넘은 은행나무가 히다코쿠분지의 대표적인 문화재다. 특히, 일본 천연기념물로 지정되어 보호받는 히다코쿠분지 경내의 은행나무는 높이 약 28m, 둘레 약 10m의 어마어마한 크기로 바로 앞에서 보면 그 크기에 압도당한다. 이외에도 국가 지정 중요문화재인 헤이안 시대에 만든 목조약사여래좌상과 목조관세음보살입상, 그리고 무로마치시대에 건축한 본당도 둘러봄직하다.

쥬게무 じゅげむ

MAP 13Ⓐ

위치 JR 다카야마역에서 도보 15분 주소 岐阜県高山市上三之町72 오픈 09:00~17:00 휴무 부정기 휴무 전화 0577-34-5858 홈피 j47.jp/jyugemu

다카야마 전통 거리를 걷다보면 한 손에는 꼬치구이, 한 손에는 고로케를 들고 있는 사람들을 자주 만난다. 십중팔구 쥬게무에 다녀온 사람들이다. 가게 안쪽으로 들어가면 인상 좋은 아저씨가 현란한 손놀림으로 소고기 꼬치를 굽고 있는 모습이 보인다. 바로 명물 히다규 꼬치구이 시모오리 霜降り(500엔)를 만드는 모습이다. 초벌구이 꼬치를 즉석에서 한 번 더 구워서 내주는데, 한 번 씹으면 짭짤한 육즙이 터져 나오고 두 번 씹으면 입안에서 녹아내린다. 바삭바삭 달콤 고소한 히다규 고로케 飛騨牛コロッケ(200엔)도 강추한다.

차노메 茶乃芽

MAP 13Ⓑ

위치 JR 다카야마역에서 도보 15분 주소 岐阜県高山市上三之町83 오픈 09:00~17:00 휴무 연중무휴 전화 0577-35-7373

생과일주스와 말차가 맛있는 카페. 외관은 전통 거리와 어울리는 고풍스런 분위기인데, 실내는 감각적인 인테리어가 돋보이는 현대식이다. 메뉴 또한 말차를 기본으로 커피와 주스, 파르페 등 현대식 카페 메뉴를 접목한 퓨전 스타일이다. 차노메에서 꼭 마셔봐야 하는 인기 메뉴는 프로즌 오리지널 주스(400엔). 우유가 들어간 믹스 프루츠 ミックスフルーツ, 망고 주스와 딸기의 조화 믹스 베리 망고 ミックスベリーマンゴー, 망고 주스와 달콤한 귤의 하모니 망고 미캉 マンゴーみかん, 딸기와 우유의 조화가 돋보이는 이치고미루쿠 いちごみるく 등 맛도 종류도 천차만별 다양하므로, 입맛대로 골라 주문하면 된다. 또 하나의 추천 메뉴는 귤 하나를 통째로 얼린 마룻포 미캉 まるっぽみかん(100엔)이다.

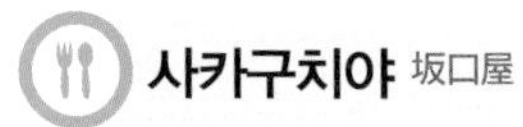

사카구치야 坂口屋

MAP 13Ⓑ

위치 JR 다카야마역에서 도보 15분 주소 岐阜県高山市上三之町90 오픈 10:30~15:00 휴무 화요일 전화 050-5872-9287 홈피 www.hidatakayama-sakaguchiya.com

다카야마의 명물 히다규와 다카야마 라멘을 합리적인 가격으로 맛볼 수 있는 대중음식점. 다분히 관광객 위주의 가게지만 메이지 23년(1890년) 창업이라는 오랜 역사 하나만으로도 한번 가 볼 만한 가치가 있다. 가게 안으로 들어가면 생각보다 큰 규모와 고즈넉한 실내 분위기 속에서 세월의 흔적이 엿보인다. 사카구치야의 대표 메뉴는 히다규 스테키동 飛騨牛ステーキ丼(1,700엔). 일본 3대 소고기로 만든 스테이크답게 입안에서 사르르 녹는 맛이 일품이다. 이곳의 또 다른 대표 메뉴 다카야마 라멘도 먹어봄직 하다. 다카야마 라멘은 한국인에게 비교적 흔한 돈코츠 라멘에 비해 깔끔한 간장 베이스 육수에 차슈와 반숙달걀, 파를 고명으로 올린 라멘이다. 화려하거나 진하지는 않지만, 산뜻하고 깔끔하다. 국물 간이 간간하여 저염으로 식단을 관리하는 사람 입맛에는 맞지 않을 수 있으므로 염두에 두자.

히다콧테규 飛騨こって牛

MAP 13Ⓑ

위치 JR 다카야마역에서 도보 15분 주소 岐阜県高山市上三之町34 오픈 10:00~17:00 휴무 연중무휴 전화 0577-37-7733 홈피 takayama-kotteushi.jp

판매하는 메뉴는 고작 소고기 스시 네 종류가 전부인 데다, 가격이 저렴하지도 않고 테이크아웃 포장 판매만 전문으로 하는 식당이지만, 다카야마에서 둘째가라면 서러울 정도로 인기가 고공행진하는 맛집. 가게 앞은 히다콧테큐의 소고기 스시를 한번 맛보려는 사람들도 언제나 장사진을 이룬다.

히다콧테규는 소고기는 일본 3대 소고기로 유명한 히다규 飛騨牛를 사용하여 스시를 만든다. 가게 문앞에는 보란듯이 히다규 육질 5등급이라는 증서를 붙여두었다. 일본에서 고기 품질을 평가하는 기준에서 5등급은 우리나라의 '투플(1++)' 등급과 비슷하다. 소고기 뿐만 아니라 다른 재료 역시 엄선한다. 쌀은 히다 飛騨 지역에서 생산하는 것을 고집하고, 소금은 노토반도에서 생산하는 죽탄염과 이탈리아산 암염을 섞어 깊은 맛을 끌어올린다.

소고기 스시 종류는 총 네 가지로 A메뉴 히다규 니기리 스시 飛騨牛にぎり寿司(2개 600엔), B메뉴 히다규 군함말이 飛騨牛軍艦(2개 700엔), C메뉴 산슈모리 三種盛り(3개 900엔), X메뉴 프리미엄 히다규 토로사시니기리 飛騨牛とろさしにぎり(2개 900엔)다. 직접 만든 일본 전병 센베이 煎餅 위에 소고기 스시를 올려서 제공하며, 최고 품질이라는 평가 등급답게 입에 넣는 순간 혀 위에서 눈 녹듯이 살살 녹는 절묘한 맛이 더할 나위 없다.

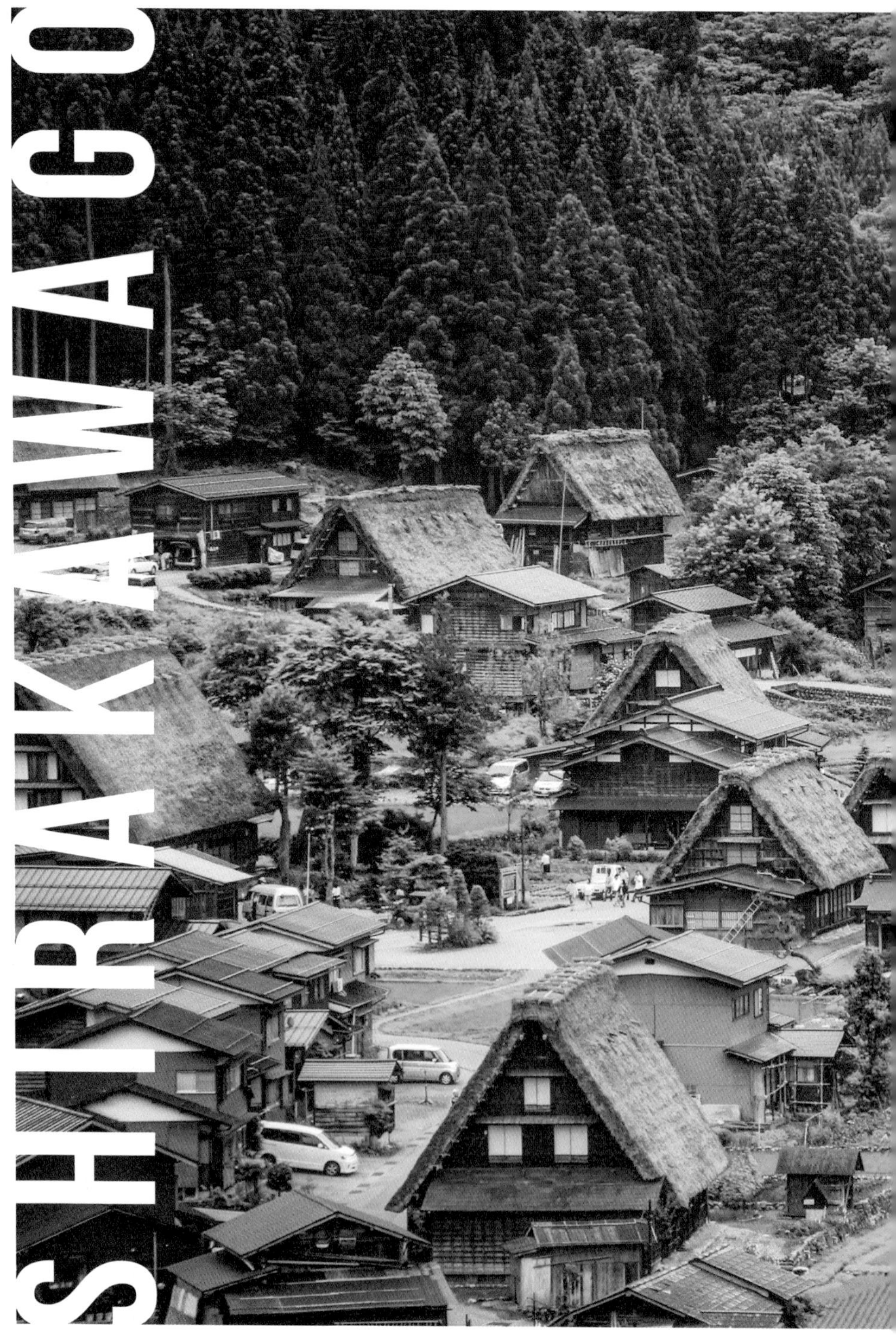

SHIRAKAWA GO

AREA
03

시라카와고
白川郷

시라카와고는 예부터 폭설이 잦았던 기후의 영향으로, 눈의 무게를 견딜 수 있도록 가파르게 만든 독특한 구조의 지붕 '갓쇼즈쿠리'가 인상적인 전통 가옥들이 모여 있는 마을이다. 동화 속에 나올법한 아름다운 풍경과 독특한 건축물 덕분에 마을 전체가 유네스코 세계문화유산으로 지정되어 있다.

시라카와고
이렇게 여행하자

가는 방법

나고야 메이테츠 버스 센터에서 출발해 시라카와고로 향하는 고속버스의 소요 시간은 약 3시간, 편도 요금은 3,900엔이다. 시라카와고는 인기 있는 여행지로 돌아오는 버스편이 일찍 매진될 수 있으므로 왕복권으로 예약하거나 시라카와고 버스터미널에 도착하면 여행을 시작하기 전 돌아가는 버스편을 미리 구매해놓는 편이 좋다.

버스 시라카와고 버스터미널

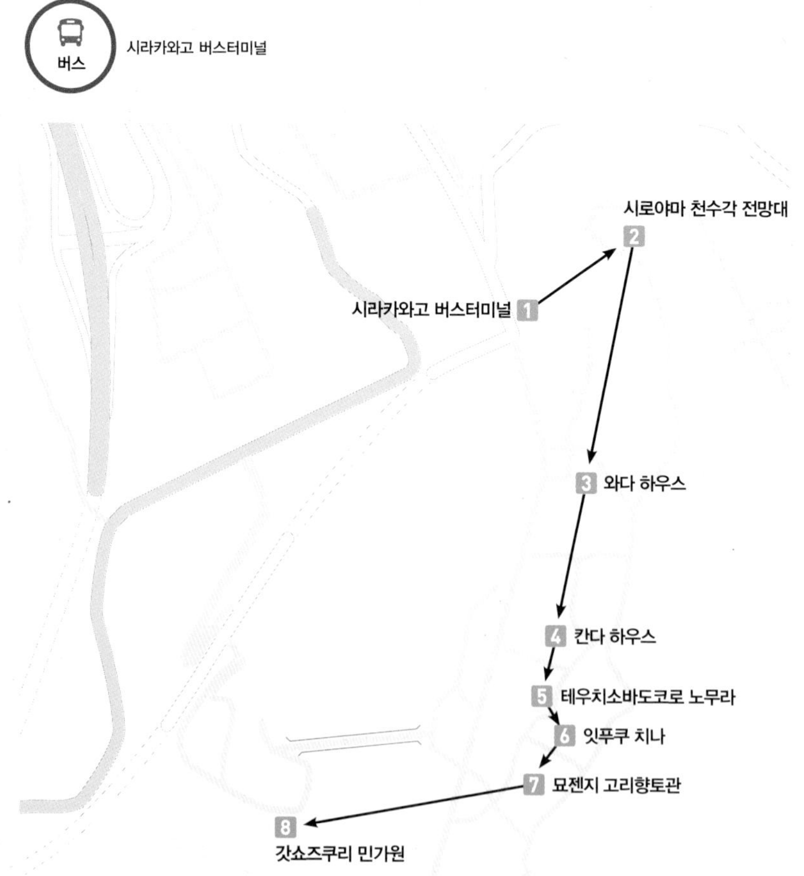

여행 방법

시라카와고는 큰 마을이 아니라서 쉬엄쉬엄 걸어 다녀도 두 시간 정도면 충분히 둘러볼 수 있다. 가장 먼저 해야 할 일은 전망대에 올라 마을 전경 감상하기. 버스터미널에서 전망대까지는 1km 정도로 멀지 않지만, 오르막길이라 생각보다 힘이 많이 든다. 올라갈 때는 전망대 셔틀버스(200엔)를 이용하는 것이 좋다. 내려올 때는 시원한 바람을 맞으며 위치에 따라 시시각각 변하는 마을 풍경을 감상하며 걷도록 하자. 콕 집어서 봐야할 특별한 명소가 있는 것은 아니므로 아름다운 풍경을 하나하나 눈에 담고, 맛난 먹거리를 먹으며 버스 시간에 맞춰 여유 있게 둘러보자.

도보 5분

시로야마 천수각 전망대 城山天守閣展望台

MAP 14Ⓑ

위치 시라카와고 버스터미널에서 도보 25분 또는 셔틀버스 약 10분 주소 岐阜県大野郡白川村大字荻町889

시라카와고 여행의 백미, 전망대에 오르면 여기저기에서 감탄사가 빗발친다. 우리나라에는 아직 소개가 많이 되지 않았지만, 서양인들 사이에서는 2~3년 전부터 일본 최고의 인기 여행지로 급부상하고 있는 시라카와고. 시로야마 천수각 전망대는 아름다운 시라카와고 마을 전체의 풍경을 한눈에 볼 수 있는 매력적인 곳이다. 원래는 천수각이라는 음식점에서 관리하는 곳인데, 관광객들을 위해 무료로 개방하고 있다. 전망대에 오를 때엔 셔틀버스를 이용하고, 내려올 때는 천천히 걸어오며 주위 경치를 둘러보길 추천한다. 셔틀버스는 와다 하우스 앞쪽에서 탈 수 있고, 편도 요금은 200엔이다. 인근에 위치한 오기마치성터 荻町城跡 전망대를 함께 방문해도 괜찮다.

시라카와카이도 白川街道

MAP 14Ⓑ

위치 시라카와고 버스터미널에서 바로 연결

버스터미널에서 시작해서 남쪽으로 이어진, 시라카와고 마을을 남북으로 가로지르는 메인 스트리트. 맛있는 시라카와고 명물 먹거리를 맛볼 수 있는 음식점과 지역 한정 특산품을 판매하는 선물 가게, 차 한 잔의 여유를 즐길 수 있는 카페 등이 곳곳에 자리하고 있다. 시라카와카이도를 기준으로 동쪽에는 수많은 갓쇼즈쿠리 가옥이 아름답게 늘어서 있고, 서쪽에는 주로 갓쇼즈쿠리 형태의 숙소가 모여 있다.

갓쇼즈쿠리 合掌造り란 이름은 지붕의 외관이 합장을 하고 있는 손모양처럼 보여서 붙여진 이름이다. 눈이 쌓이지 않도록 급경사로 만든 갓쇼즈쿠리 지붕의 기울기는 45도에서 60도까지 집집마다 다양하다. 현재 마을에 갓쇼즈쿠리 가옥은 약 110여 동 남아 있다. 일부는 상점이나 음식점으로 개조하기도 했으나 주민이 실제로 거주하고 있는 가옥도 적지 않다.

와다 하우스 和田家

MAP 14Ⓑ

위치 시라카와고 버스터미널에서 도보 3분 주소 岐阜県大野郡白川村荻町997 오픈 09:00~17:00 휴무 부정기 휴무 요금 어른 300엔, 어린이 150엔

와다 하우스는 버스터미널에서 시라카와카이도를 따라 도보 약 3분 거리에 있는, 시라카와고를 대표하는 갓쇼즈쿠리 양식의 저택이다. 1층 일부와 2층을 일반에 공개하고 있어 입장료를 내면 직접 와다 하우스 내부에 들어가 갓쇼즈쿠리 가옥의 건축 구조를 눈으로 살펴볼 수도 있다. 시라카와고 마을에서 유일하게 국가에서 지정한 중요문화재로 정부에서 꼼꼼히 관리한다. 그 덕에 지어진 지 300년이 지났지만, 오랜 역사가 믿기지 않을 정도로 와다 하우스 내부는 깔끔하고 보존 상태도 양호하다. 방문객이 많을 경우 입장에 제한을 두기도 하니 참고하자.

묘젠지 고리향토관 明善寺 庫裡郷土館

MAP 14Ⓓ

위치 시라카와고 버스터미널에서 도보 12분 주소 岐阜県大野郡白川村荻町679 오픈 4월~11월 08:30~17:00, 12월~3월 09:00~16:00 휴무 부정기 휴무 요금 어른 300엔, 어린이 100엔

에도시대 말기 1817년 창건된 묘젠지는 갓쇼즈쿠리 형태로 지어진 정토진종 浄土真宗 오오타니파 大谷派의 사찰이다. 시라카와고에서 가장 오래된 사찰 중 하나이자 시라카와고 마을에서 가장 커다란 규모의 갓쇼즈쿠리 가옥으로서 건축학적 가치가 상당하다. 현재 기후현 지정 중요문화재로 지정되어 관리하고 있다.

묘젠지는 크게 사찰 공간과, 사찰 승려와 승려 가족이 살았던 생활 공간으로 나뉜다. 후자의 생활 공간을 고리 庫裡라 일컫는다. 묘젠지는 시라카와고에서 시주하는 사람이 가장 많았다고 전해질 정도로 규모가 컸던 만큼 승려와 승려 가족이 살았던 생활 공간 고리 역시 상당한 규모로 지어진 점이 특징이다.

교토에 위치한 유명한 일본 사찰 도지 東寺나 다이고지 醍醐寺에 있는 하마다 타이스케 浜田太介의 벽화가 이곳 묘젠지 본당에도 있어 살펴봄직하다. 한편, 본래 묘젠지에 있던 범종은 제2차 세계대전 당시 공출되었고, 현재 묘젠지의 범종은 종전 이후 주금공예 작가 나카무라 요시카즈 中村義一가 새로이 만든 것이다.

칸다 하우스 神田家

MAP 14Ⓓ

휴무 3월~11월 네 번째 수요일, 12월~2월 매주 수요일 요금 어른 300엔, 어린이 150엔 전화 0576-96-1072 홈피 kandahouse.web.fc2.com

에도시대 후기에 지어진 민가로 와다 하우스, 묘젠지 고리향토관 등과 함께 시라카와고의 대표적인 갓쇼즈쿠리 구조의 가옥으로 알려져 있다. 칸다 하우스는 1층부터 4층까지 전시공간으로 꾸며 일반에 공개하고 있다.

1층에는 큰방과 응접실, 일터 등 실제 주민이 거주하던 당시의 생활상이 가장 농후하게 남아있다. 주민들은 화덕을 사용해 가옥 내부의 꿉꿉함을 덜었는데, 지금도 사시사철 화덕이 꺼지지 않고 방문객을 맞는다. 화덕에서 끓인 차를 무료로 시음할 수도 있다. 12월부터 2월까지는 매주 수요일에 휴관하므로 방문할 계획이라면 꼭 염두에 두자.

갓쇼즈쿠리 민가원 合掌造り民家園

MAP 14Ⓒ

위치 시라카와고 버스터미널에서 도보 20분 주소 岐阜県大野郡白川村荻町2499 오픈 3월~11월 08:40~17:00, 12월~3월 09:00~16:00 요금 600엔

시라카와고 마을의 역사와 문화를 배울 수 있는 다양한 시각자료와 갓쇼즈쿠리 양식의 저택을 체험해볼 수 있는 야외 박물관. 기후현 지정 중요문화재 아홉 동을 비롯해 총 스물여섯 동의 갓쇼즈쿠리 저택을 전시하고 있다. 메인 스트리트인 시라카와카이도의 서쪽 대로 니시도리 西通り 끝자락에 있는 만남의 다리 데아이바시 であい橋를 건너가면 왼쪽 편으로 보인다.

잇푸쿠 치나 いっぷく ちな

MAP 14Ⓓ

위치 시라카와고 버스터미널에서 도보 11분 주소 岐阜県大野郡白川村荻町722 오픈 11:00~16:00 휴무 부정기 휴무 전화 0576-96-1521

음료수와 간식거리를 먹을 수 있는 미니 카페. 테우치 소바도코로 노무라 바로 앞에 있어 식사를 하고 잠시 쉬어가기 좋다. 특히, 날씨가 좋을 때 야외에 있는 나무 탁자나 툇마루에 걸터앉아 갓쇼즈쿠리 가옥이 늘어서 있는 풍경을 보면서 먹는 후식은 그야말로 꿀맛이다. 다양한 메뉴가 있지만, 겨울에는 따뜻한 커피, 여름에는 달콤한 소프트 아이스크림이나 명물 스노우콘을 추천한다. 스노우콘은 얼핏 보면 불량식품 같지만, 한 번 먹으면 머리가 띵해질 때까지 쉬지 않고 흡입하게 되는 마성의 디저트다. 대부분의 메뉴가 300~500엔으로 가격 부담이 없다는 것도 매력적이다.

오츄도 落人

MAP 14Ⓓ

위치 시라카와고 버스터미널에서 도보 11분 주소 岐阜県大野郡白川村荻町792 오픈 10:30~17:00 휴무 부정기 휴무

인기 만화 〈원피스〉의 작가 오다 에이치로가 방문하고 너무나 마음에 들어 566화 권두 화보의 배경으로 삼았을 정도로 매력적인 맛집. 현지에서도 워낙 유명한 명소라 가게 주변에는 그림을 그리거나 사진을 찍는 사람들로 항상 북적거린다. 외관도 인상적이지만 실내 또한 꽤나 멋스럽다. 일본의 전통 난방 시설인 고정식 화덕 이로리 囲炉裏 주위는 일본 감성이 물씬 풍겨 커피 한 잔을 마시며 사진 찍기 좋은 포토존이다. 인기 메뉴는 카레라이스 세트(1300엔). 살짝 매콤한 맛의 카레라이스와 커피, 일본식 단팥죽 젠자이 ぜんざい가 함께 나온다.

테우치소바도코로 노무라 手打ちそば所乃むら

MAP 14Ⓓ

위치 시라카와고 버스터미널에서 도보 10분 주소 岐阜県大野郡白川村荻町779 오픈 11:00~16:00(재료 소진 시 종료) 휴무 수요일
전화 0576-96-1508

시라카와고에 있는 여러 소바 전문점 중에서 현지인들의 평가가 가장 후한 곳. 직접 갈아 만든 메밀가루를 사용하여 만드는 수타면이라 면발이 꽤나 쫄깃하고, 가쓰오부시로 맛을 낸 국물은 시원하고 깔끔하다. 대표 메뉴는 츠유에 찍어먹는 모리 소바 もりそば(850엔)와 국물이 맛있는 카케 소바 かけそば(850엔) 두 가지로 기호에 따라 선택하면 된다. 200엔을 추가해서 세트로 주문하면 버섯향이 솔솔 풍기는 볶음밥 마이타케 고항 舞茸ご飯이 함께 나온다.

오쇼쿠지도코로 케야키 お食事処けやき

MAP 14Ⓑ

위치 시라카와고 버스터미널에서 도보 5분 주소 岐阜県大野郡白川村荻町305-1 오픈 09:30~15:00 휴무 부정기 휴무
전화 050-5589-6106

정갈한 일본식 정찬과 돈부리, 소바, 우동 등 다양한 종류의 메뉴가 있는 대중 음식점. 30명 정도의 인원을 수용할 수 있을 정도로 매장 내부가 넓고, 메뉴 종류도 히다규 구이를 중심으로 한 정식 메뉴부터 소바나 라멘 같이 간편한 음식까지 다양한 편. 여럿이 함께 여행할 때나 다양한 메뉴를 함께 주문하고 싶을 때 방문하기 적절하다.

오쇼쿠지도코로 케야키의 인기 메뉴는 단연 1,620엔에 제공하는 히다규 미소야키 정식 飛騨牛味噌焼き定食. 미소 양념으로 맛을 낸 히다규 구이를 중심으로 반찬과 장국이 깔끔하고 정갈하게 한상을 구성한다. 이외에도 산채 소바 山菜そば나 다카야마 라멘 高山ラーメン 등 판매하는 메뉴 대부분 기본 이상은 한다는 평이 주를 이룬다.

PREPARATION

여행 준비

여권 준비하기
예산 계획하기
항공권 예약하기
숙소 예약하기
면세점 쇼핑하기
짐 꾸리기

여권 준비하기

여권은 해외에서 자신의 신분을 증명할 수 있는 유일한 신분증이다.
해외여행의 가장 기본 준비물인 여권 발급에 대해 알아보자.

발급 신청 및 수령

여권 발급에 필요한 서류를 구비해 가까운 구청이나 시청 여권과에서 신청한다. 여권 발급 신청서는 각 여권과에 비치되어 있으며, 외교통상부 홈페이지에서 양식을 내려받아 미리 작성한 후 제출할 수도 있다. 여권이 발급되기까지 보통 3~4일이 소요되며 성수기에는 일주일 이상 걸리기도 한다. 수령할 때는 반드시 신분증을 지참해야 한다.

외교통상부 여권 안내 www.passport.go.kr

여권 유효기간

대부분의 국가에서는 여권 유효기간이 최소 6개월 이상 남아 있지 않으면 입국을 거절당할 수 있지만, 일본은 여권 유효기간 이내의 여행이라면 문제 삼지 않는 경우가 많다. 하지만, 만약의 경우를 대비해 여권 유효기간이 6개월 이하라면 여권을 재발급받는 것이 좋다. 다만, 기존의 여권 유효기간 연장제도는 폐지되었기 때문에 신규 여권을 신청할 때와 똑같은 과정을 거쳐야 한다. 발급 수수료도 신규 여권 발급 수수료와 같다. 참고로, 유효기간은 충분하지만, 수록 정보 변경, 여권 분실 또는 훼손, 사증란 부족 등으로 새로운 여권을 발급받을 경우에는 '남은 유효기간 부여 여권'(발급 수수료 2만 5,000원)을 발급받으면 된다.

주한 일본 대사관 www.kr.emb-japan.go.jp

여행 중 여권 분실

여행 중 여권을 분실했다면 영사관에 방문하여 여행용 임시 증명서를 발급받아야 한다. 혹시 모를 상황에 대비해 여권 복사본과 사진 2장을 예비로 준비해 가는 것이 좋다. 한꺼번에 잃어버리는 일이 없도록 여권과 따로 보관하자.

주일본 대한민국 대사관 영사부 jpn-tokyo.mofa.go.kr
주나고야 총영사관 overseas.mofa.go.kr/jp-nagoya-ko/index.do

TIP 여권 발급 준비물

● 19세 이상 본인 발급

- ✔ 여권 발급 신청서
- ✔ 여권용 사진 1장
- ✔ 신분증
- ✔ 수수료(10년 복수 여권 5만 3,000원, 1년 단수 여권 2만원)

● 미성년자 여권 대리 발급

- ✔ 여권 발급 신청서
- ✔ 부모 중 1인의 인감이 찍혀 있는 여권 발급 동의서
- ✔ 여권 발급 동의서를 작성한 부모 중 1인의 인감증명서
- ✔ 여권용 사진 1장
- ✔ 부모와 함께 등재된 주민등록등본이나 호적등본
- ✔ 수수료(나이에 따라 1만 5,000~4만 5,000원)

2018년 1월부터 새로 바뀐

NEW 여권사진 규격 안내

❶ 양쪽 귀 노출 의무 조항 삭제

여권사진 규정이 대폭 완화되면서 양쪽 귀 노출에 관한 의무 조항이 삭제됐다. 얼굴 윤곽을 완전히 가리지 않는다면 머리카락을 억지로 묶거나 넘기지 않아도 된다.

❷ 가발·장신구 착용 지양 항목 삭제

모자로 머리카락을 완전히 가리는 것은 이전과 동일하게 금지 항목이지만, 목을 덮는 티셔츠, 스카프 등은 얼굴 윤곽을 가리지 않는 선에서 착용할 수 있다.

❸ 뿔테안경 지양 및 눈썹 가림에 관한 항목 삭제

뿔테 안경 착용을 지양하는 항목이 사라졌다. 안경테로 눈동자를 가리거나 렌즈에 빛이 반사되지 않은 사진은 사용할 수 있다.

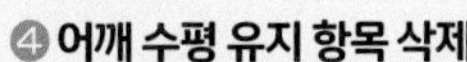

❹ 어깨 수평 유지 항목 삭제

어깨를 수평으로 유지하는 항목이 사라졌다. 하지만 얼굴과 어깨는 정면을 향해야 하며 측면 자세의 사진은 사용이 불가하다.

❺ 제복·군복 착용 불가 항목 삭제

일상생활 시 항상 착용하는 군인과 종교인의 제복 및 종교 의상이 허용된다. 대신 이마부터 턱까지 얼굴 전체가 나와야 한다.

예산 계획하기

여행을 떠나기에 앞서 예상 여행 경비를 계산해보자.
돌발 상황에 대비해 경비의 10%는 비상금으로 준비하는 것이 좋다.

항공 요금

25~35만 원

항공 요금은 항공사, 출입국 시기, 항공권 유효 기간 및 예약 조건에 따라 천차만별이다. 성수기와 비수기에 따라 요금 차이가 있으나, 제주 항공이 나고야 노선에 뛰어들면서 저렴한 항공권도 많이 찾아볼 수 있다. 자주 확인하면서 항공사에서 진행하는 각종 특가 항공권을 노려보는 것도 좋다. 요금을 계산할 때 세금 및 유류할증료 등을 빼놓지 않도록 주의하자.

1일 교통비

¥1,000~

나고야 여행은 지하철만 이용해도 충분하다. 나고야 지하철의 기본요금은 200엔이다. 지하철을 자주 이용할 계획이라면, 지하철 1일 승차권을 적극 활용하자. 지하철을 무제한 탈 수 있는 지하철 1일 승차권의 가격은 740엔이다. 나고야의 대표 명소를 하루 동안 둘러보는 일정을 계획한다면, 500엔에 판매하는 메구루버스 1일 승차권의 구매를 고려하는 것도 좋다.

공항↔시내 왕복 교통비

¥2,000~3,000

공항에서 시내까지는 메이테츠 공항철도를 이용하는 것이 좋다. 리무진버스가 있긴 하지만 편수가 많지 않고 차가 막히는 경우도 종종 있다. 메이테츠 공항철도를 이용할 경우 나고야역까지의 편도 요금은 870엔, 지정좌석제로 운영하는 뮤 스카이의 편도 요금은 1,230엔이다.

1박 1인 숙박비

¥2,500~20,000

숙소의 종류별로 장단점이 뚜렷하므로 충분히 고민한 후 선택하자. 여행 시기와 위치에따라 다르지만, 2인 1실 기준 특급호텔 1인 7,500~2만 엔, 비즈니스호텔 1인 3,500~7,000엔, 게스트하우스 1인 3,000~4,000엔 정도로 계획하면 무방하다.

1일 입장료

¥500~2,000

성이나 정원, 박물관 및 미술관 등의 명소를 방문할 때마다 300~1,200엔의 입장료가 필요하다. 나고야는 비교적 입장료가 크게 부담스럽지 않고, 1일 승차권을 구매할 경우 입장료 할인 혜택을 제공하는 곳도 많으니 방문 전 확인해보자.

전체 여행 경비의 비상금

10%

여행을 하다 보면 생각지도 못했던 자잘한 지출이 생기기 마련이다. 돌발 상황을 대비해 전체 여행 경비의 10% 정도를 비상금으로 가지고 가는 것이 좋다.

1일 식비

¥3,000~6,000

여행 스타일에 따라 식비 예산은 극명하게 차이가 난다. 질보다 양을 선호하면 한 끼에 500엔이면 충분하다. 하지만 명물 음식이 많기로 유명한 나고야에서 모든 식사를 대충 때우기엔 아깝다. 하루에 최소한의 경비로 먹을거리를 해결한다면 군것질 및 음료수 포함 3,000엔 정도면 가능하고, 식도락을 즐길 생각이라면 6,000엔 정도는 생각해야 한다.

TIP 알아두면 돈이 굳는 환전 노하우

환율은 주식시장처럼 쉬지 않고 변동되기 때문에 개인 여행자 입장에서 언제 환전을 하는 것이 가장 이득인지 가늠하기는 어렵다. 하지만 환율 우대를 받는다거나, 수수료를 할인받는 형태로 유리하게 환전할 수 있다.

● **주거래 은행**

환전은 공항에 있는 은행 영업소보다 시내 영업소에서 하는 것이 더 유리하다. 은행은 고객의 거래 실적에 따라 환율을 우대해준다. 주거래 은행에 가서 주거래 고객임을 밝히고 환전 수수료 우대를 받으면 20~40% 정도의 환전 수수료를 아낄 수 있다.

● **환율 우대 쿠폰**

은행, 여행사, 면세점 홈페이지에서 발행하는 환율 우대 쿠폰을 찾아보는 것도 환전 비용을 절약할 수 있는 좋은 방법이다. 사전에 은행 인터넷 사이버 환전 서비스를 신청하면 원하는 은행 지점이나 공항에서 환전한 엔화를 수령할 수도 있다.

● **사설 환전소**

대도시 중심가에는 은행보다 유리한 조건을 내세우는 사설 환전소가 있다. 하지만 국내외 사설 환전소에서 위폐를 유통한 사례가 있고 피해 금액이 발생했을 때 보장 받을 수 있는 안전장치가 부족하기 때문에 충분한 정보를 파악한 후 방문해야 한다.

● **사이버 환전 서비스**

시중 은행의 홈페이지에서 사이버 환정을 신청하는 것도 방법이다. 사이버 환전 서비스를 신청하면 원하는 지점에서 외환을 바로 찾을 수 있다. 만약 공항에서 수령하고 싶다면 해당 은행의 공항 지점이 있는지 미리 확인해보도록 하자.

항공권 예약하기

여행을 가기로 마음먹었다면 항공권부터 서둘러 예약하는 것이 좋다.
항공권 예약이 선행되어야 출국일과 귀국일이 결정되고, 숙소 예약이 가능하다.

항공권 저렴하게 예약하기

항공권 가격은 항공사에 따라 시즌과 유효 기간에 따라, 또 예약 조건에 따라 천차만별이다. 일반적으로 성수기 · 비수기에 따라 가장 큰 차이가 나지만, 어떤 시기라도 발품만 잘 팔면 남들보다 훨씬 저렴하게 예약할 수 있다.

01

성수기에는 얼리버드 항공권을 노려보자

시간이 많으면 아무 상관없겠지만, 대부분의 직장인들은 어쩔 수 없이 주로 성수기에 여행을 떠나야 하는 경우가 많다. 최소 5~6개월 전부터 항공권 비교 검색 사이트에 가격 알림 설정을 해두고 항공사 홈페이지도 자주 살펴보자. 운이 좋으면 비수기 때보다 저렴한 얼리버드 특가 항공권을 구매하는 행운을 만날 수도 있다.

02

항공사 프로모션 항공권을 노려보자

여행 일정이 정해지면, 곧바로 항공사 SNS를 팔로우해 놓고 프로모션 항공권이 뜨기를 기다리자. 나고야에 취항하는 저가 항공사가 많아진 만큼 프로모션 항공권 행사도 예년에 비해 점점 늘어나고 있는 추세다.

03

항공권 검색 사이트 비교가 가장 합리적인 방법

얼리버드 항공권이나 프로모션 항공권은 부지런해야 하고 시간이 많이 든다. 가장 합리적인 방법은 항공권 비교 검색 사이트를 통해 가격을 비교하고 예약하는 것이다. 물론 특가 항공권보다는 조금 더 비싸지만, 출발 · 도착 시간만 잘 조정하면 좋은 가격대를 만날 수 있다.

04

원하는 항공권을 찾았다면 빠르게 예약하자

최저가 항공권을 찾는다고 예약을 차일피일 미루면 찾았던 항공권을 아예 구하지 못하는 경우가 생긴다.

나고야는 도쿄나 오사카에 비해 방문하는 여행객이 상대적으로 적지만 언제나 방심은 금물이다. 어느 정도 저렴한 항공권을 찾았다고 생각하면 놓치지 말고 예약하자.

05

특가 항공권 예약 시 유의할 점

가격이 싼 데는 다 이유가 있는 법이다. 대개 항공권의 유효 기간이 짧거나, 예약 변경이 불가능하거나, 예약 변경은 가능하지만 수수료가 비싸다거나, 아예 환불이 불가능하다는 등 여러 가지 조건과 제약이 따른다. 그 모든 조건을 받아들일 수 있을 때에만 할인 항공권의 저렴한 가격이 의미 있는 것이다. 예약 조건을 자세히 알아보지 않고 덜컥 예약했다가 나중에 예약 변경이나 취소 문제로 골치 아픈 경우가 벌어질 수도 있으니 주의하자.

항공권 구매 시 체크할 것

❶ 예약 시 항공권에 기입한 영문 이름과 여권상의 영문 이름이 반드시 동일해야 한다. 동일하지 않을 경우 탑승이 거부될 수 있다.

❷ 항공편 도착 시각에 시내로 이동할 교통수단이 있는지 여부를 체크할 것. 숙소로 이동할 교통수단이 없어 비싼 택시요금을 내야 한다면 저렴한 항공권이 무색해진다.

TIP 항공권 비교 검색 사이트

● 스카이스캐너

전 세계 2,500만 명이 선택한 항공권 비교 검색 사이트. 출발지와 도착지를 선택하고 일정을 입력하면 조건에 해당하는 항공편이 가격대별로 검색된다. 항공편은 물론 호텔과 렌터카 금액도 비교할 수 있다. 홈피〉 www.skyscanner.co.kr

● 카약 닷컴

항공권 가격을 한눈에 비교하고 예약까지 마칠 수 있는 사이트. 저렴한 프로모션 상품을 검색할 수 있는 것은 물론 호텔과 렌터카 비용도 타 사이트와 비교할 수 있어 여행 계획을 세울 때 참고하면 좋다. 홈피〉 www.kayak.com

● 익스피디아

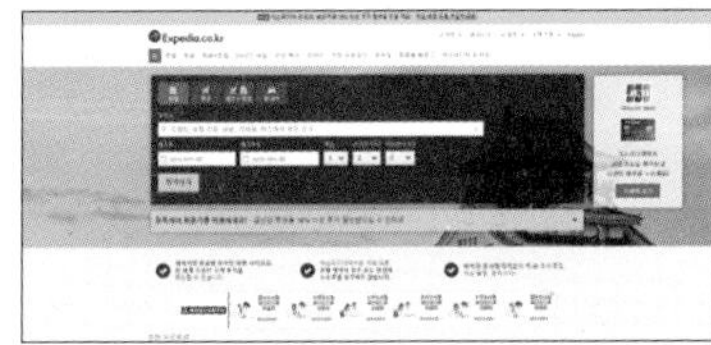

전 세계 51만여 개 호텔을 최저가로 검색할 수 있어 숙소 검색에 특화된 사이트. 홈페이지 내 '오늘의 딜', '마감 특가 상품' 등의 저렴한 항공권 프로모션도 함께 진행한다. 최대 30%까지 할인된 금액으로 항공권과 숙박 예약을 한꺼번에 끝낼 수 있다. 홈피〉 www.expedia.co.kr

숙소 예약하기

호텔부터 게스트하우스까지 숙소 선택의 폭이 넓은 편이다.
등급에 따라 요금이 천차만별이므로 예산에 맞춰 원하는 숙소를 선택하자.

숙소의 종류

01

호텔 ホテル

대도시의 번화가에 있는 대형 호텔. 각종 부대시설을 완비해 숙박 외에도 다양한 기능을 갖추고 있는 경우가 많다. 객실 타입은 2인용인 트윈룸과 더블룸이 주를 이루고 방도 비교적 넓은 편이며, 호텔에 따라서는 트리플룸이나 다다미방을 갖춘 곳도 있다.

숙박 요금 2인 1실 기준 1만 5,000~2만 엔 예약 방법 국내 여행사, 호텔 홈페이지, 숙소 예약 사이트 이용

02

비즈니스호텔 ビジネスホテル

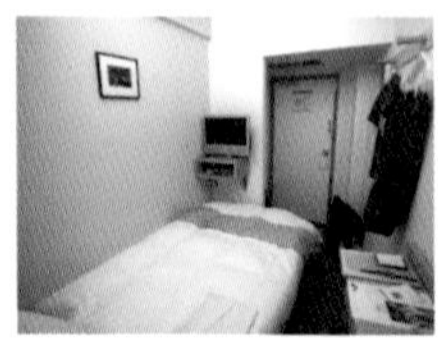

주로 비즈니스 목적의 출장자를 대상으로 하는 소규모의 저가 호텔을 의미한다. 싱글룸과 트윈룸이 주를 이루며 우리 기준으로 보면 악 소리가 날 정도로 객실 사이즈가 좁은 곳이 대부분이다. 그래도 객실 내에 필요한 가전은 다 갖춰져 있어 가성비를 따지는 실속파라면 추천할 만하다.

숙박 요금 2인 1실 기준 7,000~1만 5,000엔 예약 방법 국내 여행사, 호텔 홈페이지, 숙소 예약 사이트 이용

03

리조트호텔 リゾートホテル

도시의 중심가에서 벗어나 강변이나 바닷가, 온천 마을 등에 있는 대형 숙박 시설로 여러모로 호텔과 닮은꼴이지만, 실외 수영장이나 프라이빗 비치, 골프장 등 좀 더 다양한 부대시설을 갖추고 있다. 온천 마을에 있는 리조트호텔은 료칸의 서비스를 그대로 차용해 1박 2식을 기본으로 제공하는 등 그 지역의 특성에 맞게 다양한 서비스를 선보인다.

숙박 요금 2인 1실 기준 1만 5,000~3만 엔 예약 방법 국내 여행사, 호텔 홈페이지, 숙소 예약 사이트 이용

04

캡슐호텔 カプセルホテル

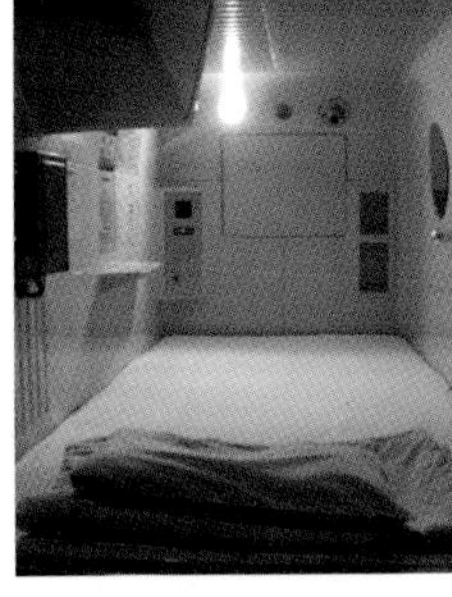

캡슐호텔은 관을 연상시킬 만큼 작은 공간으로 이루어진 숙박 시설로 24시간 영업한다. 대부분 사우나를 겸해서 영업하고 자그마한 배낭을 넣을 수 있는 로커도 무료로 제공한다.

숙박 요금 1인 1실 기준 2,500~3,500엔 예약 방법 국내 여행사, 호텔 홈페이지, 숙소 예약 사이트 이용

05

료칸 旅館

전통적인 일본식 여관. 객실 디자인이 심플하며 넓고, 바닥에는 다다미가 깔려있다. 1박 2식이 기본적으로 제공되며 저녁 식사는 대부분 일본식 풀코스 가이세키 요리 会席料理가, 아침 식사는 간소하게 나온다. 저녁 식사가 끝나면 기모노를 입은 나카이상(여종업원)이 방에 침구를 깔아준다. 목욕탕은 대체로는 남탕, 여탕으로 구분되어 있으며, 온천 휴양지에 있는 여관은 노천탕을 비롯해 온천탕을 갖추고 있다.

숙박 요금 2인 1실 기준 1만 3,000~5만 엔 예약 방법 국내 여행사, 료칸 홈페이지, 숙소 예약 사이트 이용

06

게스트하우스 Guest House

여행자가 매우 저렴한 가격으로 머물 수 있는 숙소로, 세계 각국의 여행자와 함께 어울릴 수 있다는 장점이 있다. 간소하며 깨끗한 공동 침대, 편의 시설, 주방 등을 제공하며 시설에 따라 문화 교류 활동 또는 파티를 주최하는 경우도 있다.

숙박 요금 도미토리 기준 1인당 3,000~4,000엔 예약 방법 게스트하우스 홈페이지, 게스트하우스 전문 예약 사이트 이용

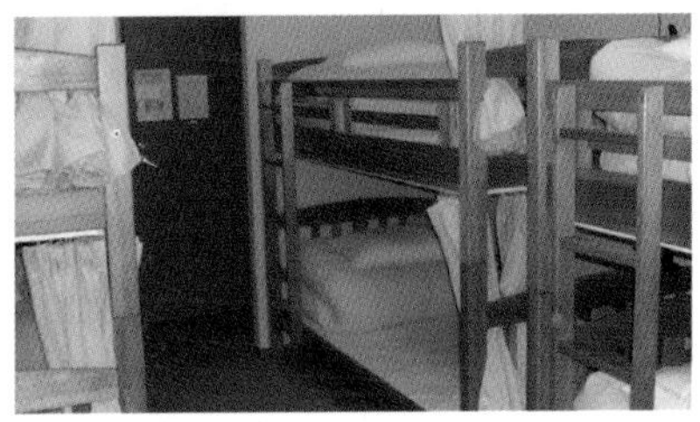

07

민박 民宿

주로 방이 3~4개 딸린 집을 세 내어 방 1개당 3~4명씩 사용하는 도미토리 스타일로 쾌적한 서비스나 깔끔한 분위기를 기대하기는 어렵다. 그러나 집주인부터 손님까지 대부분 한국인이라 의사소통에 문제가 전혀 없다는 점이나 이곳에서 함께 여행을 다닐 친구를 사귀거나 정보를 교환할 수 있다는 점에서 매력적이다.

숙박 요금 도미토리 기준 1인당 2,500~3,000엔 예약 방법 국내 여행사, 해당 민박의 홈페이지

면세점 쇼핑하기

항공권을 발권한 상태라면 출국일 한 달 전부터 면세점 쇼핑을 즐길 수 있다.
한국 입국 시 국내 면세점 이용은 아직 불가능하다는 점을 염두에 두자.

면세점의 종류

01

시내 면세점

시내 면세점을 이용하면 출국 한 달 전부터 직접 방문해서 물건을 구입할 수 있다는 장점이 있다. 때로는 세일이나 구매 금액별 상품권 이벤트 같은 혜택도 있다. 먼저 VIP 카드를 발급받은 후 쇼핑하면 더욱 저렴하다.

02

인터넷 면세점

시내 면세점에서 직접 운영하는 온라인 면세점으로, 요즘은 스마트폰으로도 이용할 수 있어 더욱 편리하다. 각종 할인 쿠폰 · 적립금 제도로 시내 면세점보다 더욱 알뜰하게 쇼핑 가능하다.

03

공항 면세점

공항 면세점은 별도로 시간을 내지 않아도 출국 직전에 쇼핑을 즐길 수 있어 편리하다. 단, 상품 구색이 시내 면세점에 비해 적고 할인 등의 혜택이 적은 경우도 있다.

04

기내 면세점

항공사에서 제공하는 서비스로 출국하는 비행기 기내에서 책자를 보고 주문하면 돌아오는 항공기 안에서 쇼핑한 물건을 받을 수 있어 편리하다. 하지만 판매하는 물품이 한정되어 있어 선택의 폭이 좁고, 인기 상품은 빨리 매진된다는 단점이 있다.

국내 면세점

동화면세점 www.dutyfree24.com
롯데면세점 www.lottedfs.com
신라면세점 www.dfsshilla.com
신세계면세점 www.ssgdfs.com
그랜드면세점 www.granddfs.com
갤러리아면세점 www.galleria-dfs.com
두타면세점 dootadutyfree.com

면세점 쇼핑 시 준비물

- 여권
- 항공권 혹은 정확한 출국 정보(출국 일시, 출국 공항, 출국 편명)

면세점 구매 한도

출국 시 내국인의 국내 면세품 구입 한도는 1인당 3,000달러로 제한되어 있지만 입국 시 면세 범위는 600달러까지만 적용된다. 즉, 600달러를 초과하는 물품에 대해서는 자진 신고하고 세금을 내야 한다. 만약 신고하지 않았다가 적발된 경우, 세금 외에 가산세가 추가되며 경우에 따라 처벌 받을 수 있다.

짐 꾸리기

우리나라와 비슷한 기후이므로 특별히 주의해야 할 점은 없다.
꼭 필요한 물건 외에는 챙겨 가지 말고, 최대한 짐을 줄이는 것이 요령.

여행 가방 선택하기

숙소가 한 곳뿐이라서, 공항을 오갈 때 외에는 가방을 들고 이동해야 할 일이 없다면 트렁크 가방(슈트 케이스)을 가지고 가는 것도 나쁘지 않다. 하지만 숙소 이동이 빈번하다면 여행용 배낭을 준비하는 것이 현명하다. 이 경우 현지에서 여행을 다닐 때 카메라나 생수병, 가이드북 등을 넣고 다닐 수 있는 작은 보조 가방을 함께 챙겨 가는 것이 좋다.

여행 가방 꾸리기

먼저 부피가 큰 옷가지를 넣은 뒤 가방의 남는 모서리에 속옷이나 양말, 신발 등을 적절히 배치해 넣는다. 세면도구와 속옷류, 신발 등은 뒤섞이지 않도록 입구를 봉할 수 있는 봉지에 따로 싸서 가방 가장자리의 빈 부분에 넣는 것이 좋다. 여권과 지갑 등은 별도의 가방에 따로 보관하는 것이 좋다.

계절별 준비물 확인하기

일본의 봄은 낮에는 따뜻하지만 아침저녁은 제법 쌀쌀하다. 바로 걸칠 수 있는 얇은 점퍼를 준비하자. 여름은 장마와 태풍에 대비해 우산이나 우비를 챙겨야 한다. 또 무덥고 습도가 높아 빨리 건조되는 기능성 티셔츠가 필요하다. 가을은 평균 섭씨 17도 전후의 쾌적한 날씨지만 10월까지는 태풍이 올 수 있어 우산을 가지고 다니는 것이 좋다. 겨울은 한국보다 따뜻한 편으로 대개 기본적인 방한용품과 겨울 외투만으로 충분하다.

TIP 여행 가방 무게에 주의할 것

비행기를 이용할 때 수하물로 부칠 수 있는 짐의 무게는 일반적으로 이코노미 클래스 20kg, 비즈니스 클래스 30kg으로 제한되어 있다. 이를 초과할 경우 1kg 단위로 요금을 지불해야 하므로 주의하자.

TIP 출발 전 마지막으로 짐 점검하기

모든 준비를 마쳤다면 이제 짐을 잘 꾸리면 된다.
정작 중요한 것을 빠뜨리지 않았는지 다음 리스트를 참고해 다시 한 번 체크하자.

- ☑ 여권
- ☑ 증명사진 · 여권 사본 (여권 분실 대비)
- ☑ 항공권
- ☑ 숙소 바우처
- ☑ 현지 화폐 · 신용카드
- ☑ 옷가지
- ☑ 속옷
- ☑ 화장품
- ☑ 상비약
- ☑ 11자 플러그 · 멀티탭
- ☑ 카메라

찾아보기

NAGOYA
나고야

ㄷ

ㄹ

ㅁ

ㅂ

숫자 · 영문

NEARBY CITY 주변 도시

가나자와

다카야마

시라카와고

나고야 100배 즐기기

개정 1판 1쇄 2018년 11월 28일

발행인 양원석
본부장 김순미
편집장 고현진
책임편집 김영훈
디자인 RHK디자인팀 이재원, 이경민, 강소정
지도 도마뱀퍼블리싱
해외저작권 황지현
제작 문태일
영업마케팅 최창규, 김용환, 정주호, 양정길, 이은혜, 신우섭, 유가형, 조아라, 김유정, 임도진, 우정아, 정문희

펴낸 곳 (주)알에이치코리아
주소 서울시 금천구 가산디지털2로 53 한라시그마밸리 20층
편집 문의 02-6443-8930 **구입 문의** 02-6443-8838
홈페이지 http://rhk.co.kr
등록 2004년 1월 15일 제2-3726호

ISBN 978-89-255-6509-5(13980)

100배 즐기기 X 시원스쿨 일본어

TRAVEL

JAPANESE

여행 일본어

시원스쿨 일본어 감수

RHK
알에이치코리아

TRAVEL JAPANESE

여행 일본어

미리 보는 일본어 메뉴판

Part.1 왕초보 일본어

Part.2 공항에서

Part.3 교통수단

Part.4 숙소에서

Part.5 식당에서

Part.6 관광할 때

Part.7 쇼핑할 때

Part.8 위급상황

먹방 미션에 도전하라!

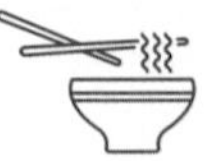

미리 보는 일본어 메뉴판

일본 여행 최고의 즐거움이자 성공하고 싶은 미션은 역시 제대로 먹는 것!
본격 일본어 공부에 앞서 눈으로 먼저 보고 일본어 메뉴판을 익혀보자.
일본 먹방 여행의 품격이 달라질 것이다.

스시
すし

명실공히 일본의 대표 음식으로 꼽히는 스시. 다양한 종류를 알아두는 만큼 맛있게 즐길 수 있다.

참치
マグロ 마구로

참치 중뱃살
中トロ 츄-토로

참치 대뱃살
大トロ 오-토로

연어
サーモン 사-몬

농어
スズキ 스즈키

도미
鯛 타이

광어
ヒラメ 히라메

방어
ブリ 부리

가자미
カレイ 카레이

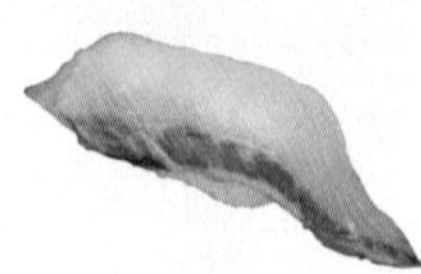

잿방어
かんぱち 칸파치

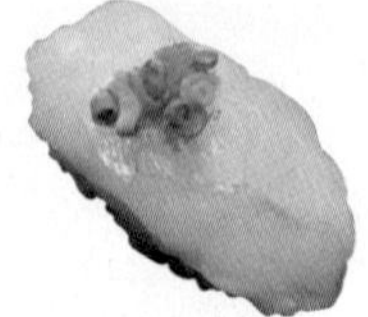

복어
ふぐ 후구

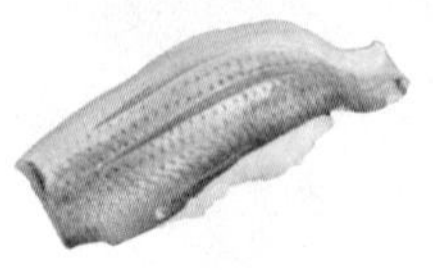

전어
コノシロ 코노시로

고등어
さば 사바

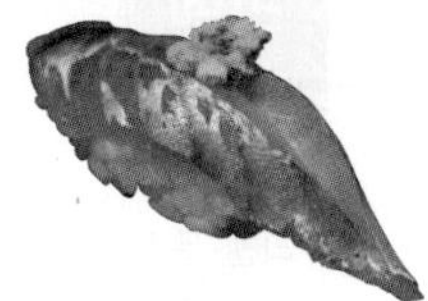

정어리
イワシ 이와시

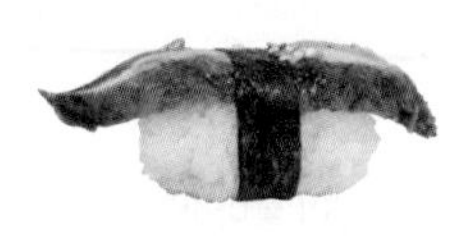

장어
ウナギ 우나기

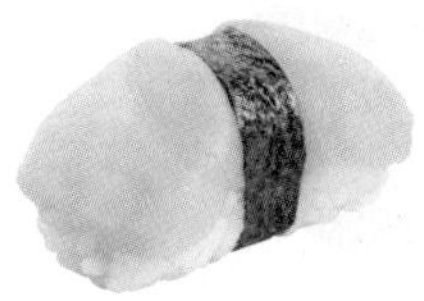

가리비
ほたて 호타테

키조개
タイラギ 타이라기

조개
貝 카이

전복
アワビ 아와비

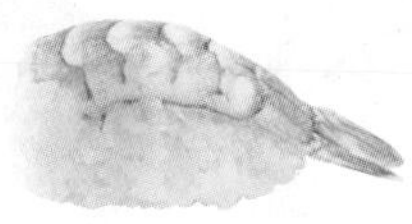

새우
エビ 에비

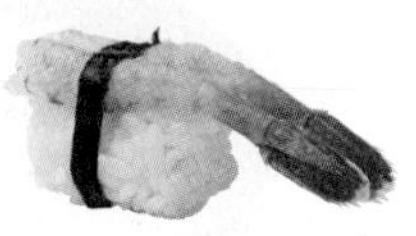

단새우
甘エビ 아마에비

문어
たこ 타코

오징어
イカ 이카

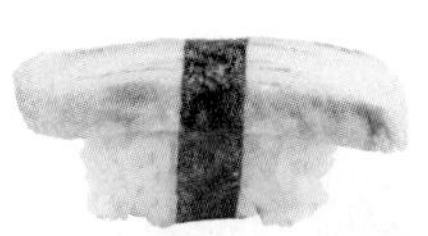

달갈말이
たまご 타마고

군함말이
軍艦巻 군칸마키

김초밥
のりまき 노리마키

유부초밥
いなり 이나리

라멘
ラーメン

일본인이 좋아하는 3대 음식 중 하나인 라멘. 육수 재료나 먹는 방식에 따라 다양한 종류로 나뉜다.

시오라멘 塩ラーメン
소금으로 맛을 낸 깔끔한 라멘

쇼유라멘 醤油ラーメン
간장으로 맛을 낸 대중적인 라멘

미소라멘 味噌ラーメン
된장으로 맛을 낸 구수한 라멘

돈코츠라멘 とんこつラーメン
돼지 뼈 육수로 향이 진한 라멘

츠케멘 つけ麺
면을 양념에 적셔 먹는 라멘

탄탄멘 坦々麺
매운 국물의 중국식 라멘

히야시멘 冷やし麺
다양한 토핑과
소스를 뿌려 먹는 냉라멘

■ 라멘토핑

돼지고기 叉焼 차-슈-
달걀 玉子 타마고
면 추가 替え玉 카에다마
파 ネギ 네기

숙주 もやし 모야시
죽순 メンマ 멤마
마늘 ニンニク 닌니쿠
김 のり 노리

목이버섯 きくらげ 키쿠라게
양배추 キャベツ 캬베츠
시금치 菠薐草 호-렌소-
양파 玉ねぎ 타마네기

돈부리
丼

돈부리는 육류, 튀김, 생선회 등의 요리를 밥 위에 얹어 먹는 일본식 덮밥. 주재료의 뒤에 '동 丼'을 붙이면 해당 돈부리 요리를 지칭하는 명사가 된다.

카츠동 カツ丼
돈까스 덮밥

규동 牛丼
소고기 덮밥

부타동 豚丼
돼지고기 덮밥

오야코동 親子丼
닭고기와 달걀 덮밥

텐동 天丼
튀김 덮밥

에비텐동 海老天丼
새우튀김 덮밥

이쿠라동 いくら丼
연어알 덮밥

우나동 鰻丼
장어 덮밥

우니동 ウニ丼
성게 덮밥

규토로동 牛トロ丼
소고기 육회 덮밥

카이센동 海鮮丼
해산물 덮밥

마구로동 マグロ丼
참치회 덮밥

우동
うどん

오동통한 면발, 개운한 국물이 매력인 우동은 다양한 종류 때문에 더욱 여행자의 입맛을 당긴다.

카케우동
かけうどん
기본 우동

키츠네우동
きつねうどん
유부 우동

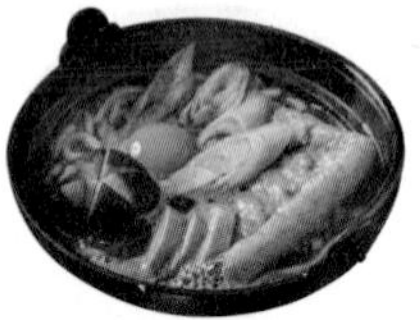

미소니코미우동
味噌煮込みうどん
된장 우동

텐푸라우동
天ぷらうどん
튀김 우동

니쿠우동
肉うどん
고기 우동

타누키우동
たぬきうどん
튀김 부스러기 우동

자루우동
ざるうどん
츠유에 찍어 먹는 우동

야끼우동
焼うどん
볶음 우동

붓가케우동
ぶっかけうどん
비빔 우동

PLUS 메뉴판 읽기

■ 주문

이름	일본어	발음
단품 메뉴	単品メニュー	탄핀 메뉴–
세트 메뉴	セットメニュー	셋또 메뉴–
점심 메뉴	お昼メニュー	오히루 메뉴–
저녁 메뉴	夕食メニュー	유–쇼쿠 메뉴–
디저트	デザート	데자–토
리필	お代わり	오카와리
날마다 바뀌는 메뉴	日変り	히가와리
기간 한정	期間限定	키캉겐테–
물수건	おしぼり	오시보리
앞접시	取り皿	토리자라

■ 소스 · 조미료

이름	일본어	발음
간장	醤油	쇼–유
고추냉이	わさび	와사비
된장	味噌	미소
마요네즈소스	ソースマヨ	소–스마요
설탕	砂糖	사토–
소금	塩	시오
소스	ソース	소–스
참기름	ごま油	고마아부라
초간장	ポンズ	폰즈
파+마요네즈	ネギマヨ	네기마요
파+초간장	ネギポン	네기폰

■ 채소

이름	일본어	발음
감자	ジャガイモ	쟈가이모
고구마	サツマイモ	사츠마이모
마늘	ニンニク	닌니쿠
목이버섯	きくらげ	키쿠라게
숙주	もやし	모야시
아스파라거스	アスパラガス	아스파라가스
양파	玉ねぎ	타마네기
죽순	メンマ	멤마
파	ネギ	네기
표고버섯	しいたけ	시이타케
호박	カボチャ	카보챠

■ 음료 · 주류

이름	일본어	발음
일본술	日本酒	니혼슈
칵테일	カクテル	카쿠테루
맥주	ビール	비–루
소주	焼酎	쇼–추–
물	お水	오미즈
냉수	お冷	오히야
콜라	コーラ	코–라
주스	ジュース	쥬–스

■ 육류

이름	일본어	발음
닭고기	鶏肉	토리니쿠
돼지고기	豚肉	부타니쿠
소고기	牛肉	규–니쿠
고기완자	ミートボール	미–토보–루
달걀	玉子	타마고
메추리알	ウズラの卵	우즈라노타마고
베이컨	ベーコン	베–콘
소시지	ソーセージ	소–세–지

■ 해산물

이름	일본어	발음
가리비	ほたて	호타테
문어	タコ	타코
새우	えび	에비
오징어	いか	이카
김	のり	노리

■ 기타

이름	일본어	발음
김치	キムチ	기무치
떡	餅	모치
치즈	チーズ	치–즈
곤약	こんにゃく	콘냐쿠
믹스	ミックス	믹쿠스

1

왕초보 일본어

왕초보 일본어 패턴

PLUS 왕초보 일본어 표현

왕초보 일본어 패턴

여긴 제 자리입니다.
ここは私の席**です**。
코코와 와타시노 세키**데스**

(방문 목적은) 여행입니다.
(訪問の目的は)旅行**です**。
(호-몬노 모쿠테키와) 료코-**데스**

~입니다.
~です

두 명입니다.
二人**です**。
후타리**데스**

2박입니다.
2泊**です**。
니하쿠**데스**

이건 무엇인가요?
これは何**ですか?**
코레와 난**데스카**

이건 ○○행 버스인가요?
これは ○○行き バス**ですか?**
코레와 ○○유키 바스**데스카**

이건 ~인가요?
これは~ですか?

이건 무료인가요?
これは無料**ですか?**
코레와 무료-**데스까**

이건 세일 중인가요?
これはセール中**ですか?**
코레와 세-루츄-**데스까**

방 청소 부탁드려요.
部屋の掃除**お願いします**。
헤야노 소-지 **오네가이시마스**

일행과 같이 부탁드려요.
連れと一緒に**お願いします**。
츠레토 잇쑈니 **오네가이시마스**

~부탁드려요.
お願いします

냅킨 좀 부탁드려요.
ティッシュを**お願いします**。
팃슈오 **오네가이시마스**

한 장 더 부탁드려요.
もう一枚**お願いします**。
모- 이치마이 **오네가이시마스**

메뉴판 주세요.
メニュー**ください。**
메뉴– **쿠다사이**

이거 하나 주세요.
これ一つ**ください。**
코레히토츠 **쿠다사이**

~주세요.
~ください

영수증 주세요.
領収書**ください。**
료–슈–쇼 **쿠다사이**

감기약 주세요.
風邪薬**ください。**
카제구스리 **쿠다사이**

요금은 얼마인가요?
料金**はいくらですか?**
료–킹**와 이쿠라데스까**

구매 한도 금액은 얼마인가요?
購入限度額**はいくらですか?**
코–뉴–겐도가쿠**와 이쿠라데스까**

~는 얼마인가요?
~はいくらですか?

수수료는 얼마인가요?
手数料**はいくらですか?**
테스–료–**와 이쿠라데스까**

입장료는 얼마인가요?
入場料**はいくらですか?**
뉴–죠–료–**와 이쿠라데스까**

제 자리는 어디인가요?
私の席**はどこですか?**
와타시노세키**와 도코데스까**

지금 여기가 어디예요?
今ここ**はどこですか?**
이마 코코**와 도코데스까**

~는 어디인가요?
~はどこですか?

탑승구는 어디인가요?
搭乗口**はどこですか?**
토–죠–구치**와 도코데스까**

여기서 가까운 전철역은 어디인가요?
ここから近い電車駅**はどこですか?**
코코카라 치카이 덴샤에키**와 도코데스까**

~가 있나요?
~がありますか

더 저렴한 것 있나요?
もっと安いもの**がありますか?**
몯또 야스이모노**가 아리마스까**

다른 사이즈가 있나요?
他のサイズ**がありますか?**
호카노 사이즈**가 아리마스까**

근처에 편의점이 있나요?
近くにコンビニ**がありますか?**
치카쿠니 콤비니**가 아리마스까**

남은 자리가 있나요?
余った席**がありますか?**
아맏따 세키**가 아리마스까**

~할 수 있나요?
(~が)できますか

얼마부터 면세가 되나요?
いくらから免税**できますか?**
이쿠라카라 멘제-**데키마스까**

사진 촬영 할 수 있나요?
写真撮影**できますか?**
샤신사츠에-**데키마스까**

카드로 계산할 수 있나요?
カードで払うこと**ができますか?**
카-도데 하라우코토**가 데키마스까**

다른 것으로 교환할 수 있나요?
他のものに交換**できますか?**
호카노 모노니 코-칸**데키마스까**

~할 수 없어요.
~(でき)ません

이건 기내에 반입할 수 없어요.
これは機内に持ち込め**ません。**
코레와 키나이니 모치코메**마셍**

제 수하물을 찾을 수 없어요.
私の手荷物を見つけられ**ません。**
와타시노 테니모츠오 미츠케라레**마셍**

만 엔권은 사용할 수 없어요.
一万円札は使用**できません。**
이치망엔사츠와 시요-**데키마셍**

일본어를 할 줄 몰라요.
日本語が**できません。**
니홍고가 **데키마셍**

방문 목적이 무엇입니까?
訪問の目的**は何ですか?**
호–몬노 모쿠테키**와 난데스까**

와이파이 비밀번호는 무엇인가요?
Wi-Fiのパスワード**は何ですか?**
와이화이노파스와–도**와 난데스까**

~는 무엇인가요?
~は何ですか

오늘의 특선메뉴는 무엇인가요?
今日の特選メニュー**は何ですか?**
쿄–노 토쿠센메뉴–**와 난데스까**

가장 인기 있는 공연은 무엇인가요?
一番人気のある公演**は何ですか?**
이치방닝끼노아루 코–엥**와 난데스까**

PLUS 왕초보 일본어 표현

여기	ここ	코코
저기	あそこ	아소코
이것	これ	코레
저것	あれ	아레
네	はい	하이
아니요	いいえ	이–에
알겠습니다	わかりました。	와카리마시따
모르겠습니다	わかりません。	와카리마셍
실례합니다	すみません。	스미마셍
감사합니다	ありがとうございます。	아리가토–고자이마스
고맙습니다	どうも。	도–모
천만에요	どういたしまして。	도–이타시마시테
잘 부탁드립니다	よろしくおねがいします。	요로시쿠 오네가이시마스
아침 인사	おはようございます。	오하요–고자이마스
낮 인사(일반 인사)	こんにちは。	콘니치와
밤 인사	こんばんは。	콤방와
어서 오세요	いらっしゃいませ。	이랏샤이마세
안녕히 가(계)세요	さようなら。	사요–나라

2

공항에서

탑승 수속하기

보안 검색받기

면세점 쇼핑하기

비행기 탑승하기

입국 심사받기

수하물 찾기

세관 신고하기

환전하기

탑승 수속하기

일본 항공사를 이용하거나 일본에서 탑승 수속을 하기 위해 필요한 표현들. 수속 전 항공사의 수하물 규정을 숙지하여 기내에 반입할 짐과 위탁할 수하물의 양을 적절히 분배하는 센스가 필요하다.

여행 단어

여권	パスポート 파스포-토	(전자)항공권	(電子)航空券 (덴시)코-쿠-켄
탑승권	搭乗券 토-죠-켄	일행과 같이	連れと一緒に 츠레토 잇쇼니
창가 좌석	窓側の席 마도가와노 세키	수하물	手荷物 테니모츠
한 개 · 두 개	一つ·二つ 히토츠·후타츠	반입 금지	持ち込み禁止 모치코미 킨시
추가 요금	追加料金 츠이카 료-킹	규정 무게 초과	規定重量超過 키테-쥬-료-쵸-카

여행 회화

❶ 항공권은 어디서 발급하나요?
航空券はどこで発給しますか?
코-쿠-켄와 도코데 핫켄시마스까

❷ 일행과 같이 부탁드립니다.
連れと一緒にお願いします。
츠레토 잇쇼니 오네가이시마스

❸ 가방을 여기에 올려주세요.
カバンをここに載せてください。
카방오 코코니 노세테 쿠다사이

❹ 수하물 초과 비용은 얼마인가요?
超過手荷物料金はいくらですか?
쵸-카 테니모츠 료-킹와 이쿠라데스까

❺ 이 가방은 기내에 반입이 가능한가요?
このカバンは機内に持ち込めますか?
코노 카방와 키나이니 모치코메마스까

❻ 가방은 몇 개까지 부칠 수 있나요?
カバンはいくつまで預けられますか?
카방와 이쿠츠마데 아즈케라레마스까

보안 검색받기

보안 검색을 받을 땐 겉옷과 모자 등을 벗어 물품 바구니에 담아야 한다. 주머니에 있던 소지품도 모두 꺼내서 올려놓자. 간혹 경보음이 울리거나 재검색을 받게 되어도 당황하지 말고 요청에 따르자.

여행 단어

벗다	脱ぐ 누구	물품 바구니	検査用カゴ 켄사요–카고
액체류	液体類 에키타이루이	모자	帽子 보–시
안경	眼鏡 메가네	점퍼 · 외투	ジャンパー·コート 잠빠– · 코–토
휴대폰	携帯電話 케–타이 뎅와	소지품	持ち物 모치모노
주머니	ポケット 포켇또	임산부	妊産婦 닌삼뿌

여행 회화

❶ 무슨 문제가 있나요?
何か問題がありますか?
나니카 몬다이가 아리마스까

❷ 이것도 벗을까요?
これも脱ぎますか?
코레모 누기마스까

❸ 주머니에 아무것도 없어요.
ポケットに何もないです。
포켇또니 나니모 나이데스

❹ 이건 기내에 반입할 수 없어요.
これは機内に持ち込めません。
코레와 키나이니 모치코메마셍

❺ 이제 가도 되나요?
もう行ってもいいですか?
모– 읻떼모 이–데스까

❻ 저는 임산부예요.
私は妊婦です。
와타시와 님뿌데스

면세점 쇼핑하기

공항에서 면세품을 구매할 때 구매자의 여권이 필요하므로 꼭 휴대하고 있어야 한다. 상품별로 구매 한도 관련 규정이 다르므로 사전에 알아보거나 현장에서 직원에게 물어보자.

여행 단어

가장 인기 있는	一番人気のある 이치방 닝끼노 아루	이것 · 저것	これ·あれ 코레 · 아레
신상품	新商品 신쇼–힝	화장품	化粧品 케쇼–힝
세일 상품	セール商品 세–루 쇼–힝	더 저렴한	もっと安い 몯또 야스이
계산	計算 케–상	면세	免税 멘제–
세금	税金 제–킹	구매 한도	購入限度 코–뉴– 겐도

여행 회화

❶ 가장 인기 있는 게 뭐예요?
一番人気のあるものは何ですか?
이치방 닝끼노 아루 모노와 난데스까

❷ 이걸로 할게요.
これにします。
코레니 시마스

❸ 더 저렴한 것 있나요?
もっと安いものはありますか?
몯또 야스이 모노와 아리마스까

❹ 선물 포장되나요?
プレゼント用に包装できますか?
프레젠또요–니 호–소– 데키마스까

❺ 이건 기내 반입이 가능한가요?
これは機内に持ち込めますか?
코레와 키나이니 모치코메마스까

❻ 구매 한도 금액은 얼마인가요?
購入限度額はいくらですか?
코–뉴– 겐도가쿠와 이쿠라데스까

비행기 탑승하기

공항이 익숙하지 않거나 탑승 시간이 임박했다면 길을 헤매지 말고 물어보자. 일본까지 가는 비행기의 소요 시간은 2시간 이내로 길지 않아 특별한 기내 서비스가 필요한 경우는 드물다.

여행 단어

내 자리	私の席 와타시노 세키	좌석번호	座席番号 자세키 방고–
화장실	トイレ 토이레	사용 중	使用中 시요–츄–
비어 있음	空いている 아이테 이루	물 · 담요	水·毛布 미즈 · 모–후
가방	かばん 카방	탑승구	搭乗口 토–죠–구치
탑승권	搭乗券 토–죠–켄	좌석벨트	シートベルト 시–토 베루토

여행 회화

❶ ○○탑승구는 어디인가요?
○○搭乗口はどこですか?
○○토–죠–구치와 도코데스까

❷ 제 자리는 어디인가요?
私の席はどこですか?
와타시노 세키와 도코데스까

❸ 여긴 제 자리예요.
ここは私の席です。
코코와 와타시노 세키데스

❹ 선반에 가방을 넣어주세요.
荷物入れにかばんを入れてください。
니모츠이레니 카방오 이레테 쿠다사이

❺ 자리를 바꿔 주시겠어요?
席を変えてもらえますか?
세키오 카에테 모라에마스까

❻ 물(담요)을 주세요.
水(毛布)をください。
미즈(모–후)오 쿠다사이

입국 심사받기

일본으로 가는 첫 관문, 바로 입국 심사다. 묵게 될 숙소명과 전화번호를 가장 중요하게 생각하므로 입국신고서에 정확히 기입하고, 작성한 입국신고서와 여권을 함께 제출하자.

여행 단어

입국 심사	入国審査 뉴-코쿠 신사	입국신고서	入国申告書 뉴-코쿠 신꼬쿠쇼
방문 목적	訪問目的 호-몬 모쿠테키	여행	旅行 료코-
비즈니스	ビジネス 비지네스	여권	パスポート 파스포-토
왕복 항공권	往復航空券 오-후쿠 코-쿠-켄	하루 · 이틀 · 사흘	一泊·二泊·三泊 입빠쿠 · 니하쿠 · 삼바쿠
숙소	宿舎 슈쿠샤	전화번호	電話番号 뎅와 방고-

여행 회화

❶ 방문 목적이 무엇입니까?
訪問の目的は何ですか？
호-몬노 모쿠테키와 난데스까

❷ 여행(비즈니스)입니다.
旅行(ビジネス)です。
료코-(비지네스)데스

❸ 어디에서 묵을 예정입니까?
どこで泊まる予定ですか？
도코데 토마루 요테-데스까

❹ ○○에 묵을 예정이에요.
○○に泊まる予定です。
○○니 토마루 요테-데스

❺ 얼마나 머물 예정인가요?
どのくらい泊まる予定ですか？
도노쿠라이 토마루 요테-데스까

❻ 한국어가 가능한 분은 있나요?
韓国語のできる方はいますか？
캉코쿠고노 데키루 카타와 이마스까

수하물 찾기

입국 심사 후 수하물 안내판에서 항공편의 컨베이어 벨트 번호를 확인하고 수하물을 찾으면 된다. 보안 검색으로 시간이 늦어졌거나 수하물이 피손 또는 분실된 경우 공항 직원에게 문의하자.

여행 단어

기내 수하물	機内持ち込み荷物 키나이 모치코미 니모츠	위탁 수하물	預け荷物 아즈케 니모츠
수하물 찾는 곳	手荷物受取所 테니모츠 우케토리쇼	수하물 영수증	手荷物引換証 테니모츠 히키카에쇼-
분실	紛失 훈시츠	파손	破損 하손
이름표	名札 나후다	전화번호	電話番号 뎅와 방고-
분실물 센터	お忘れ物預り所 오와스레모노 아즈카리쇼	수하물 카트	手荷物カート 테니모츠 카-토

여행 회화

❶ 수하물은 어디서 찾나요?
手荷物はどこで受け取りますか?
테니모츠와 도코데 우케토리마스까

❷ 제 수하물을 못 찾겠어요.
私の手荷物が見つからないんです。
와타시노 테니모츠가 미츠카라나인데스

❸ 여기 수하물 영수증이요.
ここに手荷物引換証があります。
코코니 테니모츠 히키카에쇼-가 아리마스

❹ 제 수하물이 파손됐어요.
私の手荷物が破損しました。
와타시노 테니모츠가 하손 시마시따

❺ 짐을 분실했어요.
手荷物を紛失しました。
테니모츠오 훈시츠 시마시따

❻ 찾으면 여기로 연락주세요.
見つけたらここに連絡ください。
미츠케타라 코코니 렌라쿠 쿠다사이

세관
신고하기

휴대품 신고서를 별도로 작성해야 한다. 신고하지 않은 고가의 물품이 있는지, 100만 엔을 초과하는 현금이 있는지 등을 확인하여 기입하고, 역시 숙소명과 전화번호를 명기해야 한다.

여행 단어

현금	現金 겡낑	휴대품	携帯品 케–타이힝
신고서	申告書 싱꼬쿠쇼	가방	かばん 카방
과세 대상	課税対象 카제– 타이쇼–	세금	税金 제–킹
세관	税関 제–캉	면세 한도	免税限度 멘제– 겐도
벌금	罰金 박낑	반입 금지	持ち込み禁止 모치코미 킹시

여행 회화

❶ 이것도 신고해야 하나요?
これも申告対象ですか?
코레모 싱꼬쿠 타이쇼–데스까

❷ 가방을 좀 봐도 되겠습니까?
かばんを確認してもいいですか?
카방오 카쿠닌시테모 이–데스까

❸ 이건 과세 대상입니다.
これは課税対象です。
코레와 카제– 타이쇼–데스

❹ 신고할 물건은 없어요.
申告するものはありません。
신코쿠스루 모노와 아리마셍

❺ 벌금을 물어야 하나요?
罰金を払わなければならないですか?
박낑오 하라와나케레바 나라나이데스까

❻ 면세 한도를 알려주세요.
免税限度を教えてください。
멘제–겐도오 오시에테 쿠다사이

환전 하기

한국에서 미처 환전하지 못했다면 일본 공항에 도착해 환전소를 찾아보자. 공항에서도 환전하지 못했거나 여행 경비가 부족하다면 여행지 곳곳의 환전소를 이용하면 된다.

여행 단어

환전·환전소	両替·両替所 료–가에·료–가에쇼	지폐	お札 오사츠
소액권 지폐	小額紙幣 쇼–가쿠 시헤–	잔돈	小銭 코제니
동전	コイン 코잉	환율	為替レート 카와세 레–토
수수료	手数料 테스–료–	은행	銀行 깅꼬–
영수증	レシート 레시–토	엔화	円 엥

여행 회화

❶ 환전소는 어디에 있나요?
両替所はどこにありますか?
료–가에쇼와 도코니 아리마스까

❷ 엔화로 환전하고 싶어요.
円に両替したいです。
엔니 료–가에 시타이데스

❸ 오늘 환율은 얼마인가요?
今日の為替レートはいくらですか?
쿄–노 카와세 레–토와 이쿠라데스까

❹ 천 엔권으로 주세요.
1000円札でお願いします。
센엔사츠데 오네가이시마스

❺ 잔돈으로 바꿔주세요.
小銭に両替してください。
코제니니 료–카에시테 쿠다사이

❻ 영수증 주세요.
レシートお願いします。
레시–토 오네가이시마스

3

교통수단

승차권 구매하기

버스 이용하기

전철 · 지하철 이용하기

택시 이용하기

도보로 길 찾기

교통편 놓쳤을 때

승차권 구매하기

여행 일정에 알맞은 교통패스는 비싼 교통비를 효과적으로 줄여준다. 교통패스마다 각각의 장단점이 있으므로 꼼꼼히 알아보고 가장 적합한 것을 구입할 것.

여행 단어

교통패스	交通パス 코-츠-파스	승차권 · 티켓	乗車券·チケット 죠-샤켕 · 치켇또
1일 승차권	1日乗車券 이치니치 죠-샤켕	매표소	きっぷ売り場 킵뿌 우리바
편도 요금	片道料金 카타미치 료-킹	왕복 요금	往復料金 오-후쿠 료-킹
유효기간	有効期間 유-코-키캉	급행·쾌속·특급	急行·快速·特急 큐-코- · 카이소쿠 · 톡큐-
시간표	時刻表 지코쿠효-	프리패스	フリーパス 후리-파스

여행 회화

❶ 매표소가 어디에 있나요?

きっぷ売り場はどこにありますか?
킵뿌 우리바와 도코니 아리마스까

❷ 1일 승차권 하나 주세요.

1日乗車券一つください。
이치니치 죠-샤켕 히토츠 쿠다사이

❸ 성인 왕복 승차권 두 장 주세요.

大人往復乗車券二枚ください。
오토나 오-후쿠 죠-샤켄 니마이 쿠다사이

❹ 프리패스를 구매하고 싶어요.

フリーパスを購入したいです。
후리-파스오 코-뉴- 시타이데스

❺ 언제 출발(도착) 하나요?

いつ出発(到着)しますか?
이츠 슙빠츠(토-챠쿠) 시마스까

❻ 어디서 타면 되나요?

どこで乗ればいいですか?
도코데 노레바 이-데스까

버스 이용하기

고속버스와 달리 노선버스는 구간에 따라 요금이 달라지는 버스와 균일 요금을 지불하는 버스가 있다. 구간 요금이 있는 버스를 탈 때는 정리권을 뽑은 후 내릴 때 요금과 함께 내야 한다.

여행 단어

고속버스	高速バス 코-소쿠 바스	승차권 (판매기)	乗車券(販売機) 죠-샤켕(함바이키)
매표소	きっぷ売り場 킵뿌 우리바	노선버스	路線バス 로셈바스
정리권	整理券 세-리켕	요금함	運賃箱 운침바코
동전 교환기	コイン交換機 코잉 코-캉끼	거스름돈	お釣り 오츠리
다음 정류장	次の停留所 츠기노 테-류-죠	다음 버스	次のバス 츠기노 바스

여행 회화

❶ 이 버스가 ○○에 가나요?
このバスが○○に行きますか?
코노 바스가 ○○니 이키마스까

❷ 여기서 얼마나 걸려요?
ここからどのくらいかかりますか?
코코카라 도노쿠라이 카카리마스까

❸ 이번 정류장에서 내리면 되나요?
今回の停留所で降りればいいですか?
콩까이노 테-류-죠데 오리레바 이-데스까

❹ 여기서(다음 역에서) 내리세요.
ここ(次の停留所)で降りてください。
코코(츠기노 테-류-죠)데 오리테 쿠다사이

❺ 내릴 정류장을 지나쳤어요.
降りる停留所を乗り越しました。
오리루 테-류-죠오 노리코시마시따

❻ 다음 버스는 언제 오나요?
次のバスはいつ来ますか?
츠기노 바스와 이츠 키마스까

전철·지하철 이용하기

거미줄처럼 얽혀있는 일본 도심의 전철과 지하철은 탑승 및 환승 방법이 헷갈리기 십상. 목적지로 가는 가장 빠른 열차가 무엇이지 파악하고 열차를 탑승하는 승강장 위치만 알면 반은 성공이다.

여행 단어

특급·급행·쾌속	特急·急行·快速 톡뀨-·큐-코-·카이소쿠	전철·지하철	電車·地下鉄 덴샤·치카테츠
역	駅 에키	승강장	乗り場 노리바
환승	乗り換え 노리카에	노선도	路線図 로센즈
티켓 판매기	チケット販売機 치켇또 함바이키	출발시간	出発時間 슙빠츠 지캉
도착시간	到着時間 토-챠쿠 지캉	직행·각 역 정차	直行·各駅停車 촉꼬-·카쿠에키 테-샤

여행 회화

❶ 가까운 전철역이 어디에 있나요?
近い電車駅はどこにありますか?
치카이 덴샤에키와 도코니 아리마스까

❷ 특급 열차 승차권 한 장 주세요.
特急列車の乗車券一枚ください。
톡뀨-렛샤노 죠-샤켄 이치마이 쿠다사이

❸ 몇 번 승강장에서 타야 하나요?
何番乗り場で乗りますか?
남방 노리바데 노리마스까

❹ ○○으로 환승은 어디서 하나요?
○○への乗換はどこでしますか?
○○에노 노리카에와 도코데 시마스까

❺ 이 열차는 ○○역에 정차하나요?
この列車は○○駅に停まりますか?
코노 렛샤와○○에키니 토마리마스까

❻ ○○역까지 몇 정거장 남았나요?
○○駅まであと何駅ですか?
○○에키마데 아토 낭에키데스까

일본 택시는 요금이 비싸서 혼자 이용하면 부담스럽지만, 필요에 따라 매우 유용한 교통수단이다. 일본 택시는 문을 자동으로 여닫는 시스템이므로 타고 내릴 때 문을 직접 열지 말고 기다리자.

여행 단어

이 주소	この住所 코노 쥬-쇼	택시 (승강장)	タクシー(乗り場) 탁시-(노리바)
기본 요금	初乗り運賃 하츠노리운칭	할증	割り増し 와리마시
택시 미터기	タクシーメーター 탁시-메-타-	트렁크	トランク 토랑쿠
빨리	はやく 하야쿠	잔돈 · 거스름돈	小銭·おつり 코제니 · 오츠리
빈차	空車 쿠-샤	탑승 중	賃走 친소-

여행 회화

❶ 어디로 가시나요?
どこへ行きますか?
도코에 이키마스까

❷ 이 주소로 가주세요.
この住所までお願いします。
코노 쥬-쇼마데 오네가이시마스

❸ 여기서 내릴게요.
ここで降ります。
코코데 오리마스

❹ 트렁크 열어주세요.
トランクを開けてください。
토랑쿠오 아케테 쿠다사이

❺ 서둘러 가주세요.
急いで行ってください。
이소이데 잇떼 쿠다사이

❻ 요금은 얼마인가요?
料金はいくらですか?
료-킹와 이쿠라데스까

도보로 길 찾기

구글맵이 있다면 일본 어디든 도보로 찾아가기 어렵지 않다. 무선 인터넷을 원활하게 사용하려면 포켓 와이파이나 유심칩을 꼭 준비하자.

여행 단어

여기	ここ 코코	길	道 미치
가깝다 · 멀다	近い·遠い 치카이 · 토-이	걷다	歩く 아루쿠
왼쪽 · 오른쪽	左·右 히다리 · 미기	이쪽 · 저쪽	こっち·あっち 콛찌 · 앋찌
블록	ブロック 부록꾸	직진	直進 촉씬
반대편 · 건너편	反対側·向う側 한타이가와 · 무코-가와	관광안내소	観光案内所 캉꼬-안나이죠

여행 회화

❶ 말씀 좀 묻겠습니다.
すみません､ちょっとお伺いしますが。
스미마셍, 춑또 오우카가이시마스가

❷ ○○까지 어떻게 가나요?
○○までどう行きますか?
○○마데 도오 이키마스까

❸ 여기가 어디예요?
ここはどこですか?
코코와 도코데스까

❹ 거기까지 걸어갈 수 있나요?
そこまで歩いて行けますか?
소코마데 아루이테 이케마스까

❺ 걸어서 10분 정도 걸려요.
歩いて10分ほどかかります。
아루이테 쥽뿡호도 카카리마스

❻ 다시 한 번 말해주세요.
もう一度言ってください。
모-이치도 읻떼 쿠다사이

교통편을 놓쳤다면 규정에 따라 수수료를 지급하거나 별도의 수수료 없이 다음 교통편으로 재발권할 수 있다. 단, 규정에 따라 재발권이 불가능한 경우도 있으니 우선 티켓 판매처에 문의하자.

여행 단어

비행기	飛行機 히코-키	열차	列車 렛샤
버스	バス 바스	시간표	時刻表 지코쿠효-
변경 · 환불	変更·払い戻し 헹코- · 하라이 모도시	대기자(명단)	キャンセル待ち(リスト) 캰세루 마치 (리스토)
수수료	手数料 테스-료-	항공사	航空会社 코-쿠-가이샤
여행사	旅行会社 료코-가이샤	연락처	連絡先 렌락사키

여행 회화

❶ ㅇㅇ를 놓쳤어요.
〇〇に乗り遅れました。
ㅇㅇ니 노리오쿠레마시따

❷ 다음 ㅇㅇ를 탈 수 있나요?
次の〇〇に乗れますか?
츠기노 ㅇㅇ니 노레마스까

❸ 다음 ㅇㅇ는 출발이 언제죠?
次の〇〇はいつ出発しますか?
츠기ㅇㅇ와 이츠 슙빠츠시마스까

❹ 환급(변경) 가능한가요?
払い戻し(変更)可能ですか?
하라이모도시(헨코-) 카노-데스까

❺ 수수료가 얼마죠?
手数料はいくらですか?
테스-료-와 이쿠라데스까

❻ 가능한 빨리 출발하고 싶어요.
できるだけ早く出発したいです。
데키루다케 하야쿠 슙빠츠시타이데스

4

숙소에서

숙소 체크인하기

숙소 체크아웃하기

부대시설 이용하기

숙소 서비스 요청하기

객실 비품 요청하기

불편사항 말하기

숙소
체크인하기

혹시 모를 상황에 대비해 숙소 예약 바우처를 꼭 출력해가자. 일본 숙소의 체크인 시간은 보통 오후 3~4시 정도이지만 숙소에 따라 다르므로 미리 체크할 것.

여행 단어

예약	予約 요야쿠	체크인	チェックイン 첵꾸잉
층	階 카이	몇 박 · 1박 · 2박	何泊·一泊·二泊 남빠쿠 · 입빠쿠 · 니하쿠
숙박 요금	宿泊料金 슈쿠하쿠 료-킹	지불	支払 시하라이
객실 번호	部屋番号 헤야 방고-	객실 열쇠	ルームキー 루-무키-
침대	ベッド 벧도	와이파이 비밀번호	Wi-Fiのパスワード 와이화이노 파스와-도

여행 회화

❶ 체크인하고 싶어요.
チェックインお願いします。
첵꾸잉 오네가이시마스

❷ ○○이름으로 예약했어요.
○○の名前で予約しています。
○○노 나마에데 요야쿠시테이마스

❸ 호텔 바우처를 보여드릴게요.
ホテルバウチャーをお見せします。
호테루 바우차-오 오미세시마스

❹ 객실 요금은 이미 지불했어요.
客室料金はもう払いました。
캬쿠시츠료-킹와 모- 하라이마시따

❺ 와이파이 비밀번호를 알려주세요.
Wi-Fiのパスワードを教えてください。
와이화이노 파스와-도오 오시에테 쿠다사이

❻ 객실은 몇 층인가요?
部屋は何階でしょうか?
헤야와 낭가이데쇼-까

숙소 체크아웃하기

일본 숙소의 체크아웃 시간은 보통 오전 10~11시다. 체크아웃 시간에 맞춰 퇴실하는 것이 예의지만 사정상 늦은 체크아웃을 해야 한다면 미리 문의하자.

여행 단어

체크아웃	チェックアウト 첵꾸 아우토	퇴실	退室 타이시츠
보관하다	預かる 아즈카루	분실하다	紛失する 훈시츠스루
객실 열쇠	ルームキー 루-무키-	소지품	持ち物 모치모노
숙박 요금	宿泊料金 슈쿠하쿠 료-킹	추가 요금	追加料金 츠이카 료-킹
사용료	使用料 시요-료-	영수증	領収証 료-슈-쇼-

여행 회화

❶ 체크아웃 할게요.	チェックアウトお願いします。 첵꾸 아우토 오네가이시마스
❷ 체크아웃은 몇 시죠?	チェックアウトは何時ですか? 첵꾸 아우토와 난지데스까
❸ 체크아웃 시간 연장이 가능한가요?	チェックアウトの延長はできますか? 첵꾸 아우토노 엔쵸-와 데키마스까
❹ 방에 소지품을 두고 왔어요.	部屋に忘れ物をしてしまいました。 헤야니 와스레모노오 시테시마이마시따
❺ 짐 좀 보관해줄 수 있나요?	荷物を預かってもらえますか? 니모츠오 아즈캇떼 모라에마스까
❻ 택시를 불러주세요.	タクシーを呼んでください。 탁시-오 욘데 쿠다사이

부대시설 이용하기

레스토랑, 온천, 목욕탕, 세탁실 등의 부대시설을 자유롭게 이용하기 위한 표현들. 숙소 서비스 차원에서 무료로 제공하기도 하고, 때에 따라 추가 요금을 받을 수도 있으니 미리 확인하자.

여행 단어

조식	朝食 쵸-쇼쿠	흡연실	喫煙室 키츠엔시츠
목욕탕	大浴場 다이요쿠죠-	온천	温泉 온셍
세탁실	洗濯室 센탁시츠	바	バー 바-
자판기	自販機 지항키	이용 방법	利用方法 리요-호-호-
개점(시간)	開店(時間) 카이텡(지캉)	폐점(시간)	閉店(時間) 헤-텡(지캉)

여행 회화

❶ 조식은 어디서 먹을 수 있죠?
朝食はどこで食べられますか?
쵸-쇼쿠와 도코데 타베라레마스까

❷ 조식시간은 몇 시부터인가요?
朝食の時間は何時からですか?
쵸-쇼쿠노지캉와 난지카라데스까

❸ 온천은 어디에 있나요?
温泉はどこにありますか?
온셍와 도코니 아리마스까

❹ 목욕탕은 몇 시부터 이용할 수 있나요?
大浴場は何時から利用できますか?
다이요쿠죠-와 난지카라 리요-데키마스까

❺ 근처에 편의점이 있나요?
近くにコンビニがありますか?
치카쿠니 콤비니가 아리마스까

❻ 흡연실은 몇 층인가요?
喫煙室は何階でしょうか?
키츠엔시츠와 낭가이데쇼-까

숙소 서비스 요청하기

필요한 서비스가 있다면 직접 프런트에 말해보자. 콜택시, 모닝콜을 부탁하거나 귀중품을 위탁하는 등 다양한 서비스를 요청할 수 있다.

여행 단어

공항	空港 쿠-코-	셔틀버스	無料送迎バス 무료- 소-게- 바스
택시	タクシー 탁시-	리무진버스	リムジンバス 리무진바스
룸 서비스	ルームサービス 루-무 사-비스	짐	荷物 니모츠
귀중품	貴重品 키쵸-힝	모닝콜	モーニングコール 모-닝구 코-루
방 청소	部屋の掃除 헤야노 소-지	와이파이 비밀번호	Wi-Fiのパスワード 와이화이노 파스와-도

여행 회화

❶ 택시 좀 불러 줄 수 있나요?
タクシーを呼んでもらえますか?
탁시-오 욘데 모라에마스까

❷ 셔틀버스 운행하나요?
無料送迎バス運行していますか?
무료-소-게-바스 운꼬-시테이마스까

❸ 룸 서비스 부탁드려요.
ルームサービスお願いします。
루-무 사-비스 오네가이시마스

❹ 모닝콜 부탁드려요.
モーニングコールをお願いします。
모-닝구 코-루오 오네가이시마스

❺ 방 청소를 부탁드려요.
部屋の掃除をお願いします。
헤야노 소-지오 오네가이시마스

❻ 와이파이 비밀번호를 알려주세요.
Wi-Fiのパスワードを教えてください。
와이화이노 파스와-도오 오시에테 쿠다사이

객실 비품 요청하기

샴푸와 수건 등 기본적인 비품은 대부분 숙소에서 무료 제공한다. 생수와 전기 포트 역시 대체로 별도의 추가 요금 없이 사용할 수 있지만, 더 필요한 것이 있다면 이렇게 요청하자.

여행 단어

무료	無料 무료-	필요하다	必要だ 히츠요-다
수건	タオル 타오루	비누	石鹸 섹껭
화장지	トイレットペーパー 토이렡또 페-파-	칫솔	歯ブラシ 하부라시
샴푸	シャンプー 샴뿌-	바디 샴푸	ボディーソープ 보디- 소-프
헤어드라이어	ヘアドライヤー 헤아도라이야-	침대 시트	ベッドのシーツ 벳도노 시-츠

여행 회화

❶ 객실 비품(어메니티)은 무료인가요?
アメニティは無料ですか?
아메니티와 무료-데스까

❷ 수건이 더 필요해요.
タオルがもっと必要です。
타오루가 몯또 히츠요-데스

❸ 칫솔이 없어요.
歯ブラシがありません。
하부라시가 아리마셍

❹ 헤어드라이어가 고장 났어요.
ヘアドライヤーが壊れました。
헤아도라이야-가 코와레마시따

❺ 슬리퍼 하나 더 주세요.
スリッパもう一つください。
스립빠 모오 히토츠 쿠다사이

❻ 침대 시트를 교체해주세요.
ベッドのシーツを変えてください。
벳도노 시-츠오 카에테 쿠다사이

불편사항 말하기

불편한 상황을 구체적으로 설명하기 어렵다면 호텔 직원에게 객실 방문을 부탁하자. 상황을 직접 보여주면 생각보다 쉽게 해결할 수 있다.

여행 단어

문제	問題 몬다이	고장 나다	壊れる 코와레루
시끄럽다	うるさい 우루사이	방을 바꾸다	部屋を変える 헤야오 카에루
난방 · 냉방	暖房·冷房 단보-·레-보-	덥다 · 춥다	暑い·寒い 아츠이 · 사무이
인터넷	インターネット 인타-넷또	청소	掃除 소-지
변기	便器 벵끼	온수	お湯 오유

여행 회화

❶ 온수가 안 나와요.
お湯が出ません。
오유가 데마셍

❷ 너무 시끄러워요.
とてもうるさいです。
토테모 우루사이데스

❸ 금연실로 예약했는데요.
禁煙室に予約しました。
킹엔시츠니 요야쿠 시마시따

❹ 방을 바꾸고 싶어요.
部屋を変えてもらいたいです。
헤야오 카에테 모라이타이데스

❺ 그건 처음부터 고장 나 있었어요.
それはすでに壊れていました。
소레와 스데니 코와레테 이마시따

❻ 방에 와서 확인해주세요.
部屋に来て確認してください。
헤야니 키테 카쿠닌시테 쿠다사이

5
식당에서

자리 안내받기

메뉴 주문하기

식당 서비스 요청하기

음식 불만 제기하기

음식값 계산하기

식권 자판기 사용하기

커피 주문하기

주류 주문하기

자리 안내받기

식당에 들어가면 기장 먼저 몇 명인지 물어보니 대답을 준비하자. 이름난 맛집이라면 대기시간을 피하기 어려운데 줄을 설지, 대기자 명단에 이름을 쓸지 미리 확인하면 헛수고를 막을 수 있다.

여행 단어

예약	予約 요야쿠	몇 명	何人·何名様 난닌 · 난메–사마
카운터석	カウンター席 카운타–세키	한 사람 · 두 사람	一人·二人 히토리 · 후타리
세 사람 · 네 사람	三人·四人 산닝 · 요닝	아침 식사	朝食 쵸–쇼쿠
점심 식사	昼食·ランチ 츄–쇼쿠 · 란치	저녁 식사	夕食·ディナー 유–쇼쿠 · 디나–
창가 자리	窓際席 마도기와세키	흡연석 · 금연석	喫煙席·禁煙席 키츠엔세키 · 킹엔세키

여행 회화

❶ 몇 명이신가요?
何人ですか?·何名様ですか?
난닝데스까 · 난메–사마데스까

❷ 한 명(두 명)입니다
一人(二人)です。
히토리(후타리)데스

❸ 대기 명단에 이름을 쓸까요?
順番待ちリストに名前を書きましょうか?
쥼밤마치 리스토니 나마에오 카키마쇼–까

❹ 미리 주문해도 될까요?
先に注文してよろしいでしょうか?
사키니 츄–몬시테 요로시–데쇼–까

❺ 얼마나 기다려야 하나요?
どのくらい待つのですか?
도노쿠라이 마츠노데스까

❻ 금연석으로 안내해주세요.
禁煙席に案内してください。
킹엔세키니 안나이시테 쿠다사이

사진 메뉴판이 있다면 손가락으로 메뉴를 가리키며 "코레 これ"라고 말해도 되지만, 일본어 메뉴판을 알아보기 힘들다면 식원에게 추천을 받는 것도 좋다.

여행 단어

메뉴	メニュー 메뉴-	이것 · 저것	これ·あれ 코레 · 아레
한 개 · 두 개	一つ·二つ 히토츠 · 후타츠	추천	お勧め 오스스메
가장 인기 있는	一番人気のある 이치방 닝끼노 아루	정식	定食 테-쇼쿠
세트 메뉴	セットメニュー 셋또 메뉴-	무한리필	食べ放題 타베호-다이
오늘의 특선 메뉴	今日の特選メニュー 쿄-노 톡셈메뉴-	테이크아웃	テークアウト·持ち帰り 테-쿠 아우토 · 모치카에리

여행 회화

❶ (한국어)메뉴판 주세요.	(韓国語の)メニューください。 (캉코쿠고노)메뉴- 쿠다사이
❷ 이걸로 주세요.	これにします。 코레니 시마스
❸ 이거 하나랑 이거 두 개 주세요.	これ一つとこれ二つください 코레 히토츠토 코레 후타츠 쿠다사이
❹ 테이크아웃하고 싶어요.	テークアウトしたいです。 테-쿠아우토 시타이데스
❺ 추천 메뉴는 무엇인가요?	お勧めのメニューはなんでしょうか? 오스스메노 메뉴-와 난데쇼-까
❻ 조금 있다가 주문할게요.	少し後で注文します。 스코시 아토데 츄-몬시마스

식당 서비스 요청하기

접시, 냅킨 등이 더 필요하거나 남은 음식을 포장하고 싶을 때는 직원에게 요청해보자. 단, 사진을 찍는 것에 민감하게 반응할 수 있으므로 사진을 찍고 싶다면 미리 양해를 구하는 편이 좋다.

여행 단어

사진	写真 샤싱	포크	フォーク 훠–쿠
숟가락	スプーン 스푸–웅	젓가락	箸 하시
접시	皿 사라	냅킨	ティッシュ 팃쓔
물수건	おしぼり 오시보리	물컵	コップ 콥뿌
소스	ソース 소–스	하나 더	もう一つ 모– 히토츠

여행 회화

❶ 젓가락 하나 더 주세요.
箸もう一つください。
하시 모– 히토츠 쿠다사이

❷ 냅킨 좀 부탁합니다.
ティッシュをお願いします。
팃쓔오 오네가이시마스

❸ 접시를 바꿔주세요.
皿を替えてください。
사라오 카에테 쿠다사이

❹ 이것 좀 더 주세요.
これもっとください。
코레 몯또 쿠다사이

❺ 사진 좀 찍어도 될까요?
ちょっと写真撮ってもいいですか?
춋또 샤싱 톧떼모 이–데스까

❻ 남은 거 포장해주세요.
残ったの包んでください。
노콛따노 츠츤데 쿠다사이

음식 불만 제기하기

음식에 대한 호불호가 아니라 위생 상태에 관한 문제라면 직원에게 알릴 필요가 있다. 주문하지 않은 요리가 나오거나, 주문한 요리가 나오지 않을 때에도 불만사항을 말할 수 있다.

여행 단어

머리카락	髪の毛 카미노케	이물질	異物 이부츠
더럽다	汚い 키타나이	상하다	傷む 이타무
신선하지 않다	新鮮ではない 신센데와 나이	덜 익은	熟していない 주쿠시테 이나이
너무 익은	熟し過ぎた 쥬쿠시스기따	달다 · 맵다	あまい·辛い 아마이 · 카라이
짜다 · 싱겁다	塩辛い·あじきない 시오카라이 · 아지키나이	미지근하다	ぬるい 누루이

여행 회화

❶ 이거 못 먹겠어요.
これ食べられません。
코레 타베라레마셍

❷ 음식에서 머리카락이 나왔어요.
料理から髪の毛が出ました。
료–리카라 카미노케가 데마시따

❸ 이거 상한 것 같아요.
これは腐ったみたいです。
코레와 쿠삳따 미타이데스

❹ 너무 매워(짜)요.
とても 辛(塩辛)すぎます。
토테모 카라(시오카라)스기마스

❺ 주문한 메뉴가 아니에요.
注文したメニューじゃありません。
츄–몬시타 메뉴–쟈 아리마셍

❻ 아직도 음식이 안 나왔어요.
まだ料理が出てこないんですが。
마다 료–리가 데테 코나인데스가

음식값 계산하기

일부 식당은 부가세를 제외한 가격만 메뉴에 표기한다. 혹은 신용카드 결제가 불가능한 식당도 있으니, 결제 전에 이런 점을 미리 확인하는 센스가 필요하다.

여행 단어

계산서	会計書 카이케-쇼	계산 · 지불하다	会計·支払う 카이케- · 시하라우
착오 · 틀림	まちがい 마치가이	현금	現金 겡킹
신용카드	クレジットカード 쿠레짓또카-도	영수증	レシート·領収証 레시-토 · 료-슈-쇼-
주문하지 않은	注文していない 츄-몬시테 이나이	거스름돈	おつり 오츠리
따로	別々に 베츠베츠니	세금 포함 · 별도	税込·税別 제-코미 · 제-베츠

여행 회화

❶ 계산할게요.
お勘定お願いします。
오칸죠- 오네가이시마스

❷ 같이(따로) 계산해주세요.
会計は一緒(別々)にしてください。
카이케-와 잇쑈(베츠베츠)니 시테 쿠다사이

❸ 여기 카드 사용할 수 있나요?
ここはカード使えますか?
코코와 카-도 츠카에마스까

❹ 영수증 주세요.
レシートお願いします。
레시-토 오네가이시마스

❺ 부가세는 별도인가요?
消費税は別ですか?
쇼-히제-와 베츠데스까

❻ 잔돈(거스름돈)을 잘못 주신 것 같아요.
おつりを間違えたようです。
오츠리오 마치가에타 요-데스

식권 자판기 사용하기

일본 식당에선 식권 자판기를 사용하는 경우가 많다. 미리 엔화를 준비하거나 혹은 직원에게 잔돈 교환을 요청하자. 한국어가 지원되지 않는 식권 자판기라면 사용법을 문의하는 편이 좋겠다.

여행 단어

식권 자판기	食券自動販売機 쇽껭 지도― 함바이키	사용 방법	使い方·使用方法 츠카이카타 · 시요―호―호―
지폐	紙幣 시헤―	동전	コイン 코잉
잔돈	小銭 코제니	5천 엔권	5千円札 고셍엔사츠
천 엔권	千円札 셍엔사츠	곱빼기	大盛 오―모리
물	お水 오미즈	물수건	おしぼり 오시보리

여행 회화

❶ 사용법을 알려주세요.
使い方を教えてください。
츠카이카타오 오시에테 쿠다사이

❷ 5천 엔권은 사용할 수 없습니다.
5千円札は使えません。
고셍엔사츠와 츠카에마셍

❸ 천 엔권이 없어요.
千円札がありません。
셍엔사츠가 아리마셍

❹ 잔돈으로 바꿔주세요.
小銭に換えてください。
코제니니 카에테 쿠다사이

❺ 식권은 직원에게 전달해주세요.
食券を職員に渡してください。
쇽껭오 쇼쿠인니 와타시테 쿠다사이

❻ 물은 셀프입니다.
お水はセルフサービスです。
오미즈와 세루후 사―비스데스

커피 주문하기

메뉴 이름 뒤에 요청의 의미를 지닌 일본어 '쿠다사이ください'를 붙여 주문하면 간단하다. 뜨거운 음료를 "핫"이라고 말하면 못 알아듣는 경우가 많으니 "홋또"라고 발음하여 주문하자.

여행 단어

아메리카노	アメリカーノ 아메리카-노	카페라테	カフェラテ 카훼라테
핫 · 아이스	ホット·アイス 홋또 · 아이스	작은 사이즈	小さいサイズ 치-사이 사이즈
큰 사이즈	大きいサイズ 오-키- 사이즈	진하다	濃い 코이
연하다	薄い 우스이	샷 추가	ショットの追加 숃또노 츠이카
시럽	シロップ 시롭뿌	휘핑크림	ホイップクリーム 호입뿌 쿠리-무

여행 회화

❶ 카페라테 작은 사이즈 한 잔이요.
カフェラテ小さいサイズ一杯ください。
카훼라테 치-사이 사이즈 입빠이 쿠다사이

❷ 휘핑크림은 빼주세요.
ホイップクリームは抜いてください。
호입뿌 쿠리-무와 누이테 쿠다사이

❸ 샷 추가해주세요.
ショットを追加してください。
숃또오 츠이카시테 쿠다사이

❹ 커피를 연하게 해주세요.
コーヒーを薄くしてください。
코-히-오 우스쿠시테 쿠다사이

❺ 얼음은 빼주세요.
氷は抜いてください。
코-리와 누이테 쿠다사이

❻ 뜨거운 것(차가운 것)으로 주세요.
ホット(アイス)でお願いします。
홋또(아이스)데 오네가이시마스

주류 주문하기

아래 단어와 문장은 일반 식당에서는 물론 일본 술집 '이자카야 居酒屋'에서도 유용하다. 일본엔 기본 안주를 제공하고 자릿세를 받는 '오토-시 お通し' 문화가 있으므로 예산을 짤 때 염두에 두자.

여행 단어

추천하다	お勧め料理 오스스메 료-리	앞 접시	取り皿 토리자라
맥주	ビール 비-루	생맥주	なまビール 나마비-루
와인	ワイン 와잉	칵테일	カクテル 카쿠테루
소주	焼酎 쇼-츄-	오토-시	お通し 오토-시
술안주	おつまみ 오츠마미	한 병 · 한 잔	一本·一杯 입뽕 · 입빠이

여행 회화

❶ 한 병 더 주세요.
もう一本ください。
모- 입뽕 쿠다사이

❷ 우선 생맥주 한 잔 주세요.
とりあえず生ビール一杯ください。
토리아에즈 나마비-루 입빠이 쿠다사이

❸ 추천 안주는 무엇인가요?
お勧めのおつまみは何でしょうか?
오스스메노 오츠마미와 난데쇼-까

❹ 물수건이랑 얼음물 좀 주세요.
おしぼりとお冷やください。
오시보리토 오히야 쿠다사이

❺ 앞 접시 부탁드립니다.
取り皿お願いします。
토리자라 오네가이시마스

❻ 영업시간은 몇 시까지인가요?
営業時間は何時までですか?
에-교-지캉와 난지마데 데스까

6

관광할 때

관광지 정보 얻기

사진 촬영 부탁하기

공연 표 구입하기

관광 명소 관람하기

관광지 정보 얻기

현장에서 얻은 생생한 정보는 여행을 역동적으로 만든다. 현지인이 직접 추천하는 맛집과 핫플레이스만큼 정확하고 핫한 정보는 없다. 인기 여행지를 직접 찾아가는 재미를 느껴보자.

여행 단어

추천하다	推薦する 스이센스루	가는 길	行く道 이쿠 미치
가까운	近い 치카이	인기 있는	人気のある 닝끼노 아루
유명한	有名な 유-메-나	안내소	案内所 안나이죠
위치	位置 이치	여기	ここ 코코
안내 책자	パンフレット 팡후렡또	무료 · 유료	無料·有料 무료- · 유-료-

여행 회화

❶ 인기 관광지를 추천해주세요.
人気のある観光地を推薦してください。
닝끼노아루 캉코-치오 스이센시테 쿠다사이

❷ 산책하기 좋은 곳이 있나요?
お散歩にいい所がありますか?
오삼뽀니 이- 토코로가 아리마스까

❸ 인기 있는 식당을 알려주세요.
人気のある食堂を教えてください。
닝끼노 아루 쇼쿠도-오 오시에테 쿠다사이

❹ 여기가 어디인가요?
ここはどこですか?
코코와 도코데스까

❺ 걸어가면 얼마나 걸리죠?
歩いてどのくらいかかりますか?
아루이테 도노쿠라이 카카리마스까

❻ 어떻게 가면 될까요?
どうやって行けばいいですか。
도- 얃떼 이케바 이이데스까

사진 촬영 부탁하기

'셀카봉'과 삼각대에만 의지하자니 인생샷 찍기엔 뭔가 부족한 느낌. 지나칠 수 없는 절경이라면 사진 촬영을 부탁하는 것도 좋겠다.

여행 단어

사진 찍다	写真を撮る 샤싱오 토루	누르다	押す 오스
셔터	シャッター 샽따ー	한 장 더	もう一枚 모ー 이치마이
사진 · 촬영	写真·撮影 샤싱 · 사츠에ー	가까이 · 멀리	近く·遠く 치카쿠 · 토ー쿠
배경	背景 하이케ー	카메라	カメラ 카메라
촬영 금지	撮影禁止 사츠에ー킨시	같이	一緒に 잇쑈니

여행 회화

❶ 사진 좀 찍어줄 수 있나요?
ちょっと写真を撮ってもらえますか?
춑또 샤싱오 톹떼 모라에마스까

❷ 이 셔터를 누르면 됩니다.
このシャッターを押せばいいです。
코노 샽따ー오 오세바 이이데스

❸ 같이 사진 찍을 수 있을까요?
一緒に写真撮っていただけますか?
잇쑈니 샤싱 톹떼 이타다케마스까

❹ 여기서 사진 찍어도 되나요?
ここで写真を撮ってもいいですか?
코코데 샤싱오 톹떼모 이이데스까

❺ 배경이 나오게 찍어주세요.
背景が出るように撮ってください。
하이케ー가 데루요ー니 톹떼 쿠다사이

❻ 한 장 더 부탁드려요.
もう一枚お願いします。
모ー 이치마이 오네가이시마스

공연 표
구입하기

우리나라에서 보기 힘든 공연이 현지에서 열린다면 치열한 예매 경쟁도 감수할 만하다. 입장료가 얼마인지, 남은 좌석은 있는지 물어야 할 때 유용한 필수 표현들.

여행 단어

공연	公演 코-엥	라이브 공연	ライブ公演 라이부 코-엥
티켓	チケット 치켇또	가장 인기 있는	一番人気の(ある) 이치방 닝끼노(아루)
가장 유명한	最も有名な 몯또모 유-메-나	좌석	座席 자세키
스탠딩석	スタンディング席 스탄딩구 세키	라인업	ラインアップ 라인 압뿌
시작 시간	開始時間 카이시 지캉	매진	売り切れ 우리키레

여행 회화

❶ 가장 인기 있는 공연이 뭐예요?	一番人気のある公演は何ですか? 이치방 닝끼노 아루 코-엥와 난데스까
❷ 입장료는 얼마인가요?	入場料はいくらですか? 뉴-죠-료-와 이쿠라데스까
❸ 4시 공연 자리 있나요?	4時公演の席ありますか? 요지 코-엔노 세키 아리마스까
❹ 5시 공연 티켓 두 장 주세요.	5時公演のチケット二枚ください。 고지 코-엔노 치켇또 니마이 쿠다사이
❺ 스탠딩석으로 주세요.	スタンディング席でおねがいします。 스탄딩구 세키데 오네가이시마스
❻ 짐을 맡길 수 있나요?	荷物を預かってもらえますか? 니모츠오 아즈칻떼 모라에마스까

관광 명소
관람하기

여행지를 대표하는 명소는 저마다 다르지만, 자주 쓰는 표현은 크게 다르지 않다. 한국어 오디오 가이드가 있다면 관광 명소를 더욱 깊고 풍부하게 이해할 수 있으므로 놓치지 말자.

여행 단어

박물관	博物館 하쿠부츠캉	미술관	美術館 비쥬츠캉
신사	神社 진쟈	매표소	チケット売り場 치켇또우리바
입구 · 출구	入り口·出口 이리구치 · 데구치	화장실	トイレ 토이레
기념품 숍	ギフトショップ 기후토 숍뿌	오디오 가이드	音声ガイド 온세– 가이도
한국어 가이드	韓国語ガイド 캉꼬쿠고 가이도	대여	レンタル 렌따루

여행 회화

❶ 매표소는 어디인가요?
チケット売り場はどこですか?
치켇또 우리바와 도코데스까

❷ 입구(출구)가 어디인가요?
入り口(出口)はどこですか?
이리구치(데구치)와 도코데스까

❸ 입장료는 얼마인가요?
入場料はいくらですか?
뉴–쟈–료–와 이쿠라데스까

❹ 화장실은 어디에 있어요?
トイレはどこにありますか。
토이레와 도코니 아리마스까

❺ 팸플릿을 보고 싶어요.
パンフレットが見たいです。
팡후렏또가 미타이데스

❻ 한국어 해설을 듣고 싶어요.
韓国語の解説が聞きたいです。
캉꼬쿠고노 카이세츠가 키키타이데스

7
쇼핑할 때

제품 문의하기

착용 요청하기

가격 흥정하기

제품 계산하기

포장 요청하기

교환 · 환불하기

제품 문의하기

한국에서 보기 어려운 브랜드와 제품은 여행지의 쇼핑 욕구를 높인다. 매상에 들어가 원하는 제품을 찾기 어렵거나, 제품을 고르는 데 점원의 도움이 필요하다면 다음과 같이 말해보자.

여행 단어

가장 인기 있는	最も人気の(ある) 몯또모 닝끼노(아루)	지역 특산품	地域特産品 치이키 톡상힝
세일	セール 세-루	신품 · 중고	新品·中古 심삥 · 츄-코
이것 · 저것	これ·あれ 코레 · 아레	재고	在庫 자이코
가격	値段 네당	세금 포함 · 별도	税込·税別 제-코미 · 제-베츠
남성용 · 여성용	男性用·女性用 단세-요- · 죠세-요-	할인	割引 와리비키

여행 회화

❶ 가장 인기 있는 제품이 뭐죠?
最も人気のある製品は何ですか?
몯또모 닝끼노 아루 세-힝와 난데스까

❷ 이거 얼마예요?
これはいくらですか?
코레와 이쿠라데스까

❸ 이거 세일 중인가요?
これはセール中ですか?
코레와 세-루츄-데스까

❹ 이 쿠폰으로 할인받을 수 있나요?
このクーポンで割引できますか?
코노 쿠-폰데 와리비키 데키마스까

❺ 추천 상품이 있나요?
お勧め商品はありますか?
오스스메 쇼-힝와 아리마스까

❻ 재고가 있나요?
在庫ありますか?
자이코 아리마스까

착용 요청하기

치수 표기법이 다른 외국에서는 특히 입어보고 신어본 후에 구매하는 것이 최선이다. 한국에 돌아와 후회하지 않으려면 구매 전에 착용해보자.

여행 단어

착용해보다	試着してみる 시챠쿠 시테 미루	사이즈	サイズ 사이즈
더 큰 것	もっと大きいもの 몯또 오-키- 모노	더 작은 것	もっと小さいもの 몯또 치-사이 모노
너무 큰	大きすぎる 오-키스기루	너무 작은	小さすぎる 치-사스기루
더 저렴한	もっと安い 몯또 야스이	다른 색상	他の色 호카노 이로
피팅룸	試着室 시챠쿠시츠	탈의실	脱衣室 다츠이시츠

여행 회화

❶ 이거 입어 봐도 돼요?
これ試着してみてもいいですか?
코레 시챠쿠시테 미테모 이-데스까

❷ 사이즈가 어떻게 되나요?
サイズはどうなりますか?
사이즈와 도- 나리마스까

❸ 피팅룸은 어디죠?
試着室はどこですか?
시챠쿠시츠와 도코데스까

❹ 더 저렴한 걸로 주세요.
もっと安いのをください。
몯또 야스이 노오 쿠다사이

❺ 다른 색상도 있나요?
他の色もありますか。
호카노 이로모 아리마스까

❻ 더 큰 것은 없나요?
もっと大きいのはないですか?
몯또 오-키- 노와 나이데스까

가격 흥정하기

대도시 쇼핑몰이나 백화점 등 정찰제로 상품을 판매하는 곳에서 무리하게 할인과 흥정을 요구하지는 말자. 단, 정감 있는 재래시장에서는 여행자의 애교가 통할 수도 있다.

여행 단어

가격	価格 카카쿠	할인	割引 와리비키
쿠폰	クーポン 쿠-퐁	비싸다	高い 타카이
저렴하다	安い 야스이	손해	損害 송가이
현금	現金 겡낑	덤	おまけ 오마케
신용카드	クレジットカード 쿠레짇또 카-도	서비스	サービス 사-비스

여행 회화

❶ 할인받을 수 있나요?
割引適用されてますか?
와리비키 테키요-사레테 마스까

❷ 현금이면 깎아주나요?
現金なら負けてくれますか?
겡낀나라 마케테 쿠레마스까

❸ 너무 비싸요.
とても高いです。
토테모 타카이데스

❹ 좀 더 싸게 해주세요.
もっと安くしてください。
몯또 야스쿠 시테 쿠다사이

❺ 돈이 이것밖에 없어요.
お金がこれしかありません。
오카네가 코레시카 아리마셍

❻ 100엔 깎아주시면 살게요.
100円負けてくだされば買います。
하쿠엥 마케테 쿠다사레바 카이마스

제품
계산하기

현금은 미리 환전해서 준비하고, 카드는 소지한 카드가 해외에서 사용 가능한지 미리 확인해두자. 아래 단어와 문장을 활용하면 영수증을 요구하거나 여럿이 나눠서 계산하는 일도 문제없다.

여행 단어

계산하다	計算する 케-산스루	현금	現金 겡낑
신용카드	クレジットカード 쿠레짓또 카-도	영수증	レシート·領収証 레시-토 · 료-슈-쇼-
면세	免税 멘제-	할부	分割払い 붕까츠바라이
일시불	一括払い 익까츠바라이	엔 · 원	円·ウォン 엥 · 웡
비닐 봉투	レジ袋 레지부쿠로	전부	全部 젬부

여행 회화

❶ 얼마부터 면세가 되나요?
いくらから免税できますか?
이쿠라카라 멘제- 데키마스까

❷ 신용카드로 결제 가능한가요?
クレジットカードで払えますか?
쿠레짓또 카-도데 하라에마스까

❸ 세금은 포함된 건가요?
税込ですか?
제-코미데스까

❹ 나눠서 계산할게요.
会計は別々にしてください。
카이케-와 베츠베츠니 시테 쿠다사이

❺ 영수증 주세요.
レシートお願いします。
레시-토 오네가이시마스

❻ 계산이 잘못된 것 같아요.
会計が間違ったようです。
카이케-가 마치갇따 요-데스

포장 요청하기

보기 좋은 떡이 먹기도 좋다. 같은 선물이라도 봉투에 담긴 것과 예쁜 포장지로 말끔히 포장된 건 하늘과 땅 차이이다. 추가 요금이 발생하더라도 애정을 더하고 싶다면 선물 포장을 주문해보자.

여행 단어

포장	包装 호-소-	선물 포장	プレゼント包装 푸레젠또 호-소
포장 코너	ラッピングコーナー 랍삥구 코-나-	쇼핑백	ショッピングバッグ 숍삥구 박구
포장지	包装紙 호-소-시	비닐봉지	レジ袋 레지부쿠로
진공 포장	真空パック 싱꾸- 팍꾸	뽁뽁이	ぷちぷち 푸치푸치
따로따로	別々に 베츠베츠니	예쁘게	きれいに 키레-니

여행 회화

❶ 선물용으로 포장해주세요.	プレゼント用に包装してください。 푸레젠또요-니 호-소-시테 쿠다사이
❷ 포장비는 얼마인가요?	ラッピング代はいくらですか? 랍삥구 다이와 이쿠라데스까
❸ 쇼핑백에 담아주세요.	ショッピングバッグに入れてください。 숍삥구 박구니 이레테 쿠다사이
❹ 따로따로 포장해주세요.	別々に包装してください。 베츠베츠니 호-소-시테 쿠다사이
❺ 다른 포장지는 없나요?	他の包装紙はないですか? 호카노 호-소-시와 나이데스까
❻ 예쁘게 포장해주세요.	きれいに包装してください。 키레-니 호-소-시테 쿠다사이

교환·환불 하기

물품을 잘못 구매했거나 물품에 하자가 있는 경우 교환 · 환불을 요청할 수 있다. 단, 계산했던 신용카드와 영수증 지참 등 교환 · 환불 규정에 따른 요건을 갖춘 후에 정중히 요청하자.

여행 단어

교환하다	交換する 코-칸스루	환불하다	払い戻す 하라이모도스
지불하다	支払う 시하라우	반품하다	返品する 헴삔스루
환불 불가	払い戻し不可 하라이모도시 후카	흠집	キズ 키즈
새것	新しいもの 아타라시- 모노	문제	問題 몬다이
불량품	不良品 후료-힝	고장나다	壊れる 코와레루

여행 회화

❶ 다른 것으로 교환할 수 있나요?	他のものに交換できますか? 호카노 모노니 코-칸 데키마스까
❷ 새것으로 바꾸고 싶어요.	新しいものに換えたいです。 아타라시- 모노니 카에타이데스
❸ 이 제품에 문제가 있어요.	この製品に問題があるようです。 코노 세-힌니 몬다이가 아루요-데스
❹ 전혀 사용하지 않았습니다.	全然使っていません。 젠젠 츠캇떼 이마셍
❺ 환불해주세요.	返金してください。 헹낀시테 쿠다사이
❻ 현금(신용카드)으로 계산했어요.	現金(カード)で払いました。 겡낀(카-도)데 하라이마시따

8

위급상황

분실 · 도난 신고하기

부상 · 아플 때

만약 중요한 물품을 잃어버렸다면 반드시 도난 · 분실 신고를 할 것. 여행자 보험 시 보상받는 필수 조건이 신고서 작성임을 명심하자. 여권 사본을 준비하는 것도 만약을 대비하는 좋은 방법이다.

여행 단어

경찰서 · 파출소	警察署·交番 케-사츠쇼 · 코-방	가장 가까운	一番近い 이치방 치카이
도난 신고서	盗難届け 토-난 토도케	도난	盗難 토-난
잃어버리다	落とす 오토스	지갑	財布 사이후
휴대폰	携帯電話 케-타이 뎅와	가방	かばん 카방
여권	パスポート 파스포-토	대사관 · 영사관	大使館·領事館 타이시캉 · 료-지캉

여행 회화

❶ 가장 가까운 경찰서가 어디인가요?	一番近い警察署がどこですか? 이치방 치카이 케-사츠쇼와 도코데스까
❷ 도난 신고를 하고 싶어요.	盗難届けを出したいんですが。 토-난 토도케오 다시타인데스가
❸ 휴대폰을 분실했어요.	携帯電話を落としました。 케-타이 뎅와오 오토시마시따
❹ 지갑을 도난당했어요.	財布を盗まれました。 사이후오 누스마레마시따
❺ 여권을 재발급받고 싶어요.	パスポートを再発行したいんです。 파스포-토오 사이학꼬- 시타인데스
❻ 대사관에 전화를 연결해주세요.	大使館に電話を繋いでください。 타이시칸니 뎅와오 츠나이데 쿠다사이

부상·아플 때

고대하던 여행도 몸이 아프면 즐거울 리 없다. 견디기 힘든 통증이 있다면 약국이나 병원을 찾아 증상을 설명하고 적절한 처방을 받는 것이 좋다.

여행 단어

병원	病院 뵤-잉	약국	薬屋 쿠스리야
아프다	痛い 이타이	어지럼증	めまい 메마이
설사	下痢 게리	멀미약	酔い止め 요이도메
해열제	解熱剤 게네츠자이	진통제	痛み止め 이타미도메
소화제	消化剤 쇼-카자이	여행자 보험	旅行者保険 료코-샤 호켕

여행 회화

❶ 가장 가까운 병원은 어디에 있나요?
一番近い病院はどこにありますか?
이치방 치카이 뵤-잉와 도코니 아리마스까

❷ 여기가 아파요.
ここが痛いです。
코코가 이타이데스

❸ 열이 있어요.
熱があります。
네츠가 아리마스

❹ 어제 아침부터 아팠어요.
昨日の朝から痛かったんです。
키노-노 아사카라 이타캇딴데스

❺ 감기약 주세요.
風邪薬ください。
카제구스리 쿠다사이

❻ 진통제를 살 수 있을까요?
痛み止めありますか?
이타미도메 아리마스까

히라가나

[ひらがな]

	あ a	い i	う u	え e	お o
k	か ka	き ki	く ku	け ke	こ ko
s	さ sa	し shi	す su	せ se	そ so
t	た ta	ち chi	つ tsu	て te	と to
n	な na	に ni	ぬ nu	ね ne	の no
h	は ha	ひ hi	ふ fu	へ he	ほ ho
m	ま ma	み mi	む mu	め me	も mo
y	や ya		ゆ yu		よ yo
r	ら ra	り ri	る ru	れ re	ろ ro
w	わ wa	ゐ wi		ゑ we	を wo
			ん n		
g	が ga	ぎ gi	ぐ gu	げ ge	ご go
z	ざ za	じ ji	ず zu	ぜ ze	ぞ zo
d	だ da	ぢ ji	づ zu	で de	ど do
b	ば ba	び bi	ぶ bu	べ be	ぼ bo
p	ぱ pa	ぴ pi	ぷ pu	ぺ pe	ぽ po

きゃ kya	きゅ kyu	きょ kyo
しゃ sha	しゅ shu	しょ sho
ちゃ cha	ちゅ chu	ちょ cho
にゃ nya	にゅ nyu	にょ nyo
ひゃ hya	ひゅ hyu	ひょ hyo
みゃ mya	みゅ myu	みょ myo
りゃ rya	りゅ ryu	りょ ryo
ぎゃ gya	ぎゅ gyu	ぎょ gyo
じゃ ja	じゅ ju	じょ jo
ぢゃ ja	ぢゅ ju	ぢょ jo
びゃ bya	びゅ byu	びょ byo
ぴゃ pya	ぴゅ pyu	ぴょ pyo

가타카나

[カタカナ]

	ア a	イ i	ウ u	エ e	オ o			
k	カ ka	キ ki	ク ku	ケ ke	コ ko	キャ kya	キュ kyu	キョ kyo
s	サ sa	シ shi	ス su	セ se	ソ so	シャ sha	シュ shu	ショ sho
t	タ ta	チ chi	ツ tsu	テ te	ト to	チャ cha	チュ chu	チョ cho
n	ナ na	ニ ni	ヌ nu	ネ ne	ノ no	ニャ nya	ニュ nyu	ニョ nyo
h	ハ ha	ヒ hi	フ fu	ヘ he	ホ ho	ヒャ hya	ヒュ hyu	ヒョ hyo
m	マ ma	ミ mi	ム mu	メ me	モ mo	ミャ mya	ミュ myu	ミョ myo
y	ヤ ya		ユ yu		ヨ yo			
r	ラ ra	リ ri	ル ru	レ re	ロ ro	リャ rya	リュ ryu	リョ ryo
w	ワ wa	ヰ wi		ヱ we	ヲ wo			
			ン n					
g	ガ ga	ギ gi	グ gu	ゲ ge	ゴ go	ギャ gya	ギュ gyu	ギョ gyo
z	ザ za	ジ ji	ズ zu	ゼ ze	ゾ zo	ジャ ja	ジュ ju	ジョ jo
d	ダ da	ヂ ji	ヅ zu	デ de	ド do	ヂャ ja	ヂュ ju	ヂョ jo
b	バ ba	ビ bi	ブ bu	ベ be	ボ bo	ビャ bya	ビュ byu	ビョ byo
p	パ pa	ピ pi	プ pu	ペ pe	ポ po	ピャ pya	ピュ pyu	ピョ pyo

100배 즐기기
X 시원스쿨 일본어

여행 일본어
TRAVEL JAPANESE

왕초보 일본어

공항에서

교통수단

숙소에서

식당에서

관광할 때

쇼핑할 때

위급상황

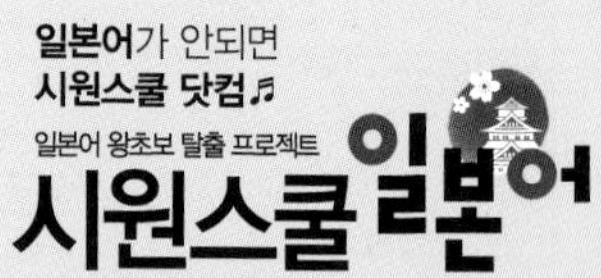

MAP

NAGOYA

나고야 맵

RHK
알에이치코리아

NAGOYA MAP BOOK

나고야 맵북 특징

간단하고 명확한 지도 항목

여행 정보

- Ⓣ 명소 Tourist Attractions
- Ⓡ 맛집 Restaurant
- Ⓢ 쇼핑 Shopping
- Ⓗ 호텔 Hotel

교통 정보

- 철도역 Railroad station
- 철도 노선 Railroad line
- 지하철역 Subway station
- 지하철 노선 Subway line

찾기 편한 본문과 맵북의 지도 연동

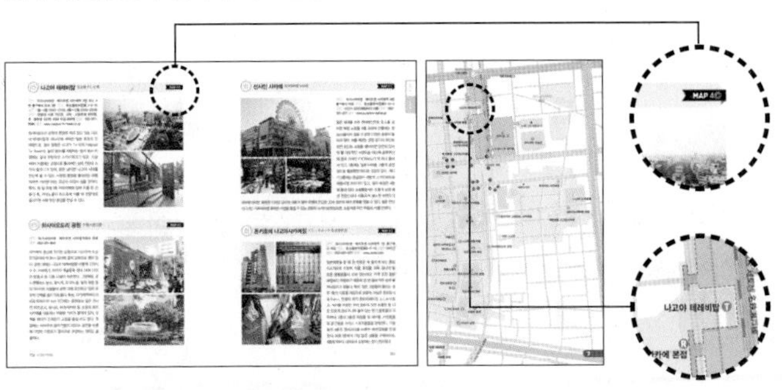

MAP 1

나고야 중심부

메이조 공원
메이조코엔역
메이테츠 세토센 名鉄瀬戸線
나고야성
도요타 산업기술기념관
센겐초역
시야쿠쇼역
나고야시 시정자료관
분카노미치
메이테츠 이누야마센 名鉄犬山線
노리타케노모리
가메지마역
마루노우치역
히사야오도리역
다카오카역
사쿠라노리
고쿠사이센타역
나고야 테레비탑
오아시스 21
JR 나고야역
JR 名古屋駅
나고야역 名古屋駅
사카에마치역 栄町駅
히가시야마
신사카에마치역
사카에역
메이테츠 나고야역
名鉄 名古屋駅
후시미역
라시크
시라카와 공원
오스칸논역
오스 상점가
가미마에즈역
츠루마이역
나고야대학
츠루마이 공원
JR 도카이도혼센 JR 東海道本線
메이조센 名城線
히가시베츠인역
JR 주오혼센 JR 中央本線
아라하타
가나야마역
나고야 보스턴 미술관
메이테츠 도코나메센 名鉄常滑線
JR 도카이도신칸센 JR 東海道新幹線
히비노역
진구히가시 공원
아츠타역
메이코센 名港線
진구니시역
시로토리 정원
진구마에역
아츠타 신궁
로쿠반초역
덴마초역
호리타역

나고야도무마에야다역
스나다바시역
이온몰 나고야돔마에
차야가사카역
지유가오카역
헤이와 공원
파티스리 그램
닛타이지
요키소
이마이케역
이케시타역
가쿠오잔역
모토야마역
호시가오카역
히가시야마센 東山線
호시가오카 테라스
히가시야마코엔역
후키아게역
히가시야마 동식물원
나고야대학
나고야다이가쿠역
고키소역
난잔대학
가와나역
츠루마이센 鶴舞線
야고토닛세키역
이리나카역
사원 고쇼지
나고야시립대학
야고토역
나고야시 박물관
시오가마구치역
소고리하비리센타역
미즈호 스타디움
미즈호운도조히가시역
N
0
500m

도요타 산업기술기념관
0
200
노리타케초
則武町
노리타케노모리
가메지마역
亀島駅
메이에키
名駅
JR 도카이도 신칸센 JR 東海道新幹線
메이테츠인 나고야에키마에
히가시야마센 東山線
호텔선루트플라자 나고야
리치몬드호텔
나고야신칸센구치
슈퍼호텔
나고야에키마에
JR 센트럴타워즈
JR 나고야 다카시마야
도리카이소 본점
로얄파크호텔 더 나
치산인 나고야
다이와 로이넷호텔
유니몰
나고야역名古屋駅
사쿠라도리 출구
프론토
게이트워크
메이치카
빅카메라
미츠이
나고야
에스카
JR 나고야역
JR 名古屋駅
미들랜드 스퀘어
다이코도리 출구
메이테츠 백화점 본관
선로드
카페 드 크리에
긴테츠 파세
데니즈
메이테츠 백화점 멘즈관
지하철 사쿠라도리센 桜通線
비아인 나고야신칸센구치
지하철 히가시야마센
메이테츠 나고야역
名鉄 名古屋駅

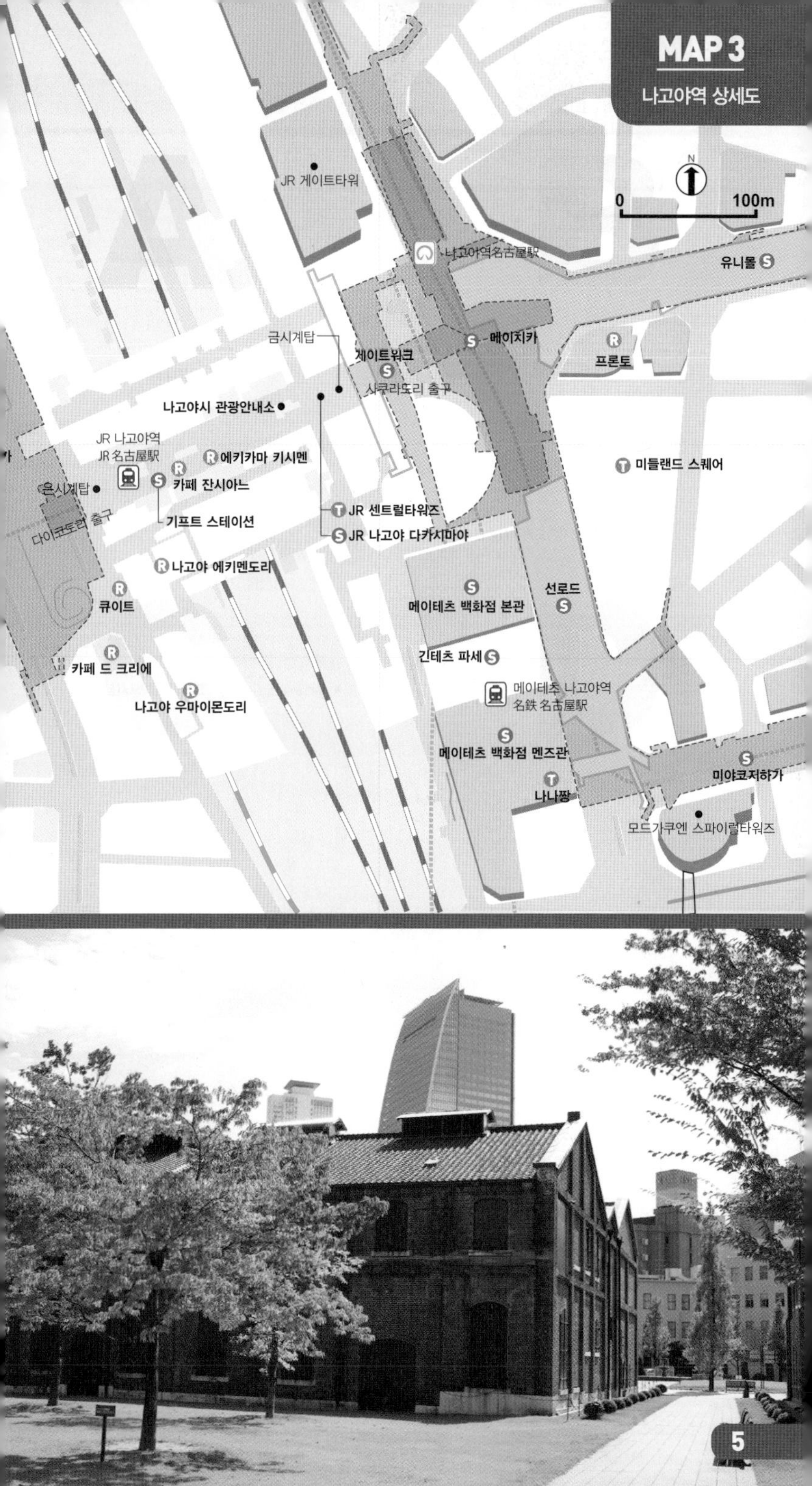
MAP 3
나고야역 상세도
N
0
100m
JR 게이트타워
나고야역名古屋駅
유니몰
금시계탑
게이트워크
메이치카
프론토
사쿠라도리 출구
나고야시 관광안내소
JR 나고야역
JR 名古屋駅
에키카마 키시멘
미들랜드 스퀘어
은시계탑
카페 잔시아느
다이코도리 출구
기프트 스테이션
JR 센트럴타워즈
JR 나고야 다카시마야
나고야 에키멘도리
큐이트
메이테츠 백화점 본관
선로드
긴테츠 파세
카페 드 크리에
메이테츠 나고야역
名鉄 名古屋駅
나고야 우마이몬도리
메이테츠 백화점 멘즈관
미야코지하가
나나짱
모드가쿠엔 스파이럴타워즈

N
0
200m

텐사쿠
니시키 錦
가와구
라구나스위트 나고야
우동
도쿄다이이치호텔 니시키
더 컵스 후시미점
샤치이치 니시키도리후시미점
지하철 히가시야마센 東山線
나고야
후시미역
伏見駅
나고야가든호텔
세븐일레븐
요코이 스미요시점
전기과학관
시마쇼
지하철 츠루마이센 鶴舞線
야마모토야 본점
야마모토야소혼케 본점
나고야시 과학관
시라카와 공원
나고야시 미술관
포
오스칸논역
大須観音駅

히사야오도리역
久屋大通駅
가토코히텐
메이테츠 세토선 名鉄瀬戸線
히가시사쿠라
東桜
나고야 테레비탑
히텐
하브스 사카에 본점
NHK 나고야방송국
오아시스 21
호텔트러스티
나고야사카에
아이치현 미술관
사카에마치역 栄町駅
돈키호테 나고야사카에점
사카에역 栄駅
선샤인 사카에
세븐일레븐
후라이보 사카에점
카이루
미츠코시 나고야사카에점
나고야 도큐호텔
세카이노야마짱 본점
료구치야 고레키요 사카에점
라시크
아파호텔 나고야사카에
더비 나고야
구찌
나고야 프랑프랑
겐 사카에점
히사야오도리 공원
아디다스
마츠자카야 북관
아파크
애플스토어
마츠자카야 나고야 본점
안도싯포텐
갭
마츠자카야 젠타
에점
야바초역 矢場町駅
나고야 파르코
파르코 동관
파르코 남관
지하철 메이조선 名城線
바초점
야바통 본점

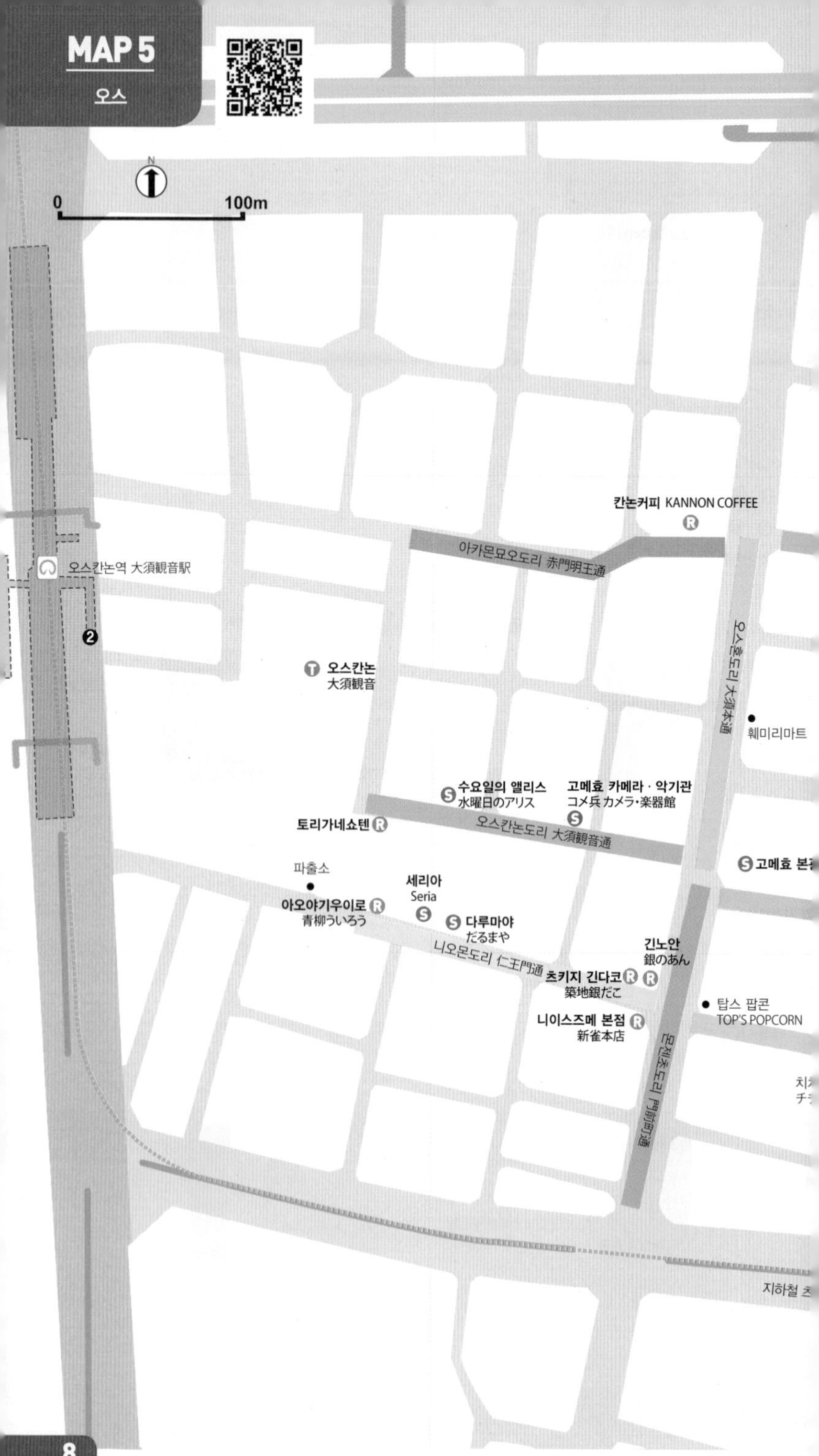

MAP 5

오스

N
0
100m
오스칸논역 大須観音駅
2
칸논커피 KANNON COFFEE
아카몬묘오도리 赤門明王通
오스혼도리 大須本通
오스칸논
大須観音
훼미리마트
수요일의 앨리스
水曜日のアリス
고메효 카메라 · 악기관
コメ兵 カメラ・楽器館
토리가네쇼텐
오스칸논도리 大須観音通
파출소
세리아
Seria
아오야기우이로
青柳ういろう
다루마야
だるまや
니오몬도리 仁王門通
긴노안
銀のあん
츠키지 긴다코
築地銀だこ
탑스 팝콘
TOP'S POPCORN
니이스즈메 본점
新雀本店
몬젠초도리 門前町通
지하철

ㅏ오도리 若宮大通

미센 야바초점 味仙 矢場店

야바통 본점 矢場とん本店

맥도날드

오스 상점가

아카몬도리 赤門通

키즈랜드 오스점 キッズランド大須店

세븐일레븐

만다라케 나고야점 まんだらけ名古屋店

할렌티노 ハレンチノ

톈무스 센주 天むす千寿

킈公園

스팬키 SPANKY

반쇼지도리 万松寺通

오스 베이커리 大須ベーカリー

신텐치도리 新天地通

오스 301빌딩 大須301ビル

ABC마트

마츠야커피 본점 松屋コーヒー本店

스기약국 スギ薬局

메가 케밥 오스 3호점 Mega Kebab 大須3号店

히가시니오몬도리 東仁王門通

이상의 타이완명물야타이 李さんの台湾名物屋台

코로 마크 CORO MARK

오스 마네키네코 大須まねき猫

12

8

9

10

7

가미마에즈역 上前津駅

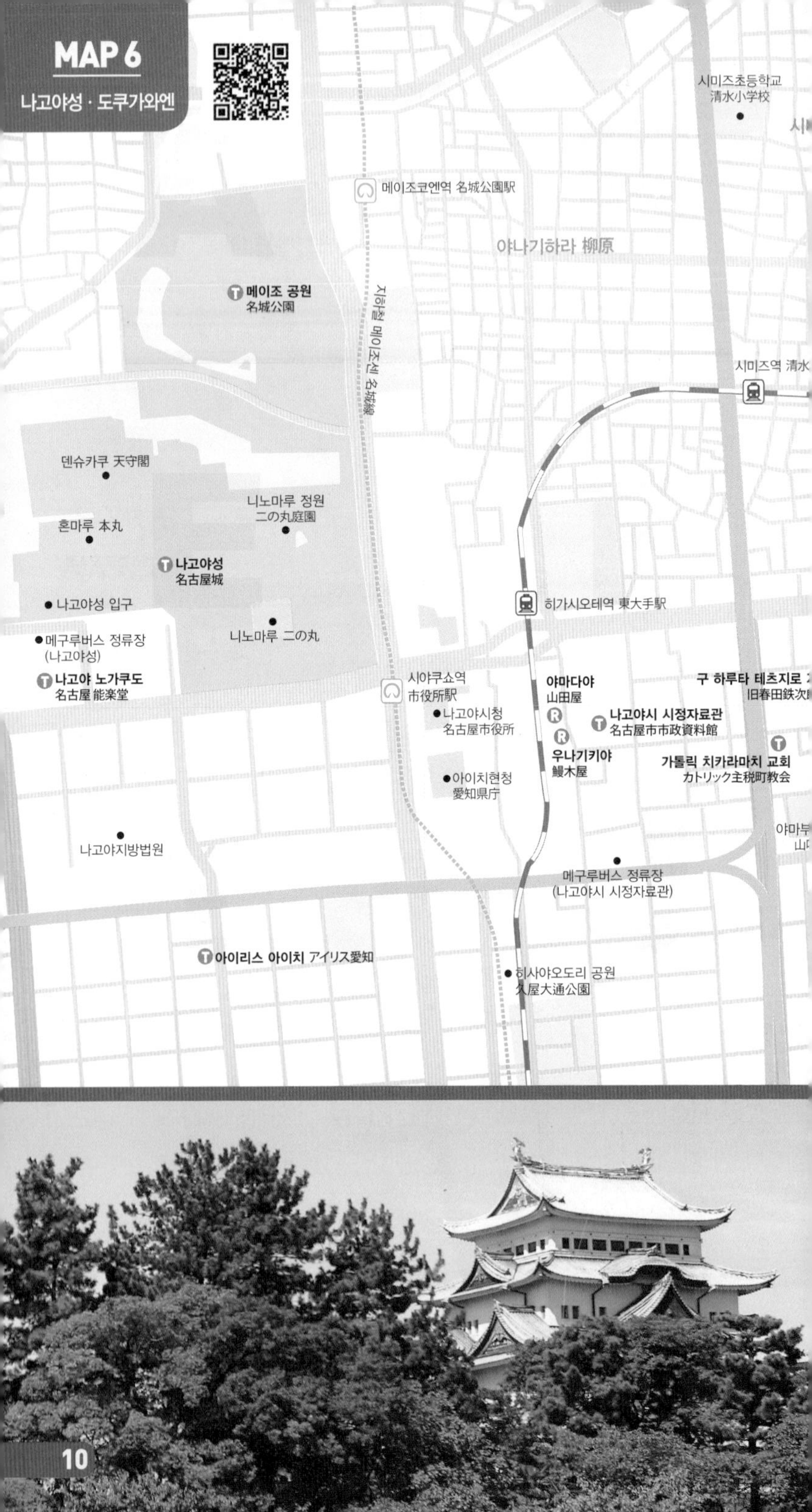

MAP 6
나고야성 · 도쿠가와엔
시미즈초등학교 清水小学校
메이조코엔역 名城公園駅
야나기하라 柳原
메이조 공원 名城公園
지하철 메이조선 名城線
시미즈역 清水
덴슈카쿠 天守閣
니노마루 정원 二の丸庭園
혼마루 本丸
나고야성 名古屋城
나고야성 입구
니노마루 二の丸
히가시오테역 東大手駅
메구루버스 정류장 (나고야성)
나고야 노가쿠도 名古屋 能楽堂
시야쿠쇼역 市役所駅
야마다야 山田屋
나고야시청 名古屋市役所
나고야시 시정자료관 名古屋市市政資料館
우나기키야 鰻木屋
가톨릭 치카라마치 교회 カトリック主税町教会
아이치현청 愛知県庁
나고야지방법원
메구루버스 정류장 (나고야시 시정자료관)
아이리스 아이치 アイリス愛知
히사야오도리 공원 久屋大通公園

오조네
大曽根
초등학교
小学校
스기무라 杉村
아마가사카역 尼ヶ坂駅
모리시타역 森下駅
메이데츠 세토센 名鉄瀬戸線
나고야시립 공예고등학교
名古屋市立工芸高校
긴조가쿠인 중학교
金城学院中学校
도쿠가와엔
徳川園
가든레스토랑 도쿠가와엔
ガーデンレストラン徳川園
메구루버스 정류장
(도쿠가와엔)
조스이 본점
如水 本店
도쿠가와 미술관
徳川美術館
요시미츠 芳光
히가시구
東区
스케 저택
호리 미술관堀美術館
분카노미치 후타바칸
文化のみち二葉館
메구루버스 정류장
카노미치 후타바칸)
N
0
200m
11

MAP 7
가쿠오잔
0
100m
N
닛타이지 日泰寺
본당
정원 갤러리 이치린
庭園ギャラリーいち倫
5층탑
산몬
니시야마모토마치
西山元町
르 산티에 ル・サンティエ
파피톤 papiton
요키소 북쪽 정원
揚輝荘北園
파출소
요키소 입구
로브 ロ・ヴー
닛타이지산도 日泰寺参道
요키소 남쪽 정원
揚輝荘南園
가시오 클리닉 樫尾クリニック
가쿠오잔 아파트
覚王山アパート
산몬초
山門町
메루쿠루 メルクル
자라메 나고야
ZARAME NAGOYA
에이코쿠야 홍차점
えいこく屋 紅茶店
츠키미자카초
月見坂町
세 시바타
chez Shibata
히라키
ひらき
세븐일레븐
스타벅스
가쿠오잔역 覚王山駅
지하철 히가시야마센
살바토레 쿠오모&바
SALVATORE CUOMO & BAR
가쿠오잔 카페 지쿠
覚王山カフェ Ji.Coo.
가쿠오잔 프란테 覚王山フランテ

MAP 8

아츠타 신궁

하타야
旗屋
시로토리 고분
白鳥古墳
진구니시역
神宮西駅
아츠타역 熱田駅
메이테츠 나고야혼센 名鉄 名古屋本線
JR 도카이도혼센 JR 東海道本線
본궁 本宮
북문
키티카 Kitica
아츠타 신궁 회관
熱田神宮会館
료에이카쿠 龍影閣
시로토리 정원
白鳥庭園
진구마에역 神宮前駅
오오쿠스 大楠
서문
아츠타 신궁 문화전
熱田神宮文化殿
정문
주차장
동문
주유소
시로토리
白鳥
아츠타 신궁
熱田神宮
가미노온도
紙の温度
정문
호라이켄 진구점
蓬莱軒神宮店
오세코 공원
大瀬子公園
덴마초역
伝馬町駅
호라이켄 본점
蓬莱軒本店
N
0
200m

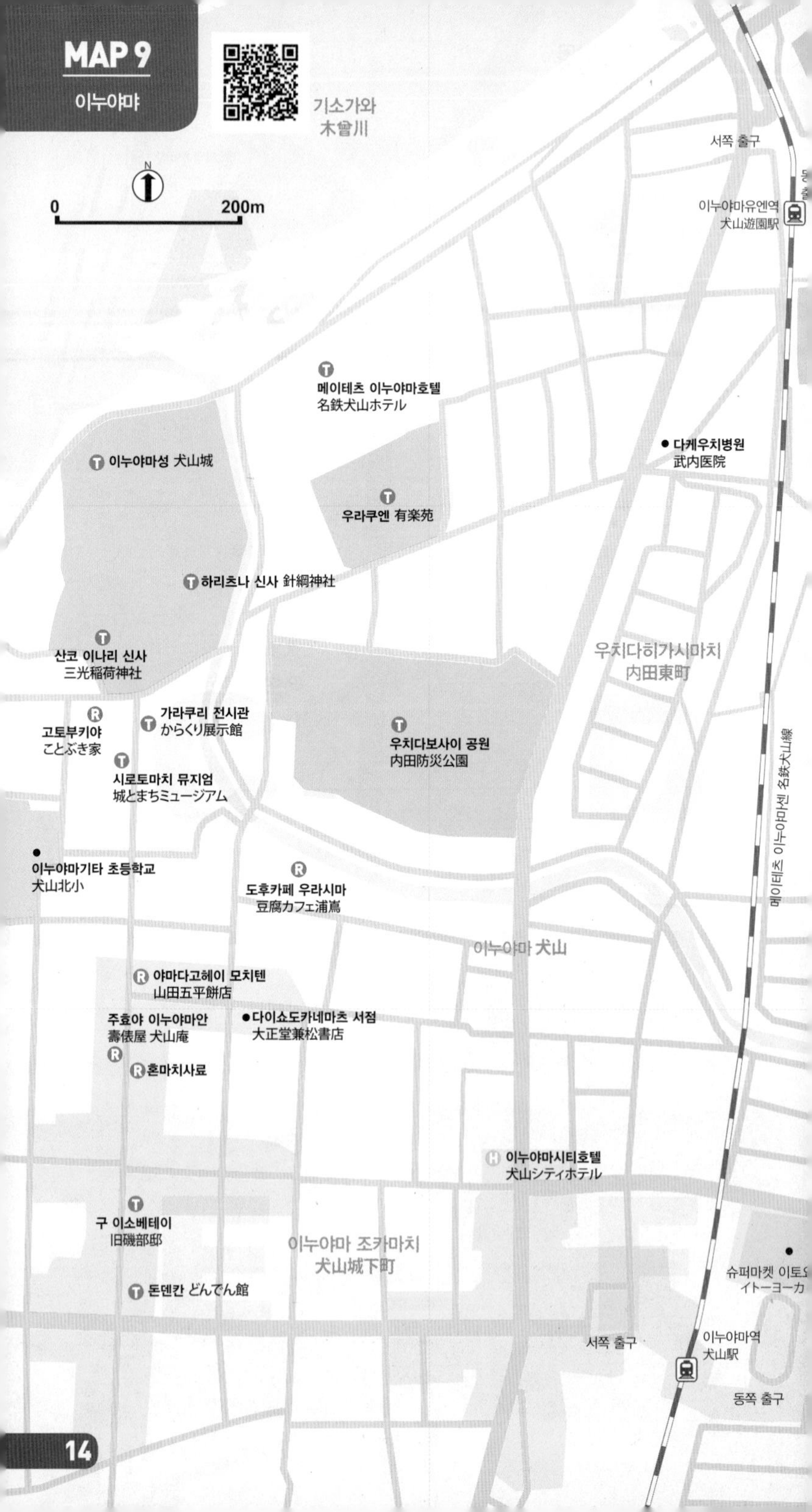

MAP 9

이누야마

기소가와
木曾川
N
0
200m
서쪽 출구
이누야마유엔역
犬山遊園駅
메이테츠 이누야마호텔
名鉄犬山ホテル
다케우치병원
武内医院
이누야마성 犬山城
우라쿠엔 有楽苑
하리츠나 신사 針綱神社
산코 이나리 신사
三光稲荷神社
우치다히가시마치
内田東町
고토부키야
ことぶき家
가라쿠리 전시관
からくり展示館
우치다보사이 공원
内田防災公園
시로토마치 뮤지엄
城とまちミュージアム
메이테츠 이누야마센 名鉄犬山線
이누야마기타 초등학교
犬山北小
도후카페 우라시마
豆腐カフェ浦嶌
이누야마 犬山
야마다고헤이 모치텐
山田五平餅店
주효야 이누야마안
壽俵屋 犬山庵
다이쇼도카네마츠 서점
大正堂兼松書店
혼마치사료
이누야마시티호텔
犬山シティホテル
구 이소베테이
旧磯部邸
이누야마 조카마치
犬山城下町
슈퍼마켓 이토요
イトーヨーカ
돈덴칸 どんでん館
이누야마역
犬山駅
서쪽 출구
동쪽 출구

MAP 10
세토
나카기리초
仲切町
후카가와 신사
深川神社
무후안
無風庵
에리카
エリカ
니시다니초
西谷町
가마가미초
窯神町
갤러리 모유
ギャラリーもゆ
긴자도리 상점가 銀座通り商店街
우나기타시로
うなぎ田代
야키소바 다이후쿠야
焼きそば 大福屋
미소카츠 레스토 사카에
みそかつ レスト サカエ
시안
志庵
마네키네코 박물관
招き猫ミュージアム
1km
가마가키노코미치
窯垣の小径
가네추도기
鐘忠陶器
가와무라야 가에이
川村屋賀栄
마루이치코쿠부 상점
丸一国府商店
세토몬야
せともんや
세토모노 상점가
せともの商店街
세토구라
瀬戸蔵
파티세토 Parti Seto
(관광안내소)
세토구라 뮤지엄
瀬戸蔵ミュージアム
스에히로초
末広町
오와리세토역
尾張瀬戸駅
신세기공예관
新世紀工芸館
니시쿠라쇼초
西蔵所町
미나미나카노키리초
南仲之切町
N
0
100m
Irodori
HELLO.

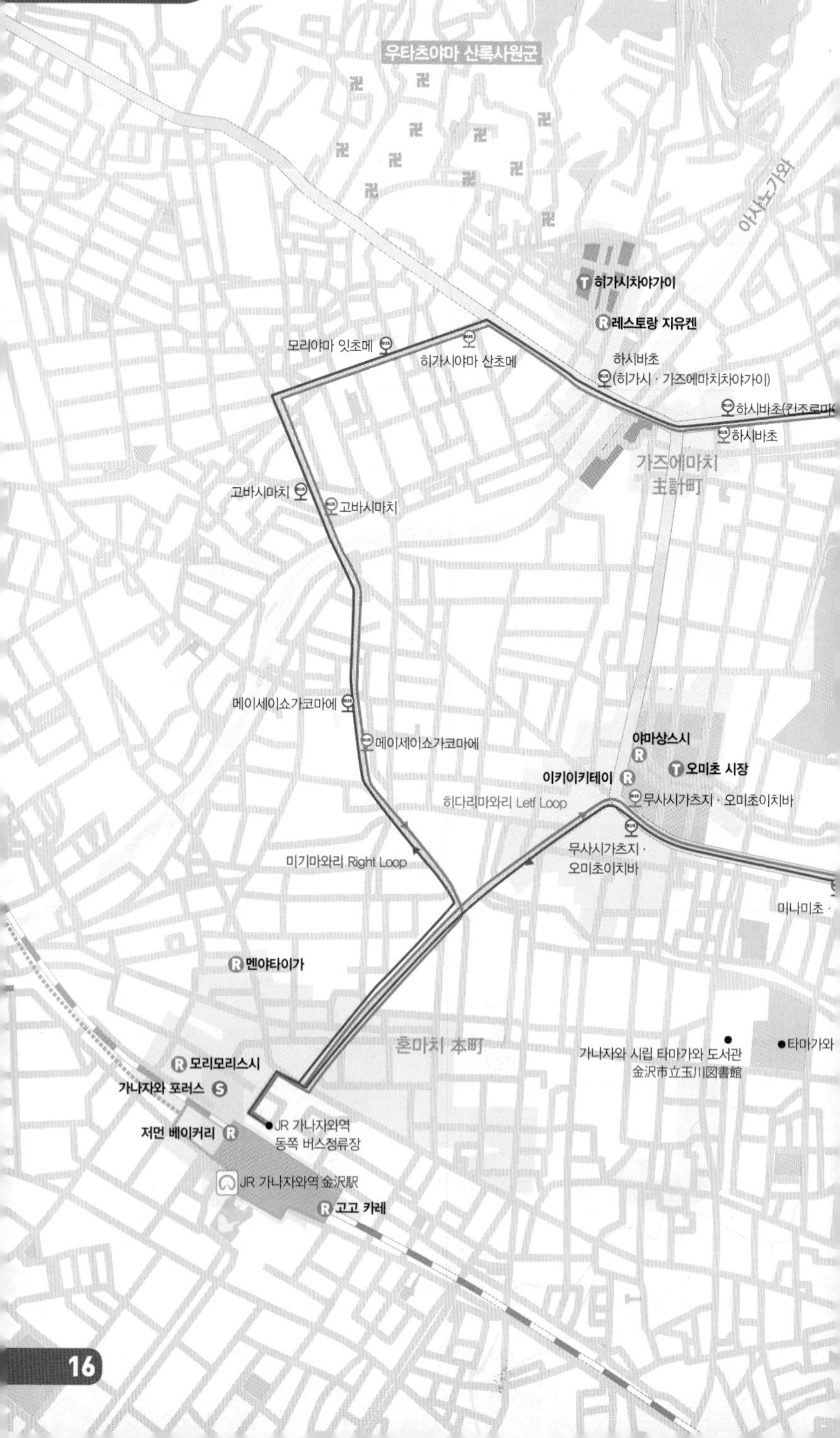

우타츠야마 산록사원군

아사노가와

히가시차야가이

레스토랑 지유켄

모리야마 잇초메

히가시야마 산초메

하시바초
(히가시 · 가즈에마치차야가이)

하시바초(

하시바초

가즈에마치
主計町

고바시마치

고바시마치

메이세이쇼가코마에

메이세이쇼가코마에

야마상스시

오미초 시장

이키이키테이

무사시가츠지 · 오미초이치바

히다리마와리 Letf Loop

미기마와리 Right Loop

무사시가츠지 ·
오미초이치바

미나미초 ·

멘야타이가

혼마치 本町

가나자와 시립 타마가와 도서관
金沢市立玉川図書館

타마가와

모리모리스시

가나자와 포러스

저먼 베이커리

JR 가나자와역
동쪽 버스정류장

JR 가나자와역 金沢駅

고고 카레

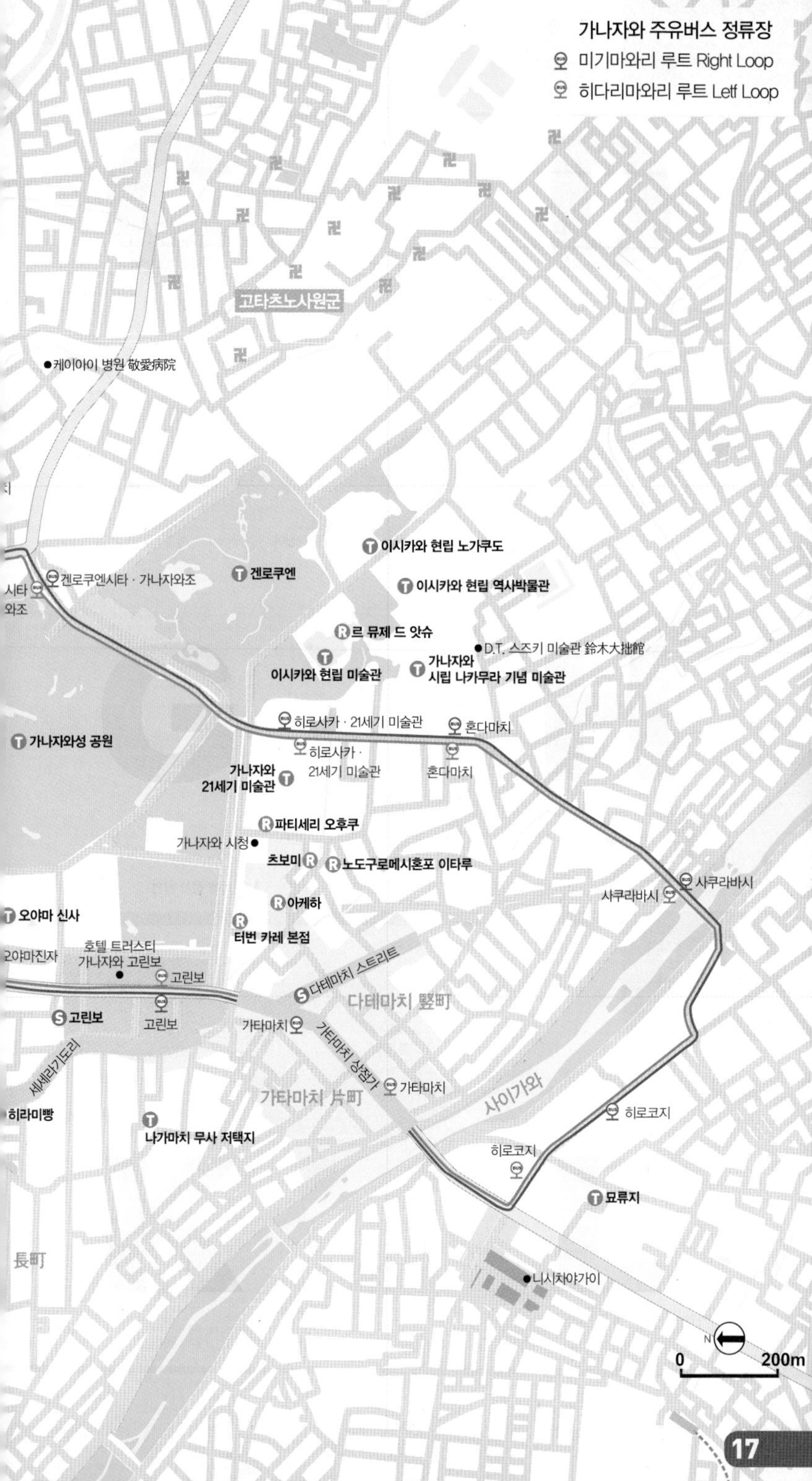
가나자와 주유버스 정류장
미기마와리 루트 Right Loop
히다리마와리 루트 Letf Loop
고타츠노사원군
케이아이 병원 敬愛病院
이시카와 현립 노가쿠도
겐로쿠엔시타 · 가나자와조
겐로쿠엔
이시카와 현립 역사박물관
르 뮤제 드 앗슈
D.T. 스즈키 미술관 鈴木大拙館
이시카와 현립 미술관
가나자와 시립 나카무라 기념 미술관
히로사카 · 21세기 미술관
혼다마치
가나자와성 공원
가나자와 21세기 미술관
파티세리 오후쿠
가나자와 시청
츠보미
노도구로메시혼포 이타루
사쿠라바시
아케하
오야마 신사
터번 카레 본점
호텔 트러스티 가나자와 고린보
고린보
다테마치 스트리트
다테마치 竪町
가타마치
가타마치 상점가
세세라기도리
가타마치 片町
사이가와
히라미빵
나가마치 무사 저택지
히로코지
묘류지
長町
니시차야가이
0
200m

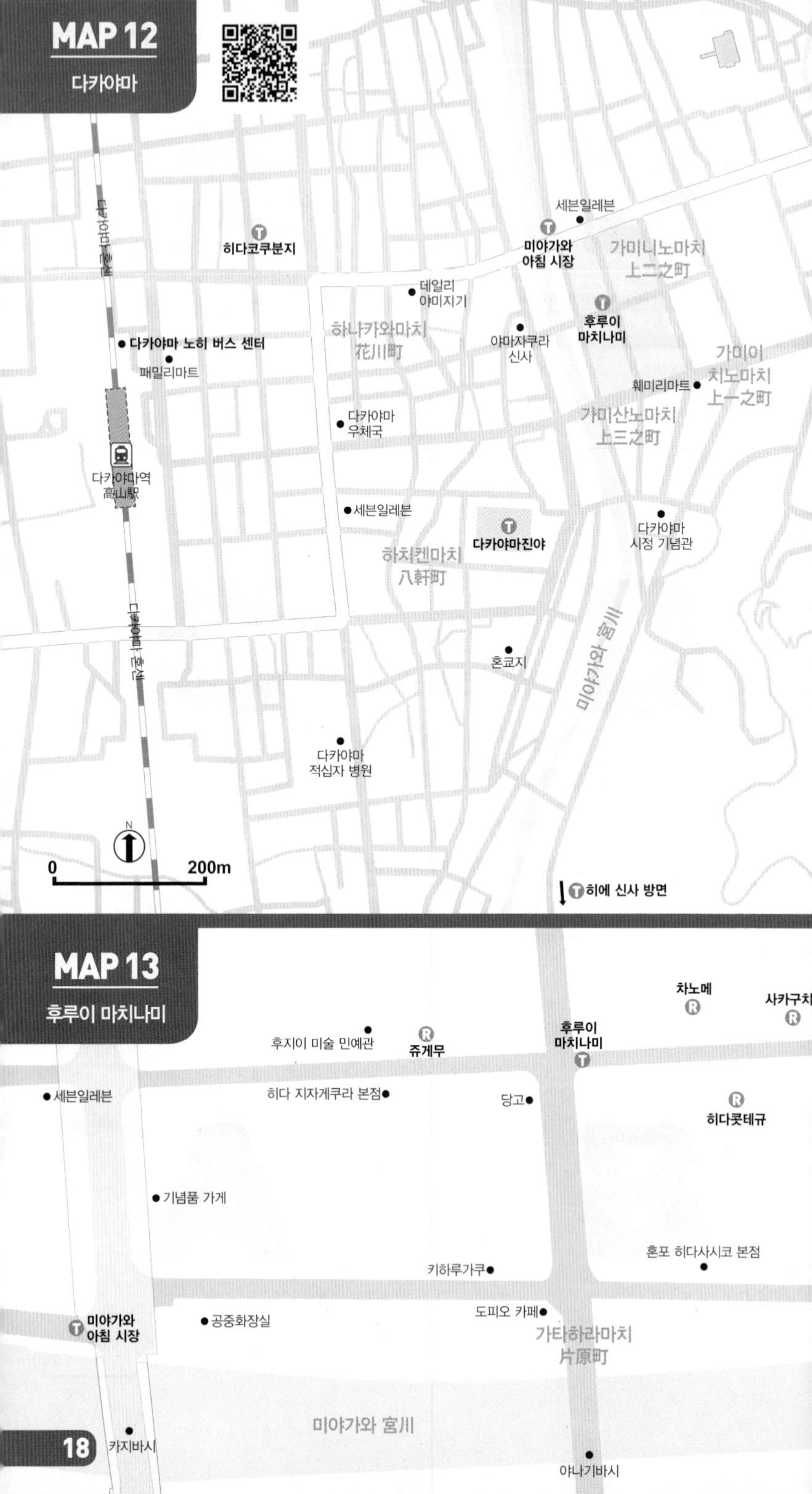

MAP 12
다카야마
세븐일레븐
미야가와
아침 시장
가미니노마치
上二之町
히다코쿠분지
다카야마 혼선
데일리
야미지기
하나카와마치
花川町
야마자쿠라
신사
후루이
마치나미
다카야마 노히 버스 센터
패밀리마트
가미이
치노마치
上一之町
훼미리마트
가미산노마치
上三之町
다카야마
우체국
다카야마역
高山駅
세븐일레븐
다카야마진야
다카야마
시정 기념관
하치켄마치
八軒町
혼쿄지
미야가와 宮川
다카야마
적십자 병원
N
0
200m
히에 신사 방면
MAP 13
후루이 마치나미
차노메
사카구치
후지이 미술 민예관
쥬게무
후루이
마치나미
세븐일레븐
히다 지자게쿠라 본점
당고
히다콧테규
기념품 가게
혼포 히다사시코 본점
키하루가쿠
도피오 카페
미야가와
아침 시장
공중화장실
가타하라마치
片原町
미야가와 宮川
카지바시
야나기바시

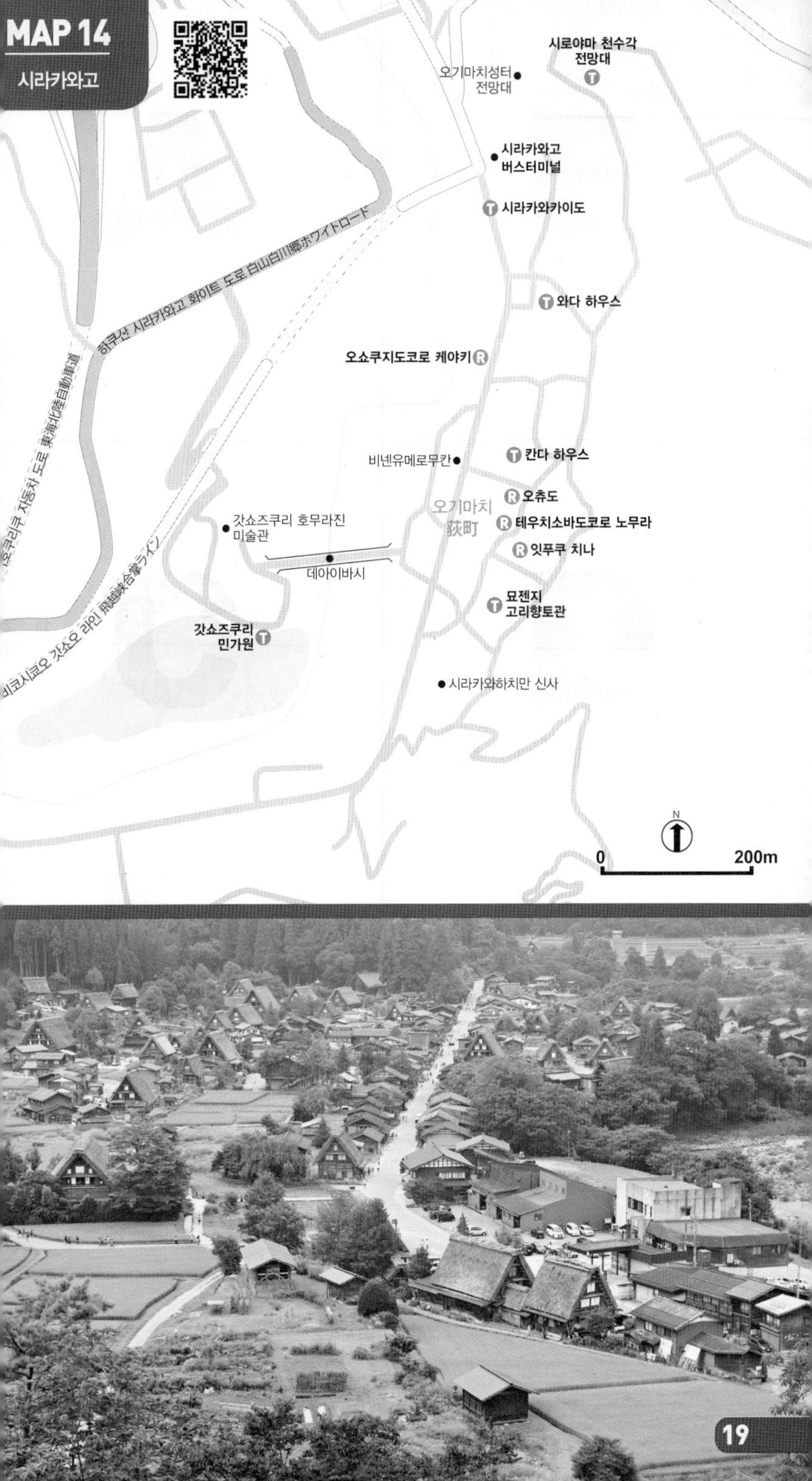
MAP 14
시라카와고
시로야마 천수각
전망대
오기마치성터
전망대
시라카와고
버스터미널
시라카와카이도
와다 하우스
오쇼쿠지도코로 케야키
비넨유메로무칸
칸다 하우스
오츄도
오기마치
荻町
테우치소바도코로 노무라
잇푸쿠 치나
갓쇼즈쿠리 호무라진
미술관
데아이바시
묘젠지
고리향토관
갓쇼즈쿠리
민가원
시라카와하치만 신사
하쿠산 시라카와고 화이트 도로 白山白川郷ホワイトロード
토카이호쿠리쿠 자동차 도로 東海北陸自動車道
히다시코오 갓쇼오 라인 飛越峡合掌ライン
N
0
200m

NAGOYA SUBWAY MAP

나고야 지하철 노선도

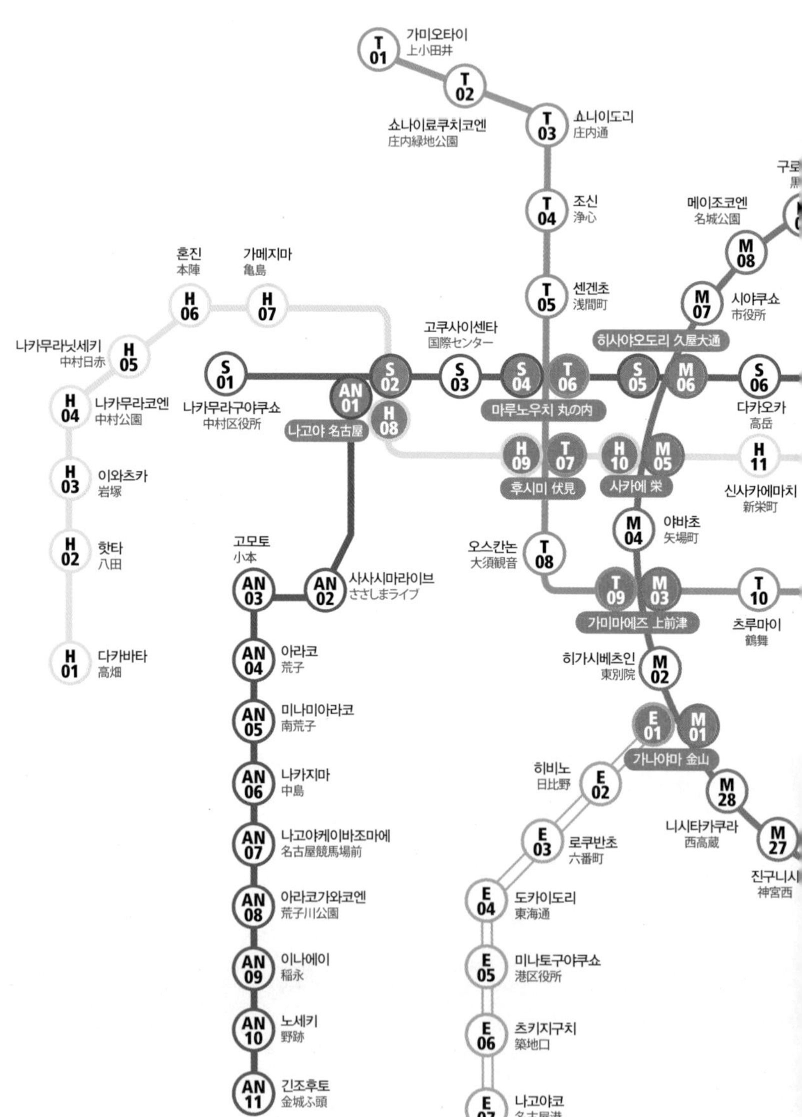

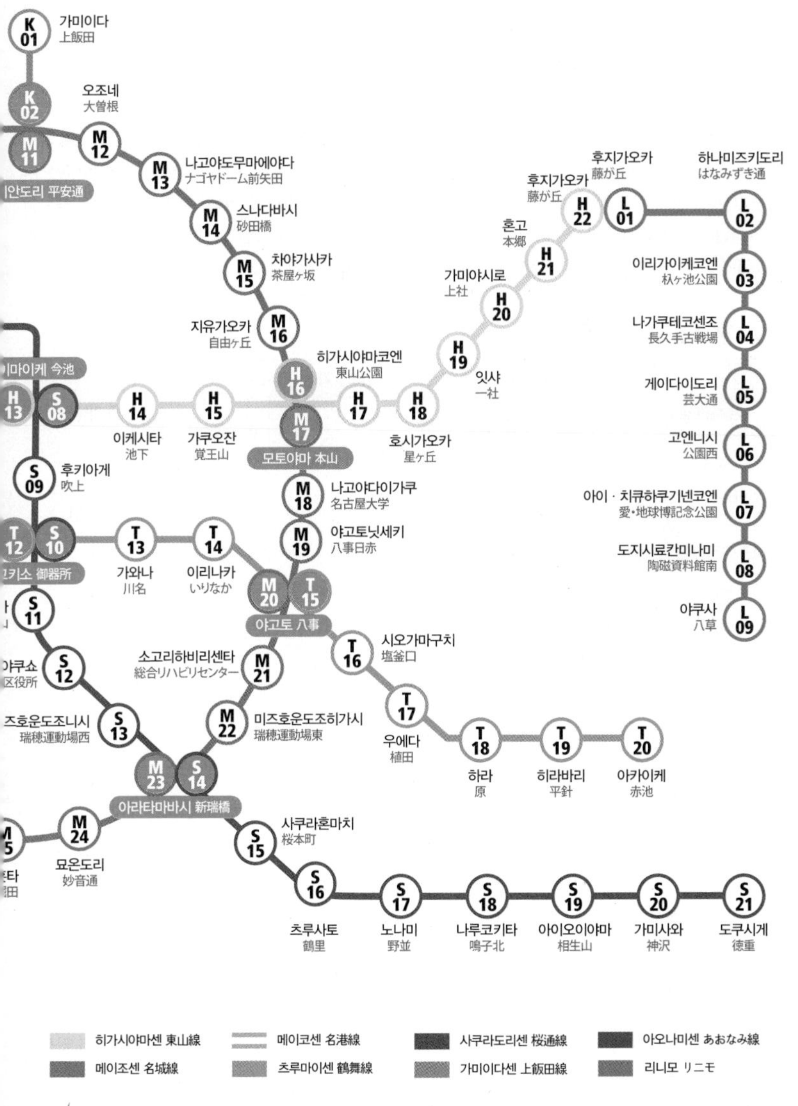
가미이다 上飯田
오조네 大曽根
나고야도무마에야다 ナゴヤドーム前矢田
스나다바시 砂田橋
차야가사카 茶屋ヶ坂
지유가오카 自由ヶ丘
히가시야마코엔 東山公園
이케시타 池下
가쿠오잔 覚王山
모토야마 本山
후키아게 吹上
나고야다이가쿠 名古屋大学
야고토닛세키 八事日赤
가와나 川名
이리나카 いりなか
야고토 八事
시오가마구치 塩釜口
소고리하비리센타 総合リハビリセンター
미즈호운도조히가시 瑞穂運動場東
우에다 植田
하라 原
히라바리 平針
아카이케 赤池
아라타마바시 新瑞橋
사쿠라혼마치 桜本町
묘온도리 妙音通
츠루사토 鶴里
노나미 野並
나루코키타 鳴子北
아이오이야마 相生山
가미사와 神沢
도쿠시게 徳重
호시가오카 星ヶ丘
잇샤 一社
가미야시로 上社
혼고 本郷
후지가오카 藤が丘
하나미즈키도리 はなみずき通
이리가이케코엔 杁ヶ池公園
나가쿠테코센조 長久手古戦場
게이다이도리 芸大通
고엔니시 公園西
아이 · 치큐하쿠기넨코엔 愛・地球博記念公園
도지시료칸미나미 陶磁資料館南
야쿠사 八草
히가시야마센 東山線
메이조센 名城線
메이코센 名港線
츠루마이센 鶴舞線
사쿠라도리센 桜通線
가미이다센 上飯田線
아오나미센 あおなみ線
리니모 リニモ

나고야 교통패스 총정리

나고야 여행은 다양한 1일 승차권과 교통패스를 활용할 수 있다.
필요한 교통패스가 무엇인지 알아보고 적극 활용해보자.

❶ 나고야의 각종 1일 승차권

나고야의 대표적인 1일 승차권은 지하철 1일 승차권과 버스 1일 승차권, 두 승차권을 통합한 버스 · 지하철 1일 승차권, 그리고 도니치에코 승차권까지 총 네 가지다. 나고야를 여행할 때 버스를 타는 경우는 거의 없기 때문에 지하철만 무제한 이용할 수 있는 지하철 1일 승차권을 구입하는 것이 효과적이다. 지하철 기본요금이 200엔이므로 하루에 4회 이상만 타도 이득이라 교통패스 구매가 아깝지 않다. 한편, 도니치에코 승차권은 특정일에만 사용할 수 있지만 가성비는 1일 승차권 중 가장 뛰어나다. 교통패스마다 가격과 탑승할 수 있는 교통편이 상이하므로 자신에게 알맞은 교통패스가 무엇인지 확인해보자.

▶ 승차권 종류 및 개요

승차권 종류	가격		탑승 가능 여부			사용 가능일
	어른	어린이	나고야 시영 지하철	나고야 시영 버스	메구루버스	
도니치에코 승차권	600	300	○	○	○	토 · 일 · 공휴일, 매월 8일
버스 · 지하철 1일권	850	430	○	○	○	매일
지하철 1일권	740	370	○	×	×	매일
버스 1일권	600	300	×	○	○	매일
메구루버스 1일권	500	250	×	×	○	매일

▶주의 사항

–지하철 1일 승차권을 제외한 여타 1일 승차권으로 메구루버스를 탑승할 수 있다.
–1일 승차권으로는 메이테츠 버스나 아오나미센, 리니모 등을 탑승할 수 없다.

▶구입 방법

나고야 1일 승차권은 나고야 사카에역 인근에 위치한 오아시스 21 i 센터와 가나야마 관광안내소, 지하철 역 매표소에서 구매할 수 있다. 이뿐만 아니라, 시내버스 차내 또는 나고야시 교통국 서비스 센터에 위치한 정기권 판매 카운터에서 구매하는 것도 가능하다.

▶할인 혜택

일부 관광 시설은 1일 승차권을 제시할 경우 입장료 할인 혜택을 제공한다. 총 33개 관광 시설에서 입장료 할인 혜택을 제공하며, 할인율은 각 시설에 따라 상이하다. 승차권 한 장당 한 명만 입장료 할인 혜택을 받을 수 있고, 승차권을 사용한 날에만 유효하다. 할인 혜택을 제공하는 관광 시설 목록은 아래의 홈페이지를 참조하자.

홈피 www.nagoya-info.jp/ko/

❷ 메구루버스 1일 승차권

메구루버스 メーグルバス 1일 승차권은 나고야의 인기 명소만 쏙쏙 골라 편하게 둘러볼 수 있는 교통패스다. 어른 기준 1회 승차 요금이 210엔이지만 하루 동안 무제한 이용할 수 있는 1일 승차권은 500엔에 판매한다. 메구루버스를 활용해 나고야 주요 명소를 여행할 계획이라면 1일 승차권을 구매하는 것이 효율적이다. 평일에는 30분에서 한 시간에 한 대씩, 토요일과 일요일, 공휴일에는 약 30분에 한 대씩 운행한다. 단, 메구루버스는 월요일에는 운행하지 않으므로 유의하자. 나고야역 9번 출구로 나와 시티버스터미널 11번 승강장에서 탑승한다.

요금 어른 500엔, 어린이 250엔 홈피 www.nagoya-info.jp/ko/routebus/

▶구입 방법

메구루버스 1일 승차권은 차내에 운전기사가 직접 판매하므로 버스에 탑승하여 구매한다.

▶ 메구루버스 노선도

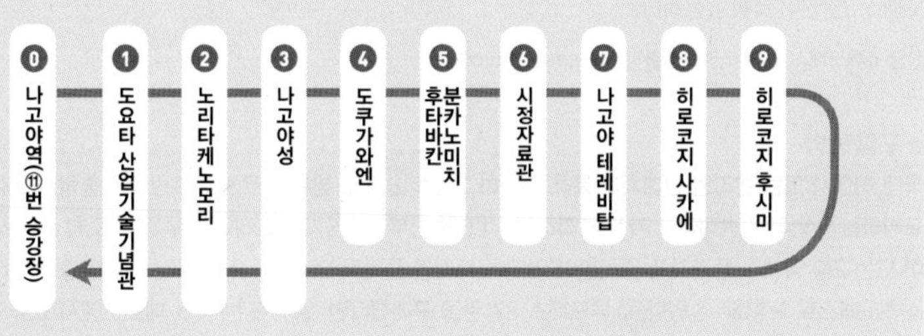

❸ 쇼류도 지하철 · 버스 전선 1일 승차권

버스와 지하철, 메구루버스를 하루 동안 무제한으로 이용할 수 있는 승차권이다. 요금은 600엔으로 도니치에코 승차권과 같아, 평일에 여러 곳을 둘러볼 예정이라면 구입하는 것이 유리하다. 여행 기간 동안 사용 하지 않았다면, 나고야역 · 가나야마역 · 사카에역에 위치한 교통국 서비스 센터에서 수수료 100엔을 공제하고 환불 받을 수 있다.

요금 어른 600엔 홈피 www.kotsu.city.nagoya.jp/ko/pc/TICKET/TRP0001438.htm

▶주의 사항

-여권을 소지한 성인 외국인 단기 여행자만 구입할 수 있다.
-매진이 되는 경우도 있으므로 가급적 일찍 구입하는 것이 좋다.

▶구입 방법

중부국제공항 2층에 위치한 메이테츠 트래블 플라자 名鉄トラベルプラザ 또는 재팬 트래블 센터 Central Japan Travel Center, 루프 가나야마 1층 가나야마 관광안내소, 오아시스 21 지하 1층 인포메이션 센터, 지하철 나고야역 교통국 서비스 센터, 지하철 가나야마역 교통국 서비스 센터, 지하철 사카에역 교통국 서비스 센터에서 구매할 수 있다.

❹ 쇼류도패스 3일권

나고야를 비롯해 일본 중부 지역 주변 도시를 함께 여행할 때 유용한 교통패스로 일명 쇼류도패스라 불리며 공식 명칭은 쇼류도 버스 주유권이다. 쇼류도패스는 코스에 따라 나고야를 중심으로 가나자와 · 다카야마 · 시라카와고 · 도야마를 둘러볼 수 있는 3일권, 여기에 고카야마 · 마츠모토 · 신호타카 등을 더한 5일권, 그리고 2018년 10월 리뉴얼한 마츠모토 · 마고메 · 고마가메 등을 둘러볼 수 있는 3일권까지 총 세 가지다. 그 중 일본 중부 지역의 핵심 여행지를 골라갈 수 있는 가나자와 · 다카야마 · 시라카와고 · 도야마 코스의 쇼류도패스 3일권이 특히 유용하다.

요금 쇼류도패스 3일권 7,500엔 **홈피** www.meitetsu.co.jp

▶구입 방법

국내 여행사 또는 온라인 판매처를 통해 구매하고, 인터넷으로 받은 바우처를 프린트로 출력하여 현지에서 교환하는 방법이 일반적이고 가장 편리하다. 나고야 중부국제공항 센트레아 경우 공항 도착 로비와 연결되어 있는 2층 액세스 플라자에 위치한 메이테츠 트레블 플라자 Meitetsu Travel Plaza에서 출력한 바우처를 쇼류도패스로 교환할 수 있다. 쇼류도패스 3일권을 구매했다면, 열차 또는 버스 매표소에서 쇼류도패스를 제시하고 탑승권을 발권하자. 중부국제공항역에서 메이테츠 나고야역으로 이동하는 열차 또는 중부국제공항에서 나고야 메이테츠 버스 센터로 이동하는 센트레아 리무진을 탑승할 수 있다.

▶사용 방법

고속버스는 쇼류도패스만 소지했다고 탑승할 수 없고, 각 버스회사 매표소에서 쇼류도패스를 제시하고 승차권을 발권해야 탑승할 수 있다. 버스가 만석인 경우에는 탑승할 수 없으며, 일부 노선은 미리 예약해야만 탈 수 있는 필수 예약제로 운영한다. 필수 예약제가 아닌 노선이라도 조기 매진될 가능성이 있으므로 미리 예약해두는 편이 안전하다.

승차 시엔 쇼류도패스와 승차권을 승무원에게 제시하고, 하차 시엔 쇼류도패스만 승무원에게 보여주면 된다. 아래 표를 참고하여, 각 노선별 버스 운영회사를 확인하고 승차권을 발권하자.

▶ 주요 노선 및 운행 회사

노선	운행 회사
나고야 ⇄ 다카야마	메이테츠 버스, 노히 버스, JR 도카이 버스
나고야 ⇄ 시라카와고	기후 버스
기후 ⇄ 다카야마	노히 버스, 기후 버스
다카야마 ⇄ 시라카와고 ⇄ 가나자와 · 도야마	노히 버스, 호쿠리쿠테츠도 버스, 도야마 지방 철도
가나자와 ⇄ 도야마	호쿠테츠 가나자와 버스, 도야마 지방 철도

나고야 맵
NAGOYA MAP

일본 중부 지역 최고의 여행지 **나고야**

전통문화와 예술 작품의 만남 **가나자와**

손잡고 걷고 싶은 일본 소도시 **다카야마**

세계 문화유산으로 등록된 마을 **시라카와고**

도시별
구글맵 QR 코드

나고야

가나자와

다카야마

시라카와고